Visual C++基础教程

主　编　方　芳　赵　敏
副主编　王忠华　叶爱华　莫　燕　张　永

北京理工大学出版社
BEIJING INSTITUTE OF TECHNOLOGY PRESS

内 容 简 介

本书较全面地介绍了使用 Visual C++ 进行程序设计的基础知识和编程技术，全书贯穿了面向对象编程思想和良好的编程习惯，力争将每个关键知识点讲解清晰。

本书共 10 章，第 1 ~ 6 章介绍了 C++ 编程知识，重点阐述了类、对象、继承、多态等面向对象的核心知识点，另外对变量、数据类型、基本语句结构、数组、函数等基础知识进行了讲解；第 7 ~ 8 章介绍了 Visual C++ 编程技术，分别阐述了 Windows 窗体应用程序设计方法和 MFC 应用程序设计方法；第 9 ~ 10 章介绍了数据库、图像处理高级编程的应用。

本书适合作为在校本专科生、研究生的面向对象程序设计教材，也可作为相关培训班的教材，还可供计算机软件开发人员参考。

图书在版编目（CIP）数据

Visual C++ 基础教程 / 方芳，赵敏主编. —北京：北京理工大学出版社，2015.8（2022.12 重印）

ISBN 978 - 7 - 5682 - 1046 - 1

Ⅰ. ①V…　Ⅱ. ①方…②赵…　Ⅲ. ①C 语言 - 程序设计 - 高等学校 - 教材　Ⅳ. ①TP312

中国版本图书馆 CIP 数据核字（2015）第 190234 号

出版发行 / 北京理工大学出版社有限责任公司
社　　址 / 北京市海淀区中关村南大街 5 号
邮　　编 / 100081
电　　话 / (010) 68914775（总编室）
(010) 82562903（教材售后服务热线）
(010) 68944723（其他图书服务热线）
网　　址 / http://www.bitpress.com.cn
经　　销 / 全国各地新华书店
印　　刷 / 三河市天利华印刷装订有限公司
开　　本 / 787 毫米 × 1092 毫米　1/16
印　　张 / 18.5
字　　数 / 435 千字
版　　次 / 2015 年 8 月第 1 版　**2022 年 12 月第 3 次印刷**
定　　价 / **48.00 元**

责任编辑 / 封　雪
文案编辑 / 封　雪
责任校对 / 孟祥敬
责任印制 / 李志强

图书出现印装质量问题，请拨打售后服务热线，本社负责调换

前言

Microsoft Visual C++是微软公司推出的一个集成开发环境，它为用户提供了一个使用C++快速开发设计的框架体系。Visual C++将大量的Windows API封装后，以MFC的方式提供给用户，从而简化了开发人员的编程工作，大大提高了开发效率。同时对于初学者来说，借助Visual C++开展学习进程，能够实现快速入门。

Visual C++ 2010与之前低版本就开发环境相比，增加了很多新的特性，能够使得C++应用开发更加简单快捷。很多编程爱好者渴望使用最新的开发环境，渴望学习并掌握Visual C++的开发流程，却苦于没有合适的参考书籍，为了满足读者的需求，我们精心编写了此书。希望通过此书能够帮助读者提高自身能力，快速跻身于Visual C++的开发行列。

本书分为以下三部分：

第一部分介绍C++编程知识，知识点包含Visual Studio 2010开发环境、数据类型和表达式、流程控制语句、函数、类与对象、面向对象的多态性、继承性和封装性等。

第二部分介绍Visual C++编程技术，详细介绍MFC应用程序设计方法和Windows窗体应用程序设计方法。

第三部分介绍了Visual C++高级编程应用。以综合性实例介绍在数据库、图像处理方面的应用。

本书由长期承担专业课教学、具有丰富教学经验的一线教师编写，针对性强，理论与应用并重，概念清晰，内容丰富，强调面向应用，注重培养应用技能和能力。

本书由方芳、赵敏任主编，王忠华、叶爱华、莫燕、张永任副主编。

感谢饶智博在图像处理章节部分代码的调试。

由于编者水平有限，在编写过程中难免有些疏漏，欢迎读者与我们联系，帮助我们改正提高。

编 者

2015年5月

目　录

第 1 章　Visual C++ 2010 简介

Visual C++是一个很好的可视化编程工具，在 Visual C++中可以采用多种方式编写 Windows 应用程序，既可以编写基于本地 C++的 Windows 程序，也可以在托管环境下开发 Windows 程序。

本章概述了 Visual Studio 2010（简称 VS2010）的安装过程及集成开发环境，重点内容如下：

◇ Visual Studio 2010 安装；

◇ 集成开发环境；

◇ 创建、编译、链接并执行控制台应用程序；

◇ 创建并执行 Windows 应用程序。

1.1　Visual Studio 2010 安装和设置

Visual Studio 是微软公司推出的开发环境，是目前最流行的 Windows 平台应用程序开发环境。Visual Studio 可以用来创建 Windows 平台下的 Windows 应用程序和网络应用程序，也可以用来创建网络服务、智能设备应用程序和 Office 插件。Visual Studio 2010 开发环境包括了 Visual C++、Visual Basic、Visual C#和 Visual Web Developer 等开发工具。这里详细介绍 Visual Studio 2010 安装过程。

在安装过程中应遵循一定的安装步骤。下面以 Visual Studio 2010 旗舰版为例介绍安装过程。

（1）将安装程序加载到虚拟光驱或将 DVD 安装盘放入光驱，将自动运行“Autorun. exe”。或者将安装程序解包，然后直接运行“setup. exe”。此时弹出如图 1－1 所示的“安装程序”对话框。

图 1－1　“安装程序”对话框

（2）选择“安装 Microsoft Visual Studio 2010”选项，弹出如图 1－2 所示界面，选择“我已阅读并接受许可条件”，安装程序会开始搜集信息，然后弹出选择目录界面，在该界面中选择需要安装的目录及完全安装或者自定义安装，如图 1－3 所示。图 1－4 所示为“选择要安装的功能”，接着便开始安装。最后安装成功，如图 1－5 所示。

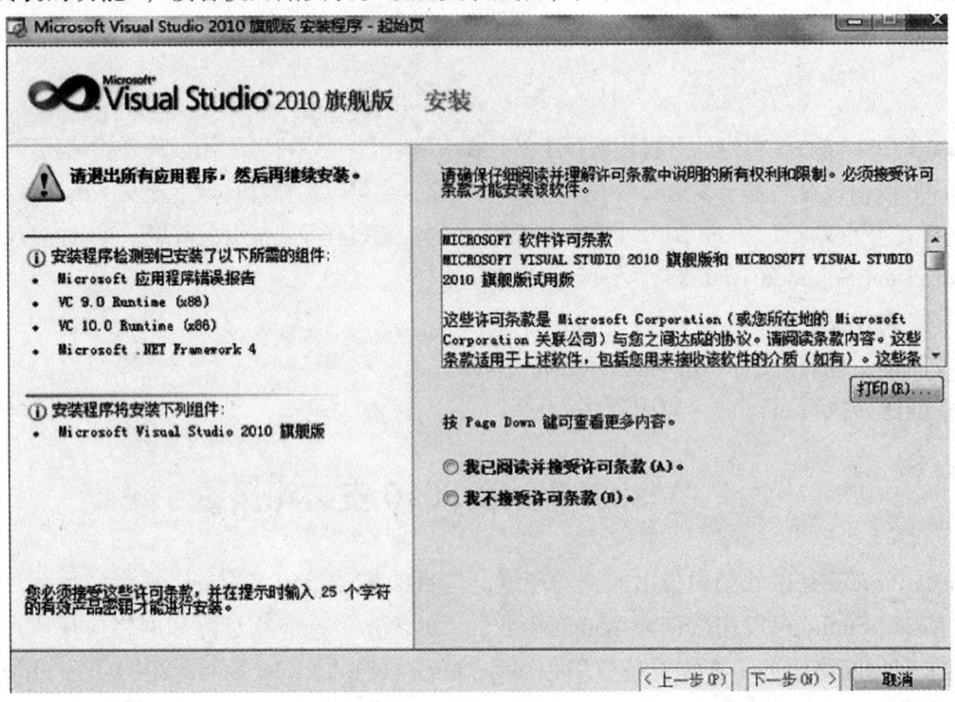

图 1－2　选择许可证界面

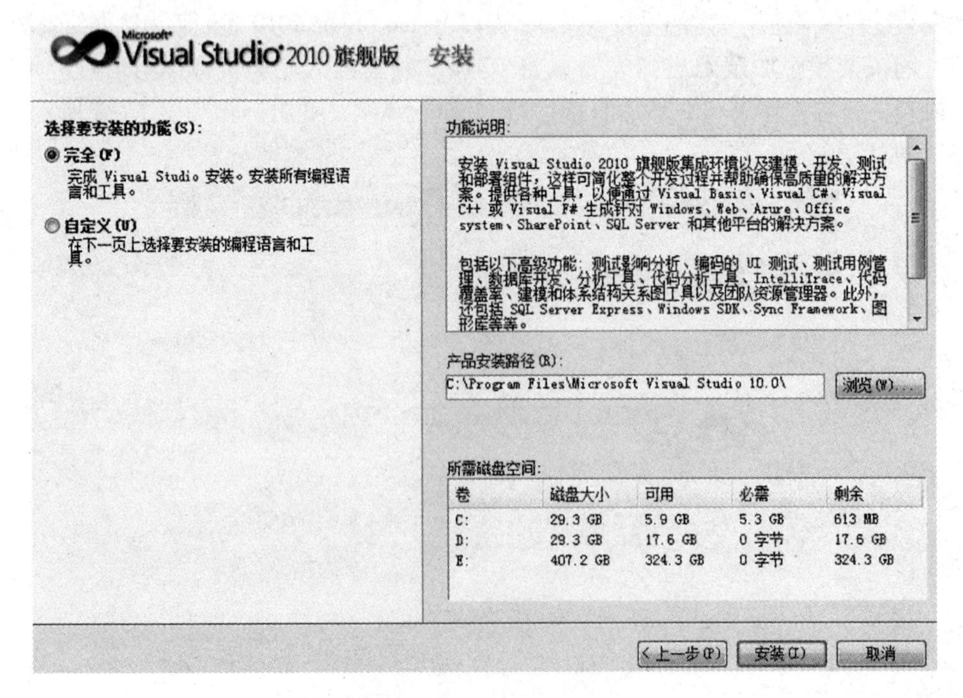

图 1－3　选择目录界面

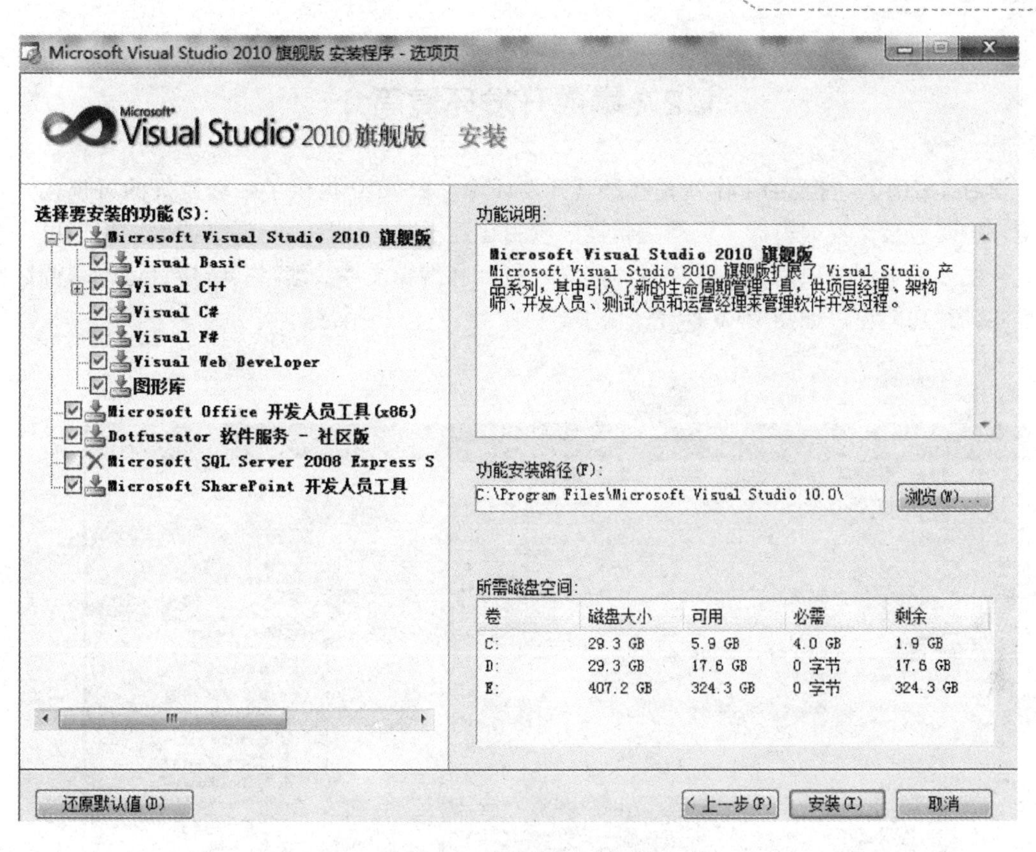

图 1－4　选择要安装的功能

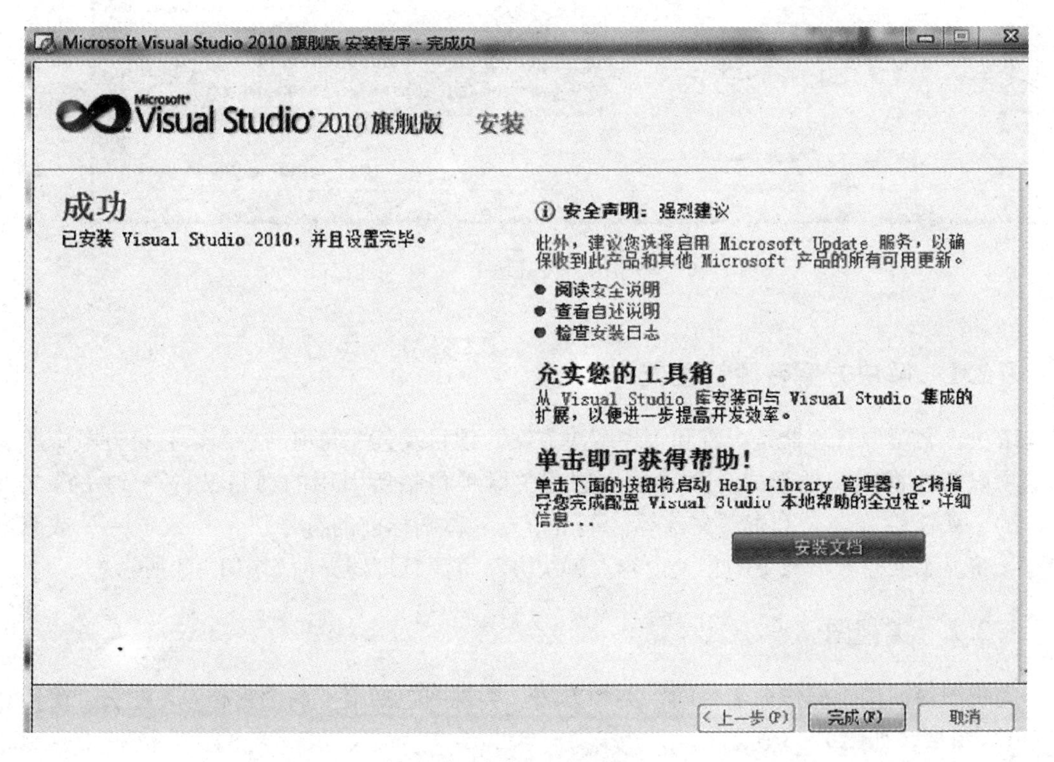

图 1－5　安装成功界面

1.2 集成开发环境简介

学习 VS2010，首要的工作就是熟悉其开发环境。VS2010 提供了一套良好的可视化开发环境，主要包括文本编辑器、资源编辑器、项目创建工具、Debugger 调试器等。用户可以在集成开发环境中创建项目，打开项目，建立、打开和编辑文件，编辑、链接、运行、调试应用程序，其功能窗口如图 1－6 所示。

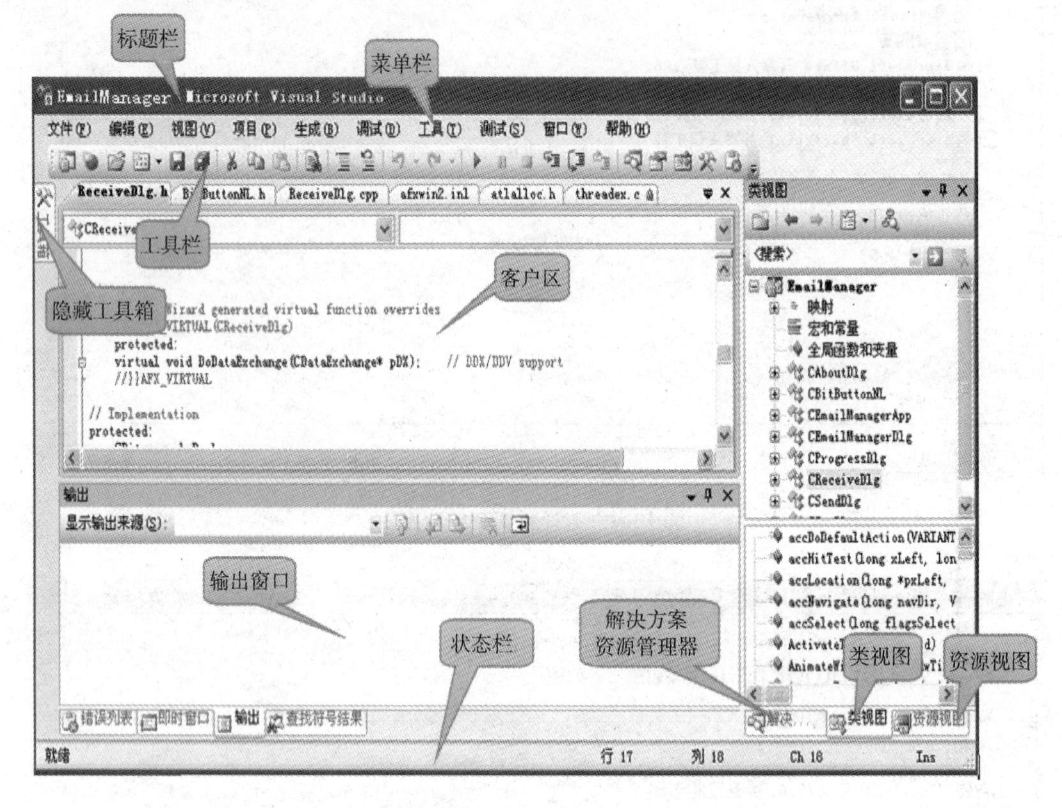

图 1－6　VS2010 开发环境下 VC++ 功能窗口

1.2.1 解决方案资源管理器

解决方案资源管理器是查看和管理解决方案、项目及其关联项的界面，它将方案中所关联的项以“树视图”的形式分类显示。这些关联项包括所引用的项目文件、C++ 源文件（.cpp）、头文件（.h）和资源文件等，单击节点名称图标前的符号“+”或“－”或双击图标，将显示或隐藏节点下的相关内容。解决方案资源管理器界面如图 1－7 所示。

1.2.2 类视图

类视图界面用于操作命名空间、类和方法。类视图包括上下两个窗格：“对象”窗格和“成员”窗格，如图 1－8 所示。

“对象”窗格位于页面的上部，它以树结构来显示当前方案中的“类”和“全局函数和变量”。“成员”窗格位于页面的下部，用列表方式列出当前所选“对象”节点中的属性、方法、事件、变量、常量及其他成员项。双击这些成员项将自动打开并定位到当前项的定义处。

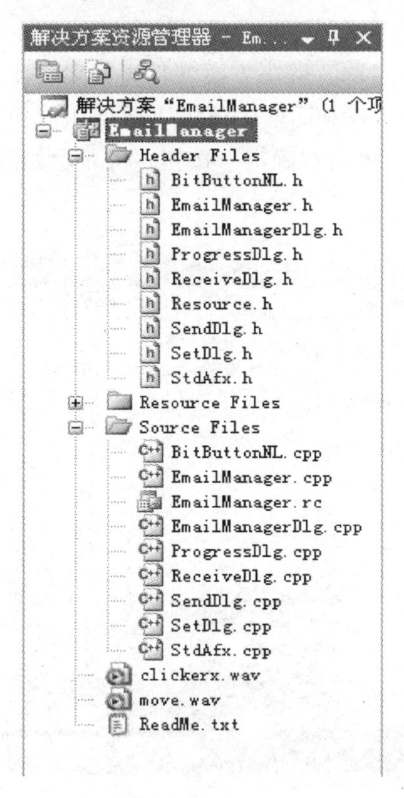

图 1－7　解决方案资源管理器界面

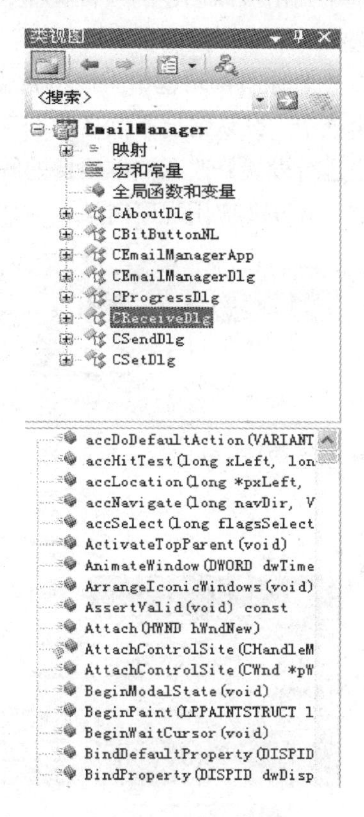

图 1－8　类视图界面

1.2.3　资源视图

资源视图在层次列表中列出了工程中用的所有资源。其界面如图 1－9 所示。任何图像、字符串值及程序所需要的其他非编程部件都可以作为资源使用。

Visual C++ 中可以创建的每一类资源在资源视图中都有自己的文件夹。在每个文件夹中包含了工程中所用的该类资源。如果你的工程中没有使用某种特定类型的资源，那么资源视图中就不会显示这种资源的文件夹。

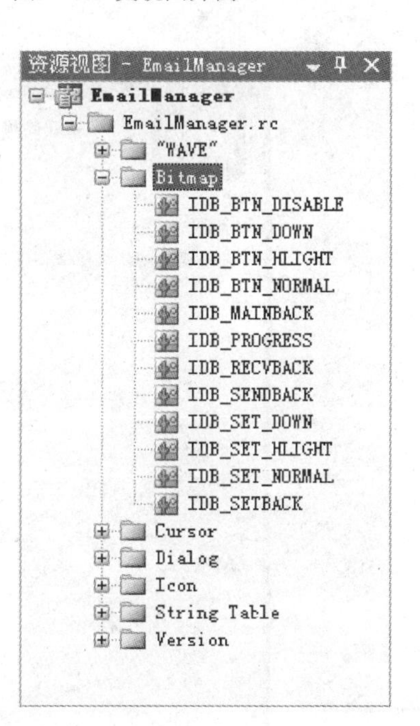

图 1－9　资源视图界面

1.3　控制台应用程序

控制台应用程序是基于字符的命令行应用程序，由于这些程序是用户在字符模式中通过键盘和屏幕与它们通信的，因此完全不需要 Windows 程序所需的元素。

在 Visual C++ 2010 环境中创建控制台应用程序，首先要为该程序创建一个项目。用户选择主菜单的“文件”/“新建"/"项目"菜单项，打开如图 1－10 所示的"新建项目"对话框。在左部"已安装的模板"框中列出可以创建的项目类型，本例中选择"Win32"选项，然后在右部"模板"选项中选择"Win32 控制台应用程序"模板。

在"名称"编辑框中为该项目输入一个合适的名称。解决方案文件夹的名称出现在底部编辑框中，默认情况下其名称与项目的名称相同。该对话框中还可以通过在"位置"编辑框中进行设置修改存储本项目的解决方案的位置。单击"确定"按钮，将显示如图 1－11 所示的"Win32 应用程序向导"对话框。

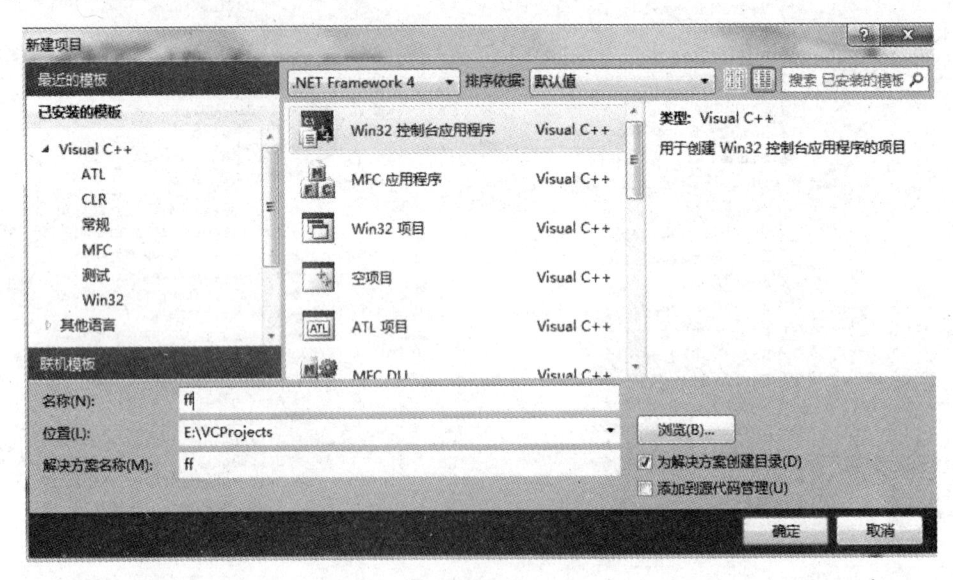

图 1－10 "新建项目"对话框

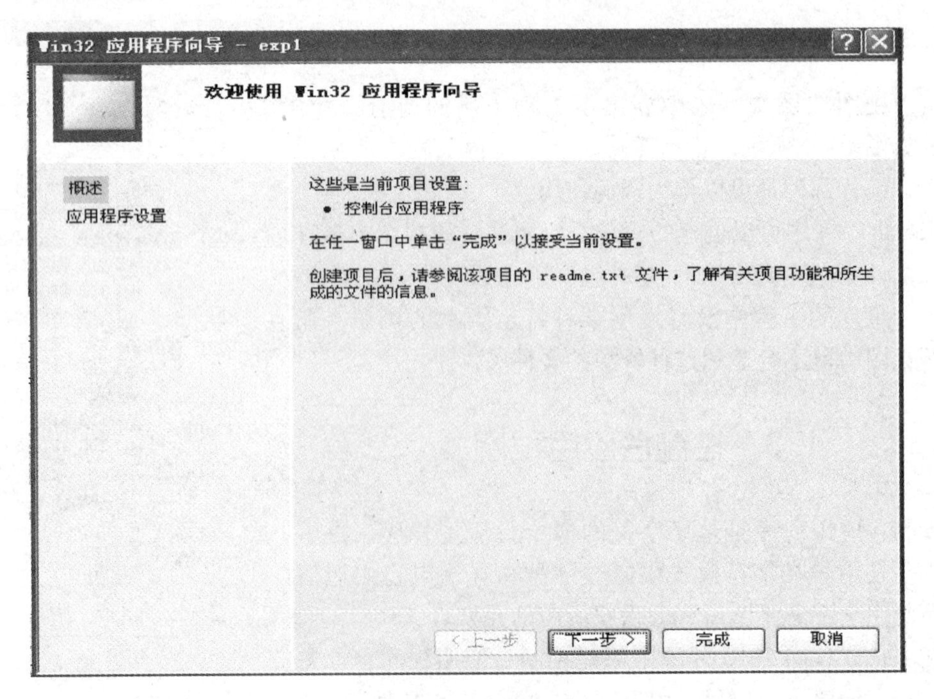

图 1－11 "Win32 应用程序向导"对话框

该向导对话框显示当前有效设置。如果单击“完成”按钮，则该向导将创建基于这些设置的所有项目文件。也可以选择左边的“应用程序设置”选项，以显示该向导的应用程序设置界面，如图1-12所示。

在应用程序设置对话框中允许用户选择那些希望应用到本项目的选项。大多数情况下，只需要在创建项目时选中“空项目”复选框。但在本例中将采用默认选项，并单击“完成”按钮，应用程序向导将会创建一个包含所有默认文件的项目。

应用程序向导会自动生成完整的、可以编译和执行的Win32控制台程序。但是，该程序运行时不做任何事情，因此用户需要根据自己的需要对其进行修改。

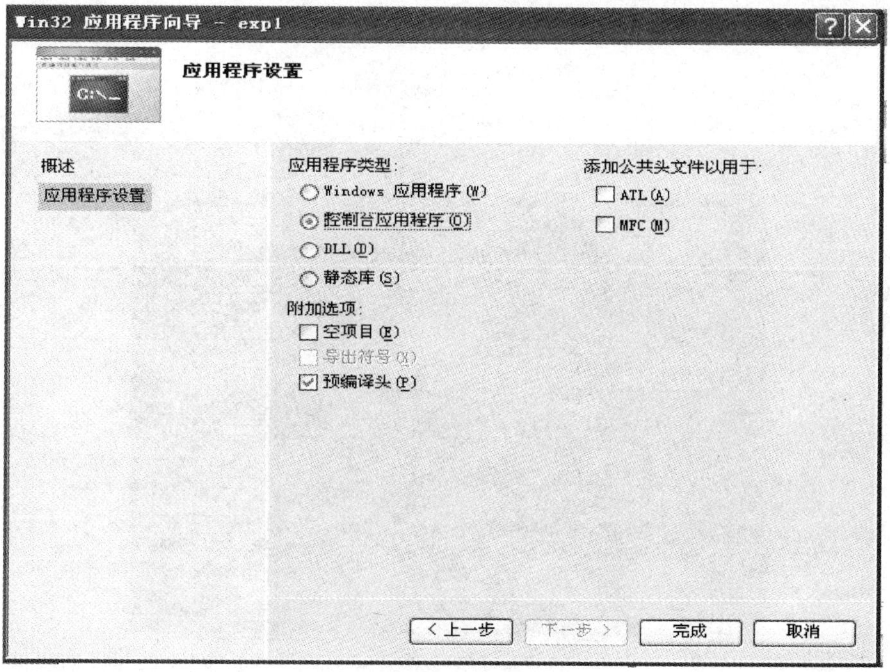

图1-12 应用程序设置界面

完成上述向导后即完成ff项目的创建。在解决方案资源管理器中单击“ff.cpp”，即弹出如图1-13所示的编辑窗口。程序员即可编写程序，先改写ff.cpp文件为

```
#include "stdafx.c"
#include "iostream"
using namespace std;
Int_tmain (int argc, _TCHAR * argv[])
{
cout <<"hello world!";
}
```

源文件编辑保存后按“Ctrl + F5”键可以查看运行结果。按“F5”键或单击工具栏中“▶”图标可以进行调试。程序运行结果如图1-14所示。

```
ff.cpp  起始页
(全局范围)
// ff.cpp : 定义控制台应用程序的入口点。
//

#include "stdafx.h"


int _tmain(int argc, _TCHAR* argv[])
{
    return 0;
}
```

图 1 - 13　编辑窗口

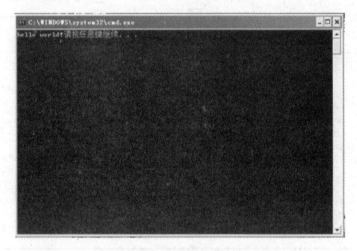

图 1 - 14　程序运行结果

1.4　MFC 应用程序

MFC（Microsoft Foundation Class）是 Microsoft 公司推出的 Microsoft 基本类库。在编写 Windows 应用程序时，必须编写的大量重复代码都由 MFC 中定义的类和支持代码提供，不必再直接使用 Windows API 来进行编程工作。使用 MFC 提供的位于 Windows API 之上的 C++ 库，可以使程序员的工作变得更加方便。

利用 MFC 和向导可以实现可视化编程，首先启动 VC++，选择主菜单的“文件/新建项目”菜单项，打开如图 1 - 15 所示的“新建项目”对话框。在左部“项目类型”框中列出可以创建的项目类型。本例中选择“MFC”选项，然后在右部“模板”选项中选择“MFC 应用程序”模板。

接着选择该应用程序类型，如图 1 - 16 所示。可以选择单文档（SDI）、多文档（MDI）、基于对话框等类型。本例选择基于对话框类型。

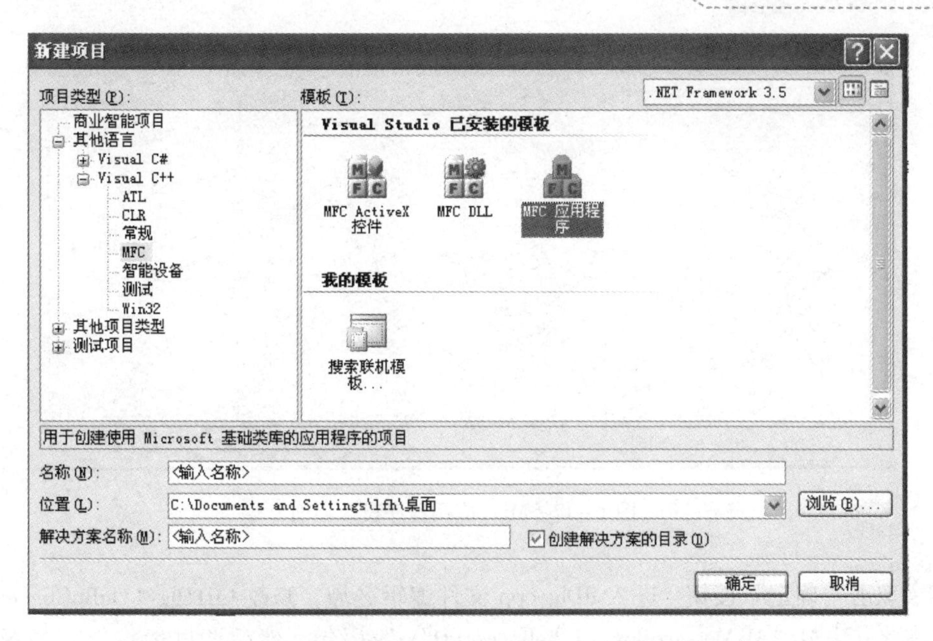

图 1－15　MFC 应用程序“新建项目”对话框

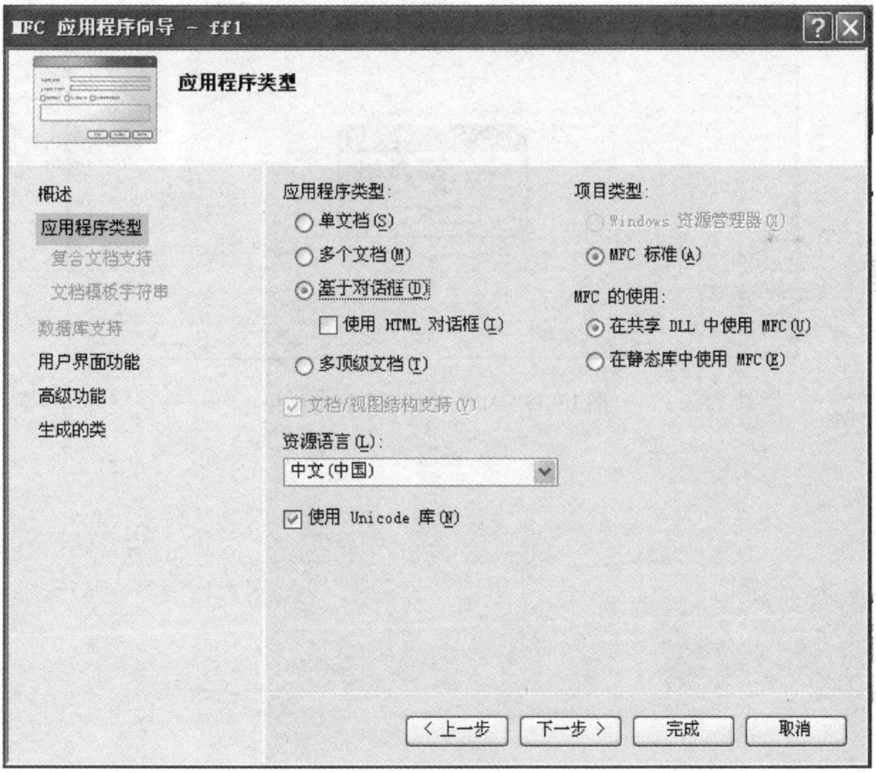

图 1－16　应用程序类型选择

本例下面的几步均选择默认值，可以直接在最后一个对话框中单击“完成”按钮。项目完成后即出现如图 1－17 所示界面。

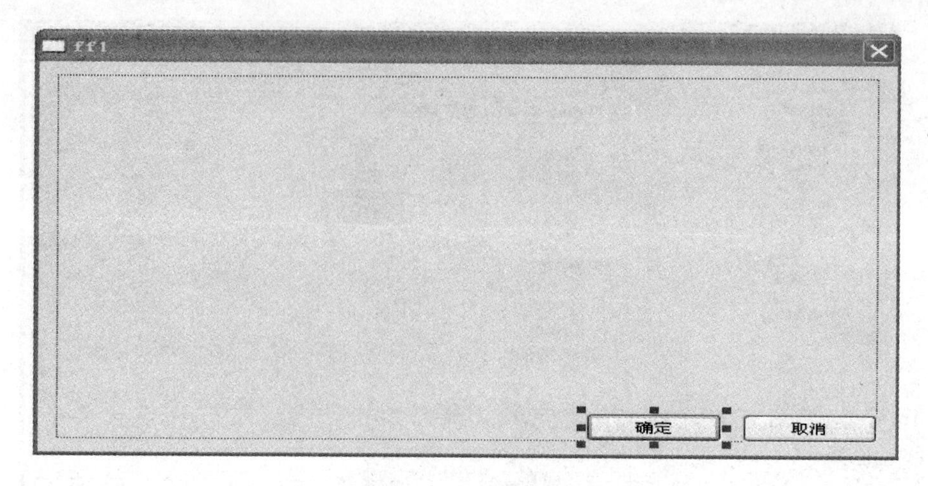

图 1－17　MFC 应用程序设计界面

接着双击“确定”按钮，进入 ffDlg. cpp 文件编辑区域，修改 Cff1Dlg: : OnBnClickedOk（）方法。在此方法写“AfxMessageBox（L"hello world!"）;”语句。然后调试运行得到如图 1－18 所示结果。

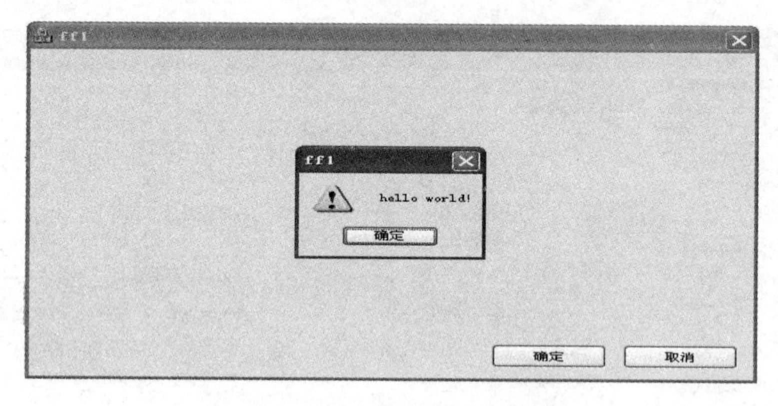

图 1－18　MFC 应用程序运行结果

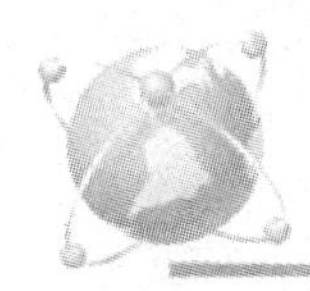

第 2 章　数据类型和表达式

计算机的基本功能是进行数据处理。在 C++ 语言中，数据处理的基本对象是常量和变量。运算是对各种形式的数据进行处理。数据在内存中存放的情况由数据类型所决定。数据的操作要通过运算符实现，而数据和运算符共同组成了表达式。

本章概述了 C++ 语言的程序结构、数据类型、表达式等内容，重点如下：

◇ C++ 程序结构；
◇ 命名空间；
◇ 常量和变量的概念；
◇ 基本数据类型；
◇ 数组；
◇ 指针；
◇ 引用；
◇ 算术运算、关系运算、逻辑运算、条件运算、赋值运算、位运算等概念；
◇ 自增自减运算规则。

2.1　C++的程序结构

C++ 程序由一个或多个函数或类组成。每个程序必须有一个且只有一个 main 函数或者_tmain 函数，C++ 程序从 main 函数或者_tmain 函数开始执行（即使它并不是程序中的第一个函数）。例 2-1 是求解两个整数相加控制台程序实例。该程序有 fun 和 main 两个函数，程序从 main 函数开始执行，当执行到 c = fun（a，b）语句时开始调用 fun 函数，fun 函数执行完后回到 main 函数继续执行，直到 main 函数所有语句执行完，整个程序才执行结束。

例 2-1　求解两个整数相加。

```
//求解两个整数相加
#include "stdafx.h"
#include <iostream>
int fun(int a, int b)
{
    int c;
    c = a + b;
    return c;
}
int main()
```

```
{
    int a, b, c;
    std::cout <<"请输入两个整数:";
    std::cin >> a >> b;
    c = fun(a, b);                  //fun 函数调用
    std::cout <<"两数之和为" << c;
    return 0;
}
```

该程序运行结果如图 2－1 所示。

图 2－1　例 2－1 程序运行结果

2.1.1　程序注释

例 2－1 程序中第一行为注释。注释是程序中的一个重要组成部分。添加注释的目的主要是向阅读程序源代码的人说明或解释程序的操作。在复杂的程序中，可以用注释来解释程序每一部分的功能和程序的工作原理。需要注意的是，注释是不可执行的代码。

C++ 添加注释的方法有单行注释和多行注释两种。单行注释用“//”符号表示开始一行注释，其后可以添加任何内容，只要这些内容在一行即可。多行注释用“/ *”符号表示注释的开始，用“ * /”符号表示注释的结尾。

通常，读者应该养成写注释的习惯。为了便于以后另一个程序员或者自己了解任何特定代码的目的，以及它们的运行方式，在程序中应该充分使用注释。

2.1.2　#include 指令

例 2－1 程序在注释后有两个#include 指令。#include 指令为编译预处理指令，表示系统编译之前，将包含文件中的内容复制到当前文件的当前位置之后，再进行编译。包含的文件不仅仅限于 . h 头文件，也可以包含任何编译器能识别的 C/C ++ 代码文件，如 . c、. cpp 等文件。

例 2－1 中包含的 stdafx. h 文件名全称为“Standard Application Framework Extensions”。stdafx. h 中没有函数库，只是定义了一些环境参数，使得编译出来的程序能在 32 位的操作系统环境下运行。而 <iostream> 头文件中包含了一些在使用 VC ++ 输入和输出语句时必须有的定义（如 cin、cout、运算符 >>），如果没有把 <iostream> 的内容包含到这个程序中，那么这个程序就不能编译，因为程序中使用的输入、输出语句依赖于这个文件中的一些定义。

2.1.3 命名空间

使用命名空间的目的是对标识符的名称进行本地化，以避免命名冲突。在C++中，变量、函数和类都是大量存在的。如果没有命名空间，这些变量、函数、类的名称将都存在于全局命名空间中，会导致很多冲突。比如，如果我们在自己的程序中定义了一个函数toupper()，这将重写标准库中的toupper() 函数，这是因为这两个函数都是位于全局命名空间中的。namespace关键字的出现就是来解决这种冲突的。由于这种机制对于声明于其中的名称都进行了本地化，就使得相同的名称可以在不同的上下文中使用，而不会引起名称的冲突。再举个简单例子来说明：比如天安门，如果你是在北京，大家都知道你说的是北京的天安门，但是倘若你不在北京，在别的城市也许也有个叫天安门的地方，这个时候你只说天安门就不能准确地指定一个地点，所以你要声明一下是哪里的天安门。这个声明其实就是命名空间的意义之所在。

ISO/ANSI C++的所有标准库都被定义在一个名称为std的命名空间内，所以对于可以在程序中访问的这个标准库的每一项，它们都有自己的名称，以及作为限定符的命名空间名称std。cin、cout分别是C++中的标准输入流、输出流，通过它们可以在命令行输入输出数据。所以在使用cin、cout例程输入输出时，使用了“命名空间加例程名”的方式：std::cin和std::cout。将命名空间名称和一个例程名称分隔开的“::”运算符为作用域运算符。

在程序中使用全名往往会使代码看起来有点混乱，所以最好能够使用命名空间std限定的简化名。这就需要使用另一个预编译指令using来实现。比如using std::cout；和using std::cin。这类预编译指令用于告诉编译器，在不指定命名空间名称的情况下，使用命名空间std中的名称cout和cin。在使用using声明后，无论在何处使用名称cout、cin，编译器都将认为是标准库中的cout和cin。

再来看代码using namespace std；这个using指令的作用是将来自命名空间的所有名称导入到程序文件中，这样就可以引用在该命名空间中定义的所有名称，而不必在程序中对名称进行限定。

需要注意以上两种using指令的区别：第一种using指令导入指定命名空间中的一个名称，而using namespace指令则导入指定命名空间中的所有名称。

2.2 数据类型

在程序的编写过程中，首先必须定义数据，这个数据可以是常量，也可以是变量。而每个数据必须有相应的数据类型。类型告诉我们数据代表什么意思及可以对数据执行哪些操作。

2.2.1 基本数据类型

C++的数据类型有基本数据类型和非基本数据类型。基本数据类型是C++内部预先定义的数据类型，非基本数据类型是由用户自己在程序开发过程中定义的数据类型，具体如图2-2所示。需要说明图中数组和指针中的type表示非空的基类型。

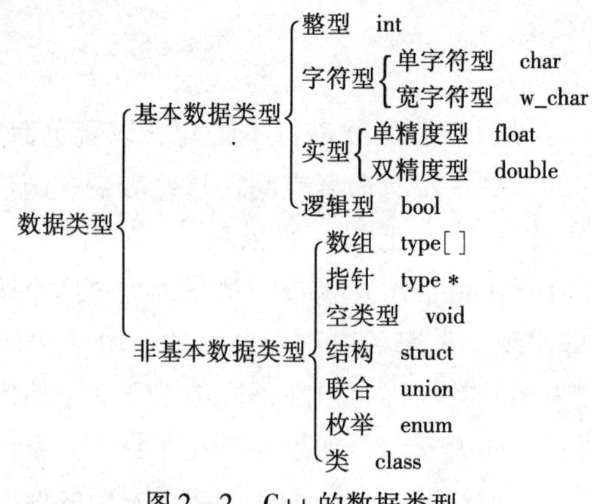

图 2-2 C++ 的数据类型

每一种数据类型都有其相应的内存空间，即有值的取值范围，在实际编程中要根据具体的应用定义类型，使其数据能得到正确的表示。16 位计算机中数据类型及加上修饰符后的数据的取值范围见表 2-1。

表 2-1 16 位计算机中数据类型及加上修饰符后的数据的取值范围

类型	说明	长度（字节）	取值范围
char	字符型	1	-128 ~ 127
unsigned char	无符号字符型	1	0 ~ 255
signed char	有符号字符型	1	-128 ~ 127
int	整型	2	-32768 ~ 32767
unsigned int	无符号整型	2	0 ~ 65535
signed int	有符号整型	2	-32768 ~ 32767
short int	短整型	2	-32768 ~ 32767
unsigned short int	无符号短整型	2	0 ~ 65535
signed short int	有符号短整型	2	-32768 ~ 32767
long int	长整型	4	-2147483648 ~ 2147483647
unsigned long int	无符号长整型	4	0 ~ 4294967295
signed long int	有符号长整型	4	-2147483648 ~ 2147483647
float	单精度浮点型	4	$-3.4\times10^{38} \sim 3.4\times10^{38}$
double	双精度浮点型	8	$-1.7\times10^{308} \sim 1.7\times10^{308}$
long double	长双精度浮点型	10	$-3.4\times10^{4932} \sim 1.1\times10^{4932}$

注 1. 不同编译器实际分配空间不同，对于数值类型数据，推荐使用 int 类型和 double 类型。
2. 使用 sizeof 操作符测试自己所用编译器对 C++ 基本类型存储空间分配情况。如：

```
cout <<"the size of an short is:" << sizeof (short) << endl;
```

2.2.2 常量

常量的值不能修改，创建常量时必须初始化，且以后不能给它赋值。C++有两种常量：字面常量和符号常量。

例2-2 常量定义示例。

```
#include  "stdafx.h"
#include  <iostream>
using namespace std;
int main()
{
    const double pi =3.14159;    //pi 常量定义
    double s =0;
    s =pi * 4.0 * 4.0;
    cout << s << endl;
    return 0;
    }
```

例2-2求解半径为4.0的圆面积。其中表示半径的数字4.0为字面常量，而在程序中用const关键字定义的pi即为符号常量，代表常量值3.14159。

注意：在C++中还有一种老式的符号常量的定义方式，即使用预编译指定#define，如#define pi 3.14159。这条指令也表示pi代表常量值3.14159，但它与例2-1中const表示符号常量有一个本质区别：const方式定义的符号常量有数据类型，而#define定义的符号常量没有数据类型。

2.2.3 变量

变量是内存中用标识符命名的存储单元，可以用来存储一个特定类型的数据，且数据的值在程序的运行过程中可以进行修改。

在C++中，使用某变量之前必须对该变量进行说明。变量说明通知编译器为变量分配内存空间。变量说明的一般形式如下：

```
<存储类型>数据类型  变量1<，变量2，...>;
```

存储类型即为auto、regist、static、extern中之一，默认时，编译器将根据对该变量进行说明的语句的位置即该变量的作用域，为该变量指定相应的存储类型。

变量名是程序员为该变量指定的标识符，它的组成应该满足C++标识符命名的所有原则。

在C++中，一个语句的结束以分号“;”进行标识。在对多个变量进行说明时，如果需要，某一说明语句可以跨越多行，且无须任何续行符，说明语句的结束以遇到的第一个分号为标志。例如：

```
unsigned int count;
double mathScore, phyScore,
geoscore, engScore;             //说明了4个双精度型变量
```

注意：

（1）C++是一种区分大小写的语言。

（2）在某一变量的作用域，同名变量只能作一次定义性说明；不同作用域内的变量，它们的标识符（变量名）可以相同。

（3）变量在使用之前一定要赋初值，否则将导致计算结果错误或有可能死循环或死机。

（4）C++的变量说明语句可以放在程序的任何位置，只要在该变量的使用之前甚至在使用它的同时说明即可。

2.2.4 数组

数组是一种构造类型，是同类型数据元素的集合，计算机为数组变量分配连续的存储单元，数组大小必须是固定的（定义中只能使用常量或常量表达式）。一个数组包含了若干个变量，每个变量称为一个元素，每个元素的类型都是相同的。数组名和下标唯一地标识一个数组中的一个元素。

1. 一维数组

定义一维数组的一般格式为

类型标识符 数组名［常量表达式］；

例如：

```
int a [10];
```

表示数组名为a，此数组为整型，有10个元素。

数组必须用上述方法定义后，才能使用。只能逐个引用数组元素的值而不能一次引用整个数组中的全部元素的值。数组元素的表示形式为：数组名［下标］。

例2-3 用数组来处理求Fibonacci数列问题。

```
#include  "stdafx.h"
#include  <iostream>
#include  <iomanip>
//I/O 流控制头文件，主要是对 cin、cout 之类的一些操纵运算
using namespace std;
int main()
   { int i;
     int f[20] = {1, 1};                 //数组初始化，f[0] =1，f[1] =1
     for(i =2; i <20; i ++)
        f[i] = f[i -2] + f[i -1];        //数组元素的引用
     for(i =0; i <20; i ++)
       {
        if(i% 5 ==0)
             cout << endl;
        cout << setw(8) << f[i];
//setw 为设置域宽的函数，需有#include  <iomanip>
       }
```

```
    cout << endl;
    return 0;
}
```

运行结果如图 2-3 所示。

```
    1      1      2      3      5
    8     13     21     34     55
   89    144    233    377    610
  987   1597   2584   4181   6765
请按任意键继续. . .
```

图 2-3　例 2-3 运行结果

2. 二维数组

定义二维数组的一般形式为

类型标识符　数组名［常量表达式］［常量表达式］;

例如:

float a[3][4], b[5][10];

定义 a 为 3×4（3 行 4 列）的单精度数组，b 为 5×10（5 行 10 列）的单精度数组。注意不能写成“float a[3, 4], b[5, 10];”。

二维数组的元素引用方式和一维数组略有不同。具体形式为

数组名［下标］［下标］

如 a[2][3]。下标可以是整型表达式，如 a[2-1][2*2-1]。不要写成 a［2, 3］, a［2-1, 2*2-1］形式。

例 2-4　将一个二维数组行和列元素互换，存到另一个二维数组中。若

$$a = \begin{matrix} 1 & 2 & 3 \\ 4 & 5 & 6 \end{matrix} \qquad b = \begin{matrix} 1 & 4 \\ 2 & 5 \\ 3 & 6 \end{matrix}$$

```
#include  "stdafx.h"
#include  <iostream>
using namespace std;
int main()
{
  int a[2][3] = {{1, 2, 3}, {4, 5, 6}}; //a 数组初始化
  int b[3][2], i, j; //b 数组定义
  cout << "array a:" << endl;
  for (i = 0; i <= 1; i ++)
  {
    for(j = 0; j <= 2; j ++)
     { cout << a[i][j] << "";
       b[j][i] = a[i][j]; //数组引用
```

```
        }
    cout << endl;
  }
  cout << "array b:" << endl;
    for(i = 0; i <= 2; i ++ )
     {
      for(j = 0; j <= 1; j ++ )
           cout << b[i][j] << "  "; //数组引用
    cout << endl;
    }
  return 0;
}
```

运行结果如图 2-4 所示。

```
array a:
1 2 3
4 5 6
array b:
1 4
2 5
3 6
```

图 2-4　例 2-4 运行结果

3. 字符数组

char 类型数组有两种情况：可以是一个字符数组，每个元素存储一个字符；也可以表示一个字符串。后一种情况字符串中的每个字符存储在一个数组元素中，字符串的结尾用特定的字符‘\0’表示结束。

例如：

```
char str1[5] = {'C','+','+'};
```

数组 str1 为包含 3 个字符的字符数组。数组的每个元素都用初始化列表中对应的字符进行初始化。如果所提供的初始化值的个数小于数组的元素个数时，没有显示初始化值的元素的值即为 0，即空字符。

```
char str2[10] = "china";
```

数组 str2 前 5 个元素为'c','h','i','n','a'，第 6 个元素为'\0'，后 5 个元素均为空字符，如图 2-5 所示。

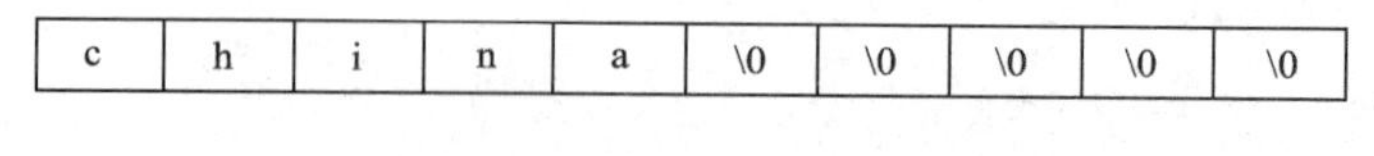

c	h	i	n	a	\0	\0	\0	\0	\0

图 2-5　数组 str2 存储方式

用字符数组来存放字符串并不是最理想和最安全的方法。C++ 提供了一种新的数据类型——字符串类型（string 类型），在使用方法上，它和 char、int 类型一样，可以用来定义变量，这就是字符串变量——用一个名字代表一个字符序列。实际上，string 并不是 C++ 语言本身具有的基本类型，它是在 C++ 标准库中声明的一个字符串类，用这种类可以定义对象。每一个字符串变量都是 string 类的一个对象。

字符串变量与其他基本类型变量一样都必须先定义后使用，定义字符串变量要用类名 string。例如：

```
string string1;      //定义 string1 为字符串变量
```

注意：在使用 string 类的功能时，必须在本文件的开头将 C++ 标准库中的 string 头文件包含进来，即应加上#include <string>。

定义后的字符串变量可以用两种方式初始化：一种用字符串值来初始化 string 类对象，另一种用函数表示法初始化对象。例如：

```
string str1 ="hello";    //用字符串值来初始化 str1
string str2 ("world");    //用函数表示法初始化 str2
```

在 C/C++ 中以字符数组存放字符串时，字符串的运算要用字符串函数，如 strcat（连接）、strcmp（比较）、strcpy（复制），而对 string 类对象，可以不用这些函数，而直接用简单的运算符。

(1) 字符串复制可以用赋值号，实现整体赋值。

```
string1 = string2;
```

其作用与“strcpy (string1, string2);”相同。

(2) 字符串连接用加号。

```
string string1 ="C++";              //定义 string1 并赋初值
string string2 ="Language";         //定义 string2 并赋初值
string1 = string1 + string2;        //连接 string1 和 string2
```

连接后 string1 为"C++ Language"。

(3) 字符串比较直接用关系运算符。

可以直接用 ==（等于）、>（大于）、<（小于）、!=（不等于）、>=（大于或等于）、<=（小于或等于）等关系运算符来进行字符串的比较。

例 2-5 输入 3 个字符串，要求将字母按由小到大的顺序输出。

```
#include  "stdafx.h"
#include  <iostream>
#include  <string>
using namespace std;
int main()
  {
    string string1, string2, string3, temp;
    cout <<"please input three strings:";
    cin >> string1 >> string2 >> string3;          //输入 3 个字符串
    if(string2 > string3)
    {
      temp = string2;
```

```
        string2 = string3;
        string3 = temp;
  }   //比较串2和串3，使串2<串3
    if(string1 <= string2)
    cout << string1 <<" "<< string2 <<" "<< string3 << endl;
  //如果串1≤串2，则输出顺序为串1，串2，串3
else if(string1 <= string3)
          cout << string2 <<" "<< string1 <<" "<< string3 << endl;
  //如果串1>串2，串1≤串3，则输出顺序为串2，串1，串3
    else cout << string2 <<" "<< string3 <<" "<< string1 << endl;
  //如果串1>串2，且串1>串3，则输出顺序为串2，串3，串1
}
```

程序运行结果如图2-6所示。

```
please input three strings: PASCAL
C++
BASIC
BASIC C++ PASCAL
```

图2-6　例2-5运行结果

2.2.5　指针

指针是一种特殊的变量。一般变量包含的是实际的真实的数据，而指针是一个指示器，它告诉程序在内存的哪块区域可以找到数据。指针也和其他一般变量一样，必须先定义后使用。

1. 指针变量定义

一般形式：[存储类型]　数据类型　*指针名；

例如：
```
int *p1, *p2;
float    *q;
static  char  *name;
```

注意：

(1) int *p1, *p2; 与 int *p1, p2; 不一样。

(2) 指针变量名是 p1, p2，不是 *p1, *p2。

(3) 指针变量只能指向定义时所规定类型的变量。

(4) 指针变量定义后，变量值不确定，应用前必须先赋值。

2. 指针变量初始化

一般形式：[存储类型]　数据类型　*指针名 = 初始地址

例如：
```
int m, *p = &m; //声明p为指针变量，p指向m变量
int *q = p; //q与p指针变量同一指向
```

注意：

(1) 用变量地址作为初值时，该变量必须在指针初始化之前进行说明，且变量类型应

与指针类型一致。

（2）可以用一个已赋初值的指针去初始化另一个指针变量。

（3）准确区分指针变量与指针所指向的变量。指针变量是用于存放内存单元地址的变量（上例中的p，q变量），指针所指向的变量是指针变量中所保存的内存地址对应的变量（例2－5中的m变量）。

3. 指针变量动态分配

动态内存分配技术可以保证程序在运行过程中按照实际需要申请适量的内存，使用结束后可以释放。

1）动态申请内存操作符new

new 类型名（初值列表）

例如：
```
int *p;
p=new int(2);
```

该例动态分配了用于存放int类型数据的内存空间，并将初值2存入该空间中，然后将首地址赋给指针p。

2）释放内存操作符delete

delete运算符用来删除由new建立的对象，释放指针所指向的内存空间。

例如：
```
delete p;
```

4. 指针与常量

1）常量指针

常量指针是指向常量的指针。顾名思义，就是指针指向的是常量，即它不能指向变量，它指向的内容不能被改变，不能通过指针来修改它指向的内容，但是指针自身不是常量，它自身的值可以改变，从而指向另一个常量。

例如：
```
const int a，b；//a，b为int型常量
int const *p；//p为常量指针
p=&a；p=&b；//p只能存放常量a或者常量b的地址
```

2）指针常量

指针常量是指指针本身是常量。它指向的地址是不可改变的，但地址里的内容可以通过指针改变。它指向的地址将伴其一生，直到生命周期结束。需要注意的一点是，指针常量在定义时必须同时赋初值。

例如：
```
int a;
int b;
int *const p=&a;
//p指针在生命周期内只能执行a变量，若int *const p=&b；则此语句报错。
```

2.2.6 引用

引用是C++引入的新语言特性，是C++常用的重要内容之一，正确、灵活地使用引用可以使程序简洁、高效。引用就是某一变量（目标）的一个别名，程序用另一个变量或对象（目标）的名字初始化它。引用作为目标的别名而使用，对引用的改动实际是对目标的

改动。

引用的声明形式：

<类型标识符>& 引用名 = 目标变量名

或

<类型标识符>& 引用名 = 目标变量名

例如：int someInt;

```
int& rInt = someInt;
//定义引用 rInt，它是变量 someInt 的引用，即别名。
```

注意：

（1）& 在此不是求地址运算，而是起标识作用。

（2）类型标识符是指目标变量的类型。

（3）声明引用时，必须同时对其进行初始化。

（4）引用声明完毕后，相当于目标变量名有两个名称，即该目标原名称和引用名，且不能再把该引用名作为其他变量名的别名。

（5）声明一个引用，不是新定义了一个变量，它只表示该引用名是目标变量名的一个别名，它本身不是一种数据类型，因此引用本身不占存储单元，系统也不给引用分配存储单元。

（6）不能建立数组的引用。因为数组是一个由若干个元素所组成的集合，所以无法建立一个数组的别名。

引用的一个重要作用就是作为函数的参数。以前的 C 语言中函数参数传递是值传递，当有大块数据作为参数传递的时候，采用的方案往往是指针，因为这样可以避免将整块数据全部压栈，可以提高程序的效率。现在在 C++ 中又增加了一种同样有效率的选择，即引用。

例 2-6 引用参数分析。

```
#include  "stdafx.h"
#include  <iostream>
using std::cin;
using std::cout;
void swap(int &p1, int &p2) //此处函数的形参 p1，p2 都是引用
{
  int p;
  p = p1;
  p1 = p2;
  p2 = p;
}
void main()
{
  int a, b;
  cout << "input two numbers:";
```

```
    cin >> a >> b;
    swap(a, b);
    cout << a << ' ' << b;
}
```

例2-6程序运行结果如图2-7所示。

图2-7　例2-6程序运行结果

由例2-6可以看出：

(1) 传递引用给函数与传递指针的效果是一样的。这时，被调函数的形参就成为原来主调函数中的实参变量或对象的一个别名来使用，所以在被调函数中对形参变量的操作就是对其相应的目标对象（在主调函数中）的操作。

(2) 使用引用传递函数的参数，在内存中并没有产生实参的副本，它是直接对实参进行操作；而使用一般变量传递函数的参数，当发生函数调用时，需要给形参分配存储单元，形参变量是实参变量的副本；如果传递的是对象，还将调用复制构造函数。因此，当参数传递的数据较大时，用引用比用一般变量传递参数的效率高，所占空间小。

(3) 使用指针作为函数的参数虽然也能达到与使用引用相同的效果，但是，在被调函数中同样要给形参分配存储单元，且需要重复使用“*指针变量名”的形式进行运算，这很容易产生错误且程序的阅读性较差。另外，在主调函数的调用点处，必须用变量的地址作为实参。而引用更容易使用，更清晰。

2.3　运算符和表达式

运算符和表达式是实现数据操作与运算的两个重要的组成部分。表达式是由变量、常量、函数等通过一个或多个运算符组合而成的式子。表达式中变量、常量、函数等都是运算符的运算对象，称为操作数。根据运算符的操作数的个数不同，可将其分为单目（一元）、双目（二元）和三目（三元）运算符。

2.3.1　算术运算

算术表达式由算术运算符、数值型常量、变量、函数和圆括号组成，运算结果是一个数值。C++的算术运算符包括以下几种：

◇ 加法运算符（+）；
◇ 减法运算符（-）；
◇ 乘法运算符（*）；
◇ 除法运算符（/）；
◇ 模运算符（%）。

在算术运算中需要注意以下几点：

（1）两个整数做除操作时，结果也为整数，如5/2 =2。

（2）模运算符也称为求余运算符，该运算符的两个操作数必须是整型数据，如5%2 =1。

（3）优先级和结合性。在表达式求值时，先按运算符优先级别的高低次序进行，当优先级相同时则按“结合方向”处理。具体运算符的优先级和结合性见附录。

在算术表达式中常会出现各种不同类型的数据，要使不同类型的数据进行混合运算就需要遵循一定的转换规则。数据类型的转换分为自动转换和强制类型转换两种。

1. 自动转换

自动转换发生在不同数据类型的量混合运算时，由编译系统自动完成。自动转换遵循以下规则：

（1）若参与运算量的类型不同，则先转换成同一类型，然后进行运算。

（2）转换按数据长度增加的方向进行，以保证精度不降低。如 int 型和 long 型运算时，先把 int 量转成 long 型后再进行运算。

（3）所有的浮点运算都是以双精度进行的，即使仅含 float 单精度量运算的表达式，也要先转换成 double 型，再做运算。

（4）char 型和 short 型参与运算时，必须先转换成 int 型。

（5）在赋值运算中，赋值号两边量的数据类型不同时，赋值号右边量的类型将转换为左边量的类型。

总之，自动转换是按照“较低类型”提升为“较高类型”的原则进行的。C++ 各种类型按级别由低到高的顺序为

char(short) -> int -> unsigned -> long -> unsigned long -> float -> double

例如将例 2 -2 程序略微调整为

```
#include  "stdafx.h"
#include  <iostream>
using namespace std;
int main()
{
  float pi =3.14159;
  int s =0, r;
  s =r * r * pi;
  cout << s << endl;
  return 0;
  }
```

例 2 -2 程序中，pi 为实型；s，r 为整型。在执行 s =r * r * pi 语句时，r 和 pi 都转换成 double 型计算，结果也为 double 型。但由于 s 为整型，故赋值结果仍为整型，舍去了小数部分。

2. 强制类型转换

有时候根据表达式的需要，某个数据需要被当成另外的数据类型来处理。这时就需要强

制编译器把变量或常数由声明时的类型转换成需要的类型。为此就要使用强制类型转换说明，其一般形式为：（类型说明符）（表达式），其功能是把表达式的运算结果强制转换成类型说明符所表示的类型。例如：(float)a 把 a 转换为实型，(int)(x + y) 把 x + y 的结果转换为整型。在使用强制转换时应注意以下两点。

（1）类型说明符和表达式都必须加括号（单个变量可以不加括号），因为如把（int）（x + y）写成（int)x + y 则成了把 x 转换成 int 型之后再与 y 相加。

（2）无论是强制转换或是自动转换，都只是为了本次运算的需要而对变量的数据长度进行的临时性转换，而不会改变数据说明时对该变量定义的类型。如 float a；int b，c；c = (int) a% b；为了求解 a，b 两数的余，强行把 a 变量转换成 int 后做运算，但 a 变量本身还是 float 类型数据。

2.3.2 自增、自减运算

自增运算符 ++ 使变量的值增加 1，而自减运算符 -- 则使变量的值减少 1。自增、自减运算符均为单目运算符，即只需要一个操作数，而且该操作数只能是变量。这两种运算符具体应用时有两种方式：前置和后置。例如：

```
++i; //前置增量，先将变量的值增 1，然后再使用变量的值
--i; //前置减量，先将变量的值减 1，然后再使用变量的值
i++; //后置增量，先使用变量的值，然后再将变量的值增 1
i--; //后置减量，先使用变量的值，然后再将变量的值减 1
```

例如：

```
int n = 3, m1, m2;
m1 = n++;
m2 = ++n;
```

执行完上段程序段后 m1 变量值为 3，m2 变量值为 5。m1 = n++；语句相当于 m1 = n；n = n + 1；两条语句。先将变量 n 的值赋给 m1 变量即 m1 为 3，然后 n 变量值再增 1；即 n 为 4。接着执行 m2 = ++n；语句，此语句相当于 n = n + 1；m2 = n；两条语句。先将变量 n 的值增 1 即 n 为 5，然后再将 n 的值赋给 m2 变量，即 m2 为 5。

2.3.3 关系运算

C++ 中常用关系运算符有以下 6 种：

```
>(大于)、<(小于)、>=(大于等于)、<=(小于等于)、
==(等于)、!=(不等于)
```

前 4 种关系运算符（>，<，>=，<=）的优先级别相同，后两种的优先级别相同。前 4 种高于后两种。例如，“>”优先于“==”。而“>”与“<”优先级相同。关系运算符的优先级低于算术运算符。关系运算符的优先级高于赋值运算符（详细可见附录）。例如：

```
c > a + b 等效于 c > (a + b)
a > b == c 等效于 (a > b) == c
a == b < c 等效于 a == (b < c)
a = b > c 等效于 a = (b > c)
```

用关系运算符将两个表达式连接起来的式子，称为关系表达式。关系表达式的一般形式

可以表示为

表达式　关系运算符　表达式

其中的“表达式”可以是算术表达式或关系表达式、逻辑表达式、赋值表达式、字符表达式。例如，下面都是合法的关系表达式：

(a ==3) >(b ==5),'a' <'b', (a >b) >(b <c), (a +3)! =(b -4)

关系表达式的值是一个逻辑值，即“真”或“假”。例如，关系表达式“5 == 3”的值为“假”，“5 >= 0”的值为“真”。在 Visual C++ 中使用关键字 bool 和逻辑值 true 和 false 可以使程序更易于理解。

2.3.4　逻辑运算

C++ 常用的逻辑运算符有以下三种：

&& (逻辑与)　　||(逻辑或)　　! (逻辑非)

逻辑运算符的运算规则见表 2 -2。

表 2 -2　逻辑运算符的运算规则

a	b	!a	!b	a&&b	a||b
T	T	F	F	T	T
T	F	F	T	F	T
F	T	T	F	F	T
F	F	T	T	F	F

在一个逻辑表达式中如果包含多个逻辑运算符，按以下的优先次序：

(1)! (非) →&& (与) →||(或)，即“!”为三者中最高的。

(2) 逻辑运算符中的“&&”和“||”低于关系运算符，“!”高于算术运算符。

例如：

(a >b) && (x >y)　可写成　a >b && x >y

(a ==b) ||(x == y)　可写成　a ==b ||x == y

(!a) ||(a >b)　可写成　!a ||a >b

将两个关系表达式用逻辑运算符连接起来就成为一个逻辑表达式，上面几个式子就是逻辑表达式。逻辑表达式的一般形式可以表示为

表达式　逻辑运算符　表达式

逻辑表达式的值是一个逻辑量“真”或“假”。在给出逻辑运算结果时，以数值 1 代表“真”，以 0 代表“假”，但在判断一个逻辑量是否为“真”时，采取的标准是：如果其值是 0 就认为是“假”，如果其值是非 0 就认为是“真”。例如：

(1) 若 a =4，则!a 的值为 0。因为 a 的值为非 0，认定为“真”。

(2) 若 a =4，b =5，则 a && b 的值为 1。因为 a 和 b 均为非 0，认定为“真”。

(3) a，b 值同前，a - b||a + b 的值为 1。因为 a - b 和 a + b 的值都为非零值。

在 C++ 中，整型数据可以出现在逻辑表达式中，在进行逻辑运算时，根据整型数据的值是 0 或非 0，把它作为逻辑量为假或真，然后参加逻辑运算。实际上，逻辑运算符两侧的

表达式不但可以是关系表达式或整数（0 和非 0），也可以是任何类型的数据，如字符型、浮点型或指针型等。系统最终以 0 和非 0 来判定它们属于“真”或“假”。例如'c'&&'d'的值为 1。

2.3.5 条件运算

条件运算符要求有 3 个操作对象，称三目（元）运算符，它是 C++ 中唯一的一个三目运算符。条件表达式的一般形式为

```
1? 表达式 2:表达式 3;
```

条件运算符的执行顺序是：先求解表达式 1，若为非 0（真）则求解表达式 2，此时表达式 2 的值就作为整个条件表达式的值。若表达式 1 的值为 0（假），则求解表达式 3，表达式 3 的值就是整个条件表达式的值。例如 max = (a > b)? a:b 的执行结果是将条件表达式的值赋给 max，也就是将 a 和 b 二者中的大者赋给 max。条件运算符优先于赋值运算符，因此上面赋值表达式的求解过程是先求解条件表达式，再将它的值赋给 max。

条件表达式中，表达式 1 的类型可以与表达式 2 和表达式 3 的类型不同。如：

```
x?'a':'b';
```

2.3.6 位运算

程序中的所有数在计算机内存中都是以二进制形式储存的。位运算就是直接对整数在内存中的二进制位进行操作。C 语言提供了 6 个位操作运算符。这些运算符只能用于整型操作数，即只能用于带符号或无符号的 char、short、int 与 long 类型。

C 语言提供的位运算符见表 2 - 3。

表 2 - 3 C 语言提供的位运算符

运算符	含义	规则
&	按位与	如果两个相应的二进制位都为 1，则该位的结果值为 1，否则为 0
|	按位或	两个相应的二进制位中只要有一个为 1，则该位的结果值为 1
^	按位异或	若参加运算的两个二进制位值相同则为 0，否则为 1
~	取反	~ 是一元运算符，用来对一个二进制数按位取反，即将 0 变 1，将 1 变 0
<<	左移	用来将一个数的各二进制位全部左移 N 位，右补 0
>>	右移	将一个数的各二进制位右移 N 位，移到右端的低位被舍弃，对于无符号数，高位补 0

1. 按位与运算符（&）

按位与是指参加运算的两个数据，按二进制位进行“与”运算。如果两个相应的二进制位都为 1，则该位的结果值为 1，否则为 0，即 0&0 = 0，0&1 = 0，1&0 = 0，1&1 = 1。例如：

```
int x=2, y=6;
```

则 x 的二进制形式为 00000000 00000010，y 的二进制形式为 00000000 00000110。

x&y 的运算过程为

```
00000000 00000010
```

```
&   00000000 00000110
_____________________
    00000000 00000010
```

因此 x&y 的结果为 2。

2. 按位或运算符（|）

按位或是指参加运算的两个数据，按二进制位进行“或”运算。两个相应的二进制位中只要有一个为 1，则该位的结果值为 1，即 0|0 = 0，0|1 = 1，1|0 = 1，1|1 = 1。例如：

```
int x = 2, y = 6;
```

x|y 的运算过程为

```
    00000000 00000010
|   00000000 00000110
_____________________
    00000000 00000110
```

因此 x|y 的结果为 6。

3. 按位异或运算符（^）

按位异或是指参加运算的两个数据，按二进制位进行“异或”运算。若参加运算的两个二进制位值相同则为 0，否则为 1，即 0^0 = 0，0^1 = 1，1^0 = 1，1^1 = 0。例如：

```
int x = 2, y = 6;
```

x^y 的运算过程为

```
    00000000 00000010
^   00000000 00000110
_____________________
    00000000 00000100
```

因此 x^y 的结果为 4。

4. 按位取反运算符（~）

按位取反是一元运算符，用于求整数的二进制反码，即分别将操作数各二进制位上的 1 变为 0，0 变为 1。例如：

```
int x = 2;
```

~x 的运算过程为

```
~ 00000000 00000010
_____________________
  11111111 11111101
```

因此 ~x 的结果为 65533。

5. 左移运算符（<<）

左移运算符是用来将一个数的各二进制位左移若干位，移动的位数由右操作数指定（右操作数必须是非负值），其右边空出的位用 0 填补，高位左移溢出则舍弃该高位。例如：int x = 2；x << 2 的运算过程为：将 00000000 00000010 向左移动 2 位，舍弃移出到左边的两

位 0，低位的两位补 0，最后得到结果 000000 0000001000，即十进制 8。当需左移的操作数 m 左移 n 位时被溢出舍弃的高位中不包含 1 时，则 m << n 结果为 $m * 2^n$。

6. *右移运算符（>>）*

右移运算符是用来将一个数的各二进制位右移若干位，移动的位数由右操作数指定（右操作数必须是非负值），移到右端的低位被舍弃，对于无符号数，高位补 0。对于有符号数，某些机器将对左边空出的部分用符号位填补（即"算术移位"），而另一些机器则对左边空出的部分用 0 填补（即"逻辑移位"）。例如：

```
unsigned int x = 2; x >> 2;
```

则运算过程为：将 00000000 00000010 向右移动 2 位，舍弃向右移出的两位 0，左边高位补两个 0，最后得到的结果为 00000000 00000000，即十进制 0。

又如：在 VC++ 中编译器默认算术移位，若有 short int x = -32760；x >> 2；则运算过程为：将 -32760 的补码形式 10000000 00001000 向右移动 2 位，舍弃向右移出的两位零，高位按照算术移位的原则补两位 1，即 11100000 00000010，此数为 -8190 的补码形式。所以若 x 变量以整数形式输出时值为 -8190。

2.3.7　赋值运算

赋值运算符有两类：简单赋值运算符和复合赋值运算符。

1. *简单赋值运算符*

简单赋值运算符是"="。它的作用是将一个表达式的值赋给一个左值。所谓左值是指一个能用于赋值运算左边的表达式，一般为涉及内存地址的变量。必须注意左值必须能够被修改，不能是常量。右值可以出现在赋值运算表达式中赋值运算符的右边，它可以是不占内存空间的常量或表达式。例如：

```
int a, b, c;
a = 3;
b = 4;
c = (a + b) * (2 * a - b);
```

注意：

（1）初学者一定要清楚区分赋值运算符和关系运算符 ==。例如 a == b 为比较 a 和 b 是否相等，而 a = b 为将 b 变量的值赋给 a 变量。

（2）在赋值运算符两侧为不同数据类型，但都是数值型或字符型时，在赋值时系统将自动进行类型转换，即把赋值运算符右边的类型换成左边的类型。例如 int i = 5.8；执行此赋值语句后 i 变量为 5（浮点型数据赋值给整型数据，舍去小数部分）。

（3）赋值运算符允许用户连续赋值。例如 a = b = c = 5；该语句功能为设置 a，b，c 变量均为 5。但是特别注意这种多重赋值表达式不能出现在变量说明中。例如：int a = b = 0；是非法的。

2. *复合赋值运算符*

复合赋值运算符，又称为带有运算的赋值运算符。例如：i = i + j；可表示为 i += j；这里 += 是复合赋值运算符。

复合赋值运算符有 10 种，它们的形式和规则见表 2 - 4。

表 2－4 复合赋值运算符的形式和规则

运算符	示例表达式	等效表达式
+=	n += 25	n = n + 25
−=	n −= 25	n = n − 25
*=	n * = 25	n = n * 25
/=	n/= 25	n = n/25
%=	n %= 25	n = n% 25
<<=	n <<= 25	n = n << 25
>>=	n >>= 25	n = n >> 25
&=	n & = 0xF2F2	n = n&0xF2F2
^ =	n^ = 0xF2F2	n = n^0xF2F2
| =	n | = 0xF2F2	n = n | 0xF2F2

复合赋值表达式一般形式为：

变量　双目运算符 = 表达式

它等效于

变量 = 变量　运算符　表达式。

例如：

a += 5　等价于 a = a + 5

x * = y + z　等价于 x = x * (y + z)

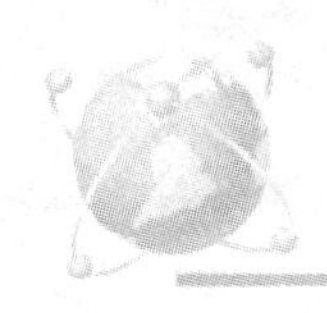

第 3 章　流程控制语句

语句是构造程序最基本的单位，程序运行的过程就是执行程序语句的过程。程序语句执行的次序称为流程控制（或控制流程）。前面介绍的实例程序中，程序语句都是顺序执行的。为了适应程序流程的其他不同控制，C++ 提供了条件分支控制、开关分支控制、循环控制、跳转控制等多种流程控制语句。

本章详细介绍分支、循环和跳转语句的语法和执行流程。

◇ if 和 switch 条件分支语句的使用方法；

◇ do... while、while 和 for 语句的使用方法；

◇ break、continue、return 和 goto 跳转语句的使用方法。

3.1　分支控制

分支程序结构是至少含有一个或一个以上的语句块（程序分支），其流程控制方式是根据一定的条件来决定执行若干程序分支中的某一个分支。所以具有分支结构的程序在运行时通过条件判断有选择地执行某一程序分支。C++ 提供两种形式的选择语句：条件语句（if 语句）和开关语句（switch 语句）。

3.1.1　if 条件分支语句

1. if 单分支语句

if 单分支语句一般语法形式为

```
if (表达式)  语句;
```

该类型语句先判断表达式的值，若为 true（真）则执行语句，若为 false（假）则不执行语句。执行流程如图 3-1 所示。

注意：

（1）表达式可以是任意合法的 C++ 表达式。一般为逻辑表达式或关系表达式，当表达式为一赋值表达式时，可含对变量的定义。如：if (int i = 3) 语句等价于 int i; if (i=3)语句。

（2）若表达式的值为数值，则 0 被视为假，一切非 0 被视为真。

（3）当表达式的值为真要执行多条语句时，应将这些语句用花括号括起来以复合语句的形式出现。

（4）语句可以是另一个 if 语句或其他控制语句（嵌套）。

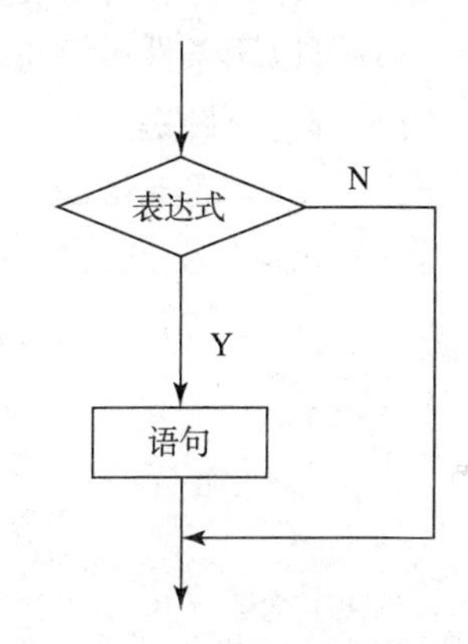

图 3-1　if 单分支语句执行流程

例 3-1 判断用户的输入，如果输入的数值大于0，则在屏幕上显示“正数”。

```
#include  "stdafx.h"
#include  <iostream>
using namespace std;
void main()
    {
        int a;
        cin >> a;
        if (a>0)
            cout << "正数" << endl;
}
```

2. if 双分支语句

if 双分支语句一般语法形式为

if（表达式）语句 1；else 语句 2；

该类型语句先判断表达式的值，若为 true（真）则执行语句 1；若为 false（假）则执行语句 2。执行流程如图 3-2 所示。

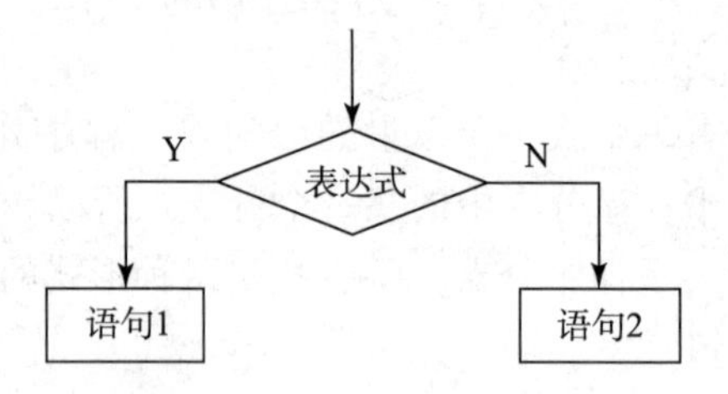

图 3-2　if 双分支语句执行流程

注意：

（1）语句 1 和语句 2 可以是另一个 if 语句或其他控制语句（嵌套），此时 else 总是与它前面最近且未配对的 if 配对。

（2）程序是将整个 if...else 控制结构看成一条语句处理的。else 是 if 语句中的子句，不能作为独立的语句单独使用。

（3）可以用条件运算符“?:”来实现简单的双分支结构。

例 3-2 判断键盘输入的整数是否为偶数，是输出 yes，不是输出 no。

```
#include  "stdafx.h"
#include  <iostream>
using namespace std;
void main()
{
  int x;
  cout << "请输入一个整数：\n";
  cin >> x;
```

```
  if (x%2==0)
      cout<<"yes"<<endl;
  else
      cout<<"no"<<endl;
}
```

3. if 多分支语句

if 多分支结构一般语法形式为

```
if (表达式1) 语句1;
else    if (表达式2) 语句2;
        else    if (表达式3)    语句3;   …
                [else 语句 n]
```

该类型语句从上向下依次判断各个表达式的值，如果某一表达式的值为 true（真），则执行相应的 if 语句并越过剩余的阶递结构；如果所有表达式的值均为 false（假），并且存在 else 子句，那么无条件地执行最后一个 else 子句（语句 n），若不存在 else 子句，则不执行任何语句。执行流程如图 3-3 所示。

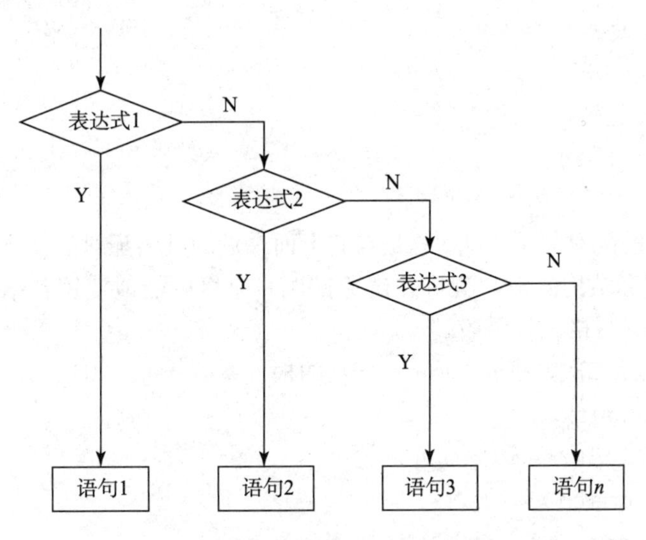

图 3-3　if 多分支语句执行流程

例 3-3　计算如下分段函数：

$$y=\begin{cases} x+5 & x\leqslant 1 \\ 2x & 1<x<10 \\ \dfrac{3}{x-10} & x>10 \end{cases}$$

```
#include "stdafx.h"
#include <iostream>
using namespace std;
void main()
{
```

```
float x, y;
cout <<"请输入 x 的值";
 cin >> x;
if (x ==10)
cout <<"not define x. " << endl;
else {if (x <=1) y = x +5;
        else if (x <10) y =2 * x;
        else  y =3/ (x -10);
        cout <<"x =" << x <<", y =" << y;
    }
}
```

4. if 语句嵌套

if 语句嵌套指的是在一个 if 语句之后又包含了另一个或多个 if 语句。或者说，if 或者 else 后面又跟着 if 语句，嵌套 if 语句一般语法形式如下：

```
if (表达式)
      if (表达式)   语句 1;
      else     语句 2;       //嵌套
else  if (表达式)   语句 3;
      else  语句 4;         //嵌套
```

注意：

（1）if 与 else 的配对关系。else 总是与它上面最近的且未配对的 if 配对。

（2）为了使嵌套结构清楚、醒目并避免错误，应尽可能地使用花括号、各层嵌套的语句采用不同的缩进书写格式等手段。

例 3 -4 求一元二次方程 $ax^2 + bx + c = 0$ 的根。系数 a（$a \neq 0$）、b、c 由键盘输入。

```
#include  "stdafx.h"
#include  <iostream>
#include  <cmath>
using namespace std;
void main()
{
  float a, b, c;
  float delta, x1, x2;
  cout <<"输入三个系数 a (a!=0), b, c:" << endl;
  cin >> a >> b >> c;
  cout <<"a =" << a <<'\t' <<"b =" << b <<'\t' <<"c =" << c << endl;
  delta = b * b - 4 * a * c;
  if(delta >=0)
     if (delta >0)
        {       //注意此处花括号的用法
```

```
                delta = sqrt(delta);
                x1 = ( -b + delta)/(2 * a);
                x2 = ( -b - delta)/(2 * a);
                cout <<"方程有两个不同实根:";
                cout <<"x1 =" << x1 <<'\t' <<"x2 =" << x2 << endl;
            }
        else//delta = 0
          {
            cout <<"方程有两个相同实根:";
            cout <<"x1 = x2 =" << -b/(2 * a) << endl;
          }
    else cout <<"方程无实根!" << endl; //delta < 0
    }
```

3.1.2 switch 语句

处理多个分支时可以使用 if - else - if 结构，但分支越多，则嵌套的 if 语句层就越多，程序不但庞大而且理解也比较困难。深层嵌套的 else - if 语句往往在语法上是正确的，但逻辑上不能正确地反映程序员的意图。因此，C++ 语言又提供了一个专门用于处理多分支结构的条件选择语句，称为 switch 语句，又称开关语句。它可以很方便地实现深层嵌套的 if/else 逻辑。switch 语句的一般语法形式为

```
switch(表达式)
{
  case  常数1:   语句1;
            break;
  case  常数2:   语句2;
            break;
  …
  case  常数n:   语句n;
            break;
  default:   语句n+1;
}
```

switch 语句首先计算表达式的值，当表达式的值与某一个 case 后面的常量的值相等时，就执行此 case 后面的语句，若所有的 case 中的常量的值都不能与表达式的值相匹配，就执行 default 后面的语句，当没有 default 语句时，则什么都不执行。执行完一个 case 后面的语句后，转移到下一个 case 继续执行。执行流程如图 3 - 4 所示。

注意：

（1）switch 后面括号内的表达式，可以是任意类型的。

（2）常数 1 ~ 常数 n 必须互不相同，否则就会出现互相矛盾的现象；且每一常数后面要有冒号“:”。

（3）各 case 和 default 的次序可以任意，且不会影响程序的执行结果。

（4）语句 1 ~ 语句 $n+1$ 可以为复合语句，且可以不用花括号括起来，程序会自动执行本 case 后面的所有语句。当然加上花括号也可以。

（5）在 switch 语句中出现的 break 语句并不是必需的，这要根据程序的需要来决定。在这里，break 语句的作用是跳出 switch 语句。

（6）各 case 后面必须是常数，而不能是变量或表达式。

（7）多个 case 可以共用一组执行语句。

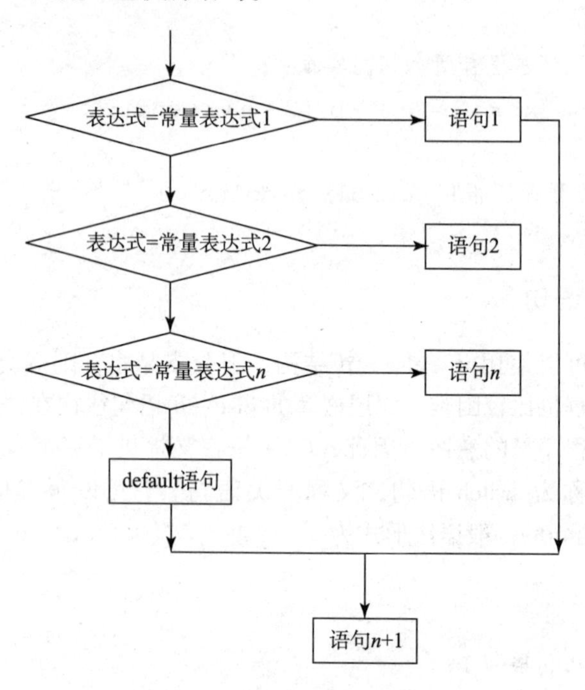

图 3－4　switch 语句执行流程

例 3－5　编写一个 C++ 程序，接收学生的分数，将分数成绩转换成相应的等级成绩，并显示等级成绩。分数成绩与等级成绩之间的关系情况见表 3－1。

表 3－1　分数与等级成绩之间的关系

分数成绩	等级成绩
大于等于 90	A
小于 90 但大于等于 80	B
小于 80 但大于等于 70	C
小于 70 但大于等于 60	D
小于 60	E

```
#include  "stdafx.h"
#include  <iostream>
using namespace std;
void main()
```

```
{
  int score;
  cout <<"请输入学生的分数:" << endl;
  cin >> score;
  if(score >100 ||score <0)
      cout <<"成绩输入有误" << endl;
  else switch(score/10)
      {
        case 10:
        case 9: cout <<"A 等" << endl; break;
        case 8: cout <<"B 等" << endl; break;
        case 7: cout <<"C 等" << endl; break;
        case 6: cout <<"D 等" << endl; break;
        default: cout <<"E 等" << endl;
        }
}
```

3.2 循环控制

在程序设计中，经常需要根据给定的规则进行一些重复的操作，例如，求若干个数的和、对序列中的若干个数进行排序等，这些运算的特点是每次的运算操作是相同的，只是每次参加运算的数据发生了变化。这就需要利用循环语句来实现这类循环控制。C++ 提供了三种循环语句：while、do - while 和 for 循环语句。

3.2.1 while 语句

while 语句用来实现“当型”循环结构，其一般语法形式如下：

`while(表达式)　语句;`

当表达式为非 0 值时执行 while 语句中的内嵌语句，其执行流程如图 3 - 5 所示。其特点是先判断表达式，后执行语句。

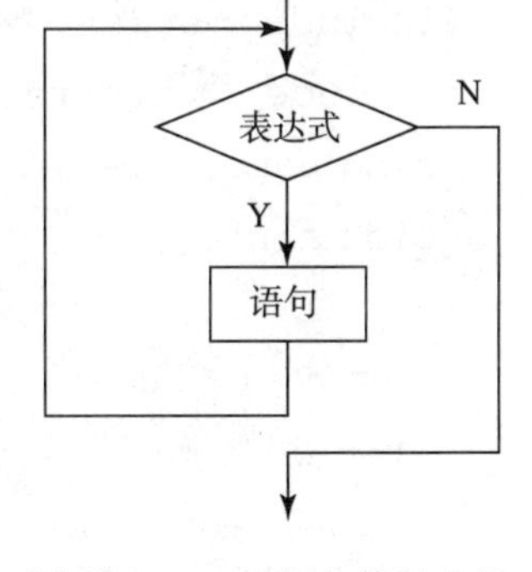

图 3 - 5　while 语句执行流程

注意：

(1) 先判断表达式，后执行语句。

(2) while 表达式同 if 语句后的表达式一样，可以是任何类型的表达式。

(3) while 循环结构常用于循环次数不固定，根据是否满足某个条件决定循环与否的情况。

(4) 循环体如果包含一个以上的语句应该用花括号括起来，以复合语句形式出现。

例 3 - 6　求使 $s = 1 + 1/2 + 1/3 + \cdots + 1/n$ 的值大于 10 的 n 的最小值。

```
#include  "stdafx.h"
```

```
#include  <iostream>
using namespace std;
void main()
{
    float sum=0;
    int n=1;
  while(sum<10)
    {
      sum=sum+1.0/n;
      n++;
    }
cout<<"sum="<<sum<<endl;
cout<<"n="<<n<<endl;
}
```

3.2.2 do－while 语句

do－while 语句用来实现“直到型”循环结构，其一般语法形式为

```
do
    语句
while(表达式);
```

先执行语句，后判断表达式。它是这样执行的：先执行一次指定的内嵌的语句，然后判别表达式，当表达式的值为非 0（“真”）时，返回重新执行该语句，如此反复，直到表达式的值等于 0 为止，此时循环结束。其执行流程如图 3－6 所示。

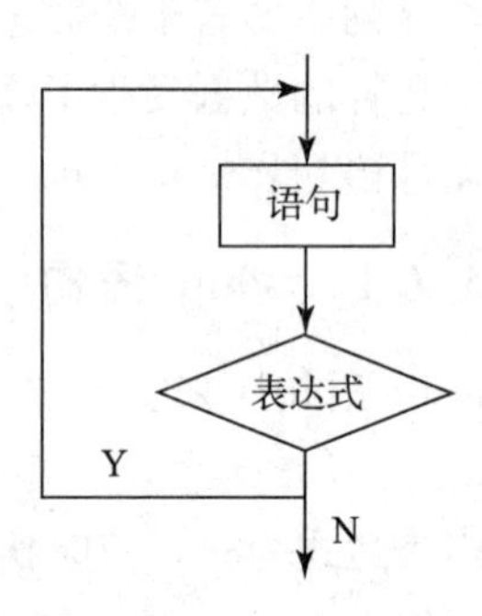

图 3－6　do－while 语句执行流程

例 3－7　输出 1～100 之间的奇数，并求出这些数之和。

```
#include  "stdafx.h"
#include  <iostream>
using namespace std;
void main()
{
  int n=1, sum=0;
  do
  {
    if(n%2!=0)        //此处表达式判别是否为奇数
      {    cout<<n<<"\t";
           sum=sum+n;
    }
    n++;
```

```
  }
  while(n <=100);
cout <<"sum =" << sum << endl;
}
```

注意：用 while 语句和用 do－while 语句处理同一问题时，一般情况下，若二者的循环体部分相同的，则它们的处理结果也相同。但在 while 语句后面的表达式一开始就为假（0 值）时，两种循环的结果是不同的。例如：

```
#include  "stdafx.h"
#include  <iostream>
using namespace std;
void main()
{
  int n =10,sum =0;
    while(n <10)
  {
    sum = sum + n;
      n++;
  }
cout <<"sum =" << sum << endl;
}
```

```
#include  "stdafx.h"
#include  <iostream>
using namespace std;
void main()
{
  int n =10,sum =0;
  do
  {
      sum = sum + n;
      n ++;
}
while(n <10);
cout <<"sum =" << sum <<
endl;
}
```

左例的结果 sum = 0，因为 while 先判别表达式，第一次循环条件表达式即为假，所以不会进入循环体，即不进行累加操作。右例的结果 sum = 10。因为 do－while 语句先执行循环体，sum 累加一次，再判别表达式为假，从而终止循环语句的执行。

3.2.3　for 语句

C++语言中的 for 语句使用最为灵活，不仅可以用于循环次数已经确定的情况，而且可以用于循环次数不确定而只给出循环结束条件的情况。

for 语句的一般语法形式：

for（表达式 1；表达式 2；表达式 3）

语句；

它的执行过程如下：

（1）先求解表达式 1。

（2）求解表达式 2，若其值为真（非 0），则执行 for 语句中指定的内嵌语句，然后执行下面第（3）步，若为假（0），则结束循环，转到第（5）步。

（3）若表达式为真，在执行指定的语句后，求解表达式 3。

（4）转回上面第（2）步骤继续执行。

（5）执行 for 语句下面的一个语句。

执行流程如图 3 -7 所示。

注意：

（1）表达式 1：用于循环开始前为循环变量设置初始值。

表达式 2：控制循环执行的条件，决定循环次数。

表达式 3：循环控制变量修改表达式。

（2）循环控制变量可以在 for 语句中声明和初始化。如果循环控制变量只在 for 循环内使用而不在其他地方使用，那么，在 for 语句内声明是一个很好的习惯。但是，在循环外就不能使用它了。

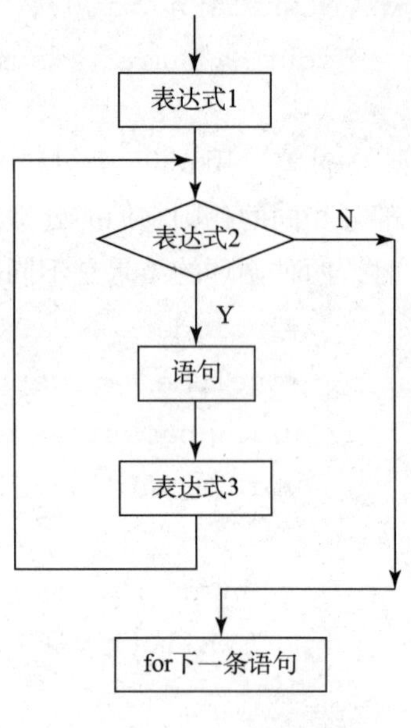

图 3 -7　for 语句执行流程

例 3 -8　8 能被 1、2、4、8 整除，这些数称为 8 的因子。请列出 48 的所有因子，并求出所有因子之和。

```
#include "stdafx.h"
#include <iostream>
using namespace std;
void main()
{
  int sum =0, t;
  cout <<"48 的所有因子为:" << endl;
  for(int i =1; i <=48; i++)
  {
    if(48% i ==0)      //此表达式找 48 的因子
    {  t =i;
       sum +=t;
      cout << t <<"\t";
    }
  }
cout <<"48 的所有因子之和为:" << sum << endl;
}
```

3.3　循环嵌套

在循环体语句中又包含另一个完整的循环结构的形式，称为循环的嵌套。嵌套在循环体内的循环体称为内循环，外面的循环体称为外循环。while、do - while、for 三种循环都可以互相嵌套。

例 3 -9　利用 for 语句嵌套打印乘法表。

```
#include "stdafx.h"
#include <iostream>
using namespace std;
```

```
void main()
{   int fac=1;
    cout<<"\n 乘法表"<<endl;
    for(int i=1; i<10; i++)
        cout<<"\t"<<i;
cout<<endl<<"-----------------------------------------------------------"
<<endl;
    for(int i=1; i<10; i++)
    {   cout<<i<<"|";
        for(int j=1; j<10; j++)
        {
          fac=i*j;
          cout<<"\t"<<fac;
        }
  cout<<endl;
  }
}
```

程序运行结果如图 3-8 所示。

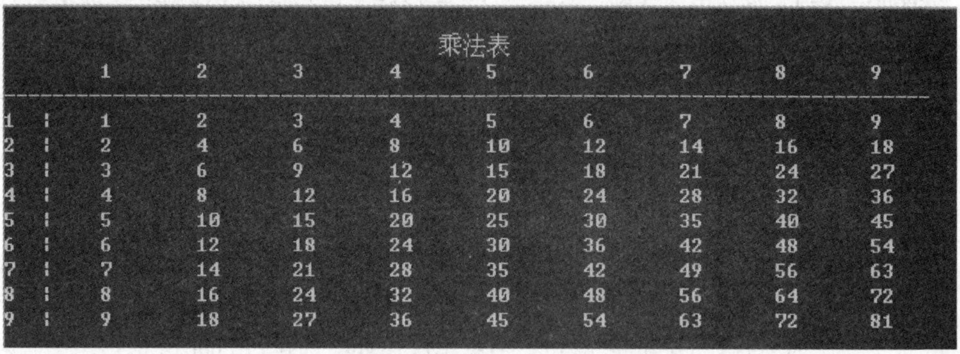

```
                                        乘法表
        1       2       3       4       5       6       7       8       9
-----------------------------------------------------------------------------
1   |   1       2       3       4       5       6       7       8       9
2   |   2       4       6       8       10      12      14      16      18
3   |   3       6       9       12      15      18      21      24      27
4   |   4       8       12      16      20      24      28      32      36
5   |   5       10      15      20      25      30      35      40      45
6   |   6       12      18      24      30      36      42      48      54
7   |   7       14      21      28      35      42      49      56      63
8   |   8       16      24      32      40      48      56      64      72
9   |   9       18      27      36      45      54      63      72      81
```

图 3-8 例 3-9 运行结果

3.4 跳转控制

应用程序除了使用上述分支和循环语句控制结构，来改变程序执行流程使之能够按照程序员的意图去正确地执行程序，还可以使用 break、continue 和 goto 等控制结构的跳转语句来控制程序，使之按照既定的意图去执行。

3.4.1 break 语句

break 跳转控制语句常用于循环控制和开关分支控制内，用于终止最内层的 while、do-while、for 循环或 switch（见 3.1.2 节）流程的执行，并转向本循环体外的下一条语句。

在循环嵌套语句中，break 用来从本层循环体内跳出。例如，下面的代码在执行了 break 之后，会继续执行“a +=1;”处的语句，而不是跳出所有的循环。

```
for (;;)
{    …
     for (;;)
     {
         …
         if (i ==1)
             break;
         …
     }
     a +=1;          //break 跳至此处
     //…
}
```

3.4.2 continue 语句

continue 语句仅使最内层的循环体终止当前进行的这次循环，而 break 语句则终止整个循环的执行。在 while 循环和 do – while 循环中，continue 语句的出现会导致将控制权转至对循环条件的判断；而 for 循环中，遇到 continue 时，程序转去执行表达式 2 判定（见 3.2.3 节）。

例如：输出 1 ~ 100 之间的不能被 7 整除的数。

```
for(int i =1; i <=100; i ++)
{
  if(i% 7 ==0)
      continue;
  cout << i << endl;
}
```

当 i 被 7 整除时，执行 continue 语句，结束本次循环，即跳过 cout 语句，转去判断 i <= 100 是否成立。只有 i 不能被 7 整除时，才执行 cout 函数，输出 i。

3.4.3 goto 语句

goto 语句可以使程序流程跳转到任意一条具有特定标号的语句处。goto 语句格式如下：

```
goto label;
```

其中 label 是一个用户定义的标识符，该标识符只可作为 goto 跳转的目的语句标号。该语句标号的目的语句的语法结构如下：

label：statement;

例 3 – 10 计算 1 ~ 100 的累加和。

```
#include "stdafx.h"
#include <iostream>
using namespace std;
```

```
int main()
{
  int i =1;
  int sum =0;
loop:
  if(i <=100)
  {
    sum += i;
    i ++;
    goto loop;
  }
  cout <<"求从 1 到 100 的和:" << sum << endl;
  return 0;
}
```

运行结果为：求从 1 ~ 100 的和：5050

第4章　函　数

一个较大的程序不可能完全由一个人从头至尾地完成，更不可能把所有的内容都放在一个主函数中。为了便于规划、组织、编程和调试，需要把一个大的程序划分为若干个程序模块，每个模块实现一部分特定功能。在C++中，函数就是一个基本的程序模块。一个程序包含若干个函数，程序从主函数开始执行，执行过程中主函数调用其他函数，其他函数可以互相调用。实际应用中，主函数一般比较简单，作用就是调用其他函数，而程序的功能全部都是由函数实现的。

本章详细介绍函数的定义、函数调用等知识点：

◇ 函数定义；

◇ 函数参数和返回值；

◇ 函数调用；

◇ 函数重载。

4.1　函数定义

从用户使用的角度来看，函数有两种：库函数（标准函数）和自定义函数。库函数是由编译系统预定义的，如一些常用的数学计算函数、字符串处理函数、图形处理函数、标准输入输出函数等。库函数按功能分类，集中说明在不同的头文件中。用户只需在自己的程序中包含某个头文件，就可直接使用该文件中定义的函数。自定义函数是用户根据需要编写的某个具有特定功能的程序。自定义函数分为无参函数和有参函数。

4.1.1　无参函数定义

无参函数定义格式为

```
数据类型  函数名()
{
    语句
}
```

注意：

（1）数据类型指函数返回值类型，可以是任一种数据类型。如果没有返回值将返回值类型定义为void。

（2）函数体由若干条语句构成。函数体可以为空，称为空函数。

4.1.2 有参函数定义

有参函数定义格式为

```
数据类型  函数名(参数类型1  形式参数1，参数类型2  形式参数2，…)
{
   语句
}
```

注意：

(1) 有参函数的参数表中列出所有形式参数的类型和参数名称。各参数即使类型相同也必须分别加以说明。

(2) 形式参数简称形参，只能是变量名，不允许是常量或者表达式。

例如：定义求最大值函数max。

```
int max (int x, int y)
{
  int z;
  z=x>y? x: y;
  return z;
}
```

注意：函数的定义可在程序的任意位置，即在main( ) 之前或之后。但在一个函数的函数体内不允许再定义另一个函数，即不能嵌套定义。

4.2 函数调用

函数调用使程序转去执行函数体。在C++中，除了主函数外，其他任何函数都不能单独作为程序运行。任何函数功能的实现都是通过被主函数直接或间接调用进行的。

无参函数调用格式：

函数名( )

有参函数调用格式：

函数名(实际参数)

其中实际参数简称为实参，用来将实际参数的值传递给形参，实参可以是常量、有值的变量或表达式。实参和形参的个数与排列顺序必须一一对应，并且对应参数应类型匹配。函数调用过程中的参数传递本质上是一种赋值过程，即传递“值”的过程。在调用函数时，函数的每个形式参数得到实际参数传递过来的一个“值”，该“值”可以是一个变量的值、一个变量的地址或是一个引用，“值”的类型不同结果也截然不同。下面举例说明函数调用时参数传递的几种方式。

4.2.1 单向传值

当实参是普通变量时，函数形参为对应类型的变量，函数发生调用时，系统给形参分配存储单元，存放从实参复制过来的数值。形参存储单元在函数调用结束后当即释放，这种值传递是单向的，通过函数调用不会改变实参单元的值。

例 4－1 单向传值示例。

```
#include  "stdafx.h"
#include  <iostream>
using namespace std;
void swap(int x, int y)                //swap 函数定义
{
  int z;
  z=x;
  x=y;
  y=z;
  cout<<"the x, y is:"<<x<<"  "<<y<<endl;
}
int main()
{  int m, n;
   cin>>m>>n;
   swap(m, n);              //函数调用，实参 m，n 单向传值给形参 x，y
   cout<<"the m, n is:"<<m<<"  "<<n;
     return 0;
}
```

例 4－1 中 main 函数在调用 swap 函数时，把实参 m、n 的值传给了形参 x、y，假设程序运行时输入的 m 和 n 的值分别为 10、20，在 swap 函数中 x 和 y 的值进行了交换，而在主函数中实参 m 和 n 的值并没有发生相应的交互，即形参值的改变不能返回到实参中，因为 x 和 y 是 swap 函数内部定义的变量，属于局部变量，调用函数时，系统为其动态分配存储空间，调用结束后当即被释放，这种参数传递体现了传值的单向性。

4.2.2 传递地址

若在函数定义时将形实参数类型说明成指针或数组名，要调用这样的函数，相应的实参就必须是地址值形式的实参，比如指针、变量的地址、数组名等。此时参数传递方式即为地址传递方式。这种传递地址的方式跟上述的传递变量值不同，在调用过程中，把实参的内容传递给形参，即使得实参和形参指向了同一个存储单元，此时在函数调用过程中对形参的所有操作实际上同时是对实参的操作，因此，被调函数中形参指针所指存储单元中内容的改变会影响到实参存储单元。传递地址是实参和形参的形式有以下几种：

（1）实参为数组名，形参为指针；

（2）实参为数组名，形参为数组名；

（3）实参为指针，形参为数组名；

（4）实参为指针，形参为指针。

注意： 数组名代表该数组首元素的地址，因此，用数组名作为函数的形参或实参时，实际是对该数组的操作。实际上，C++ 编译系统都是将形参数组名作为指针变量来处理的。

例 4－2 传递地址示例。

```
#include  "stdafx.h"
#include  <iostream>
using namespace std;
void fun(int a[2])
{
    for(int i=0;i<2;i++)
        a[i]=a[i]*2;
}
void main()
{
    int b[2]={2,4};
    cout<<b[0]<<'\t'<<b[1]<<endl;
    fun(b);             //b 数组首地址为实参
    cout<<b[0]<<'\t'<<b [1]<<endl;
}
```

例 4－2 中通过函数调用，数组 b 和数组 a 占据同一段内存，假设数组 b 首单元地址为 2000H，a 同样为数组首地址，也是 2000H。fun 函数调用过程中 a 数组元素的值改变，实参数组 b 对应元素的值也做相应的改变。

4.2.3 传递引用

引用就是给某一变量赋予一个别名，对引用的所有操作与对变量的操作完全一样。因此引用不是定义新的变量，C++ 系统不会为引用类型变量分配内存空间，这样使用引用作为函数的形参不仅可以达到传递地址的目的，即通过形参的改变去改变实参的值，而且也会因为不用重新分配空间而节省内存空间。

例 4－3 传递引用示例。

```
#include  "stdafx.h"
#include  <iostream>
using namespace std;
void swap(int &x, int &y)          //形参为引用
{
  int z;
  z=x;
  x=y;
  y=z;
  cout<<"x="<<x<<'\t'<<"y="<<y<<endl;
}
void main()
{
```

```
  int m, n;
  cin >>m >>n;
  swap(m, n);
  cout <<"m =" <<m <<'\t' <<"n =" <<n <<endl;
}
```

调用 swap 函数时，实参 m 与形参 x 结合，使 x 成为实参 m 的别名，y 成为实参 n 的别名，此时的 x 和 m、y 和 n 实际是同一存储单元的两个不同的名称，因此函数中对形参 x、y 的操作就是对实参 m、n 的操作，从而实现了通过引用形参去改变实参值的目的。

4.3 函数返回值

在 C++ 中，可以通过被调用函数返回值的方法来将函数运行结果返回给调用函数。使用 return 关键词从函数返回值。return 语句的语法格式如下：

```
return  返回表达式;
```

其中，返回表达式可以是常量、变量、表达式、其他函数调用的返回值。return 语句在被调用函数中有两点作用：一是表示函数执行的结束，控制返回给调用程序。当函数执行到任一个 return 语句时，立即结束被调用函数的运行，程序回到函数调用处继续向下执行。二是通过返回值表达式将一个值返回给调用函数。若返回值表达式的类型与函数类型不一致，则以函数的类型为准，进行自动类型转换。

例 4－4　函数返回值示例。

```
#include  "stdafx.h"
#include  <iostream>
using namespace std;
int max(int x, int y)
{
  int z;
  z =x >y? x: y;
    return z;              //返回 z 变量值
};
void main()
{
  int m, n, z;
  cout <<"请输入比较的两个数" <<endl;
  cin >>m >>n;
  z =max(m, n);
  cout <<"the max of m, n is" <<z;
}
```

4.4 函数嵌套调用和递归调用

从函数调用的外部过程看，C++ 函数调用有嵌套调用和递归调用两种。C++ 语言规定，函数不能嵌套定义，即禁止在一个函数中定义另一个函数，但允许嵌套调用，即在调用一个函数的过程中可以调用另一个函数。函数的递归调用是指函数直接或间接调用自己。

4.4.1 函数嵌套调用

C++ 的函数定义是互相平行、独立的，在定义函数时，一个函数内不能包含另一个函数，但 C++ 允许嵌套调用函数，即允许在被调用函数中再调用另一个函数。

例如：

```
void C()
{...;}
void B()
{  ...;
    C();
    ...;
}
void A()
{...;
    B();
    ...;}
void main()
{  ...;
    ...A();
    ...;
}
```

上述程序的嵌套调用过程如图 4－1 所示。

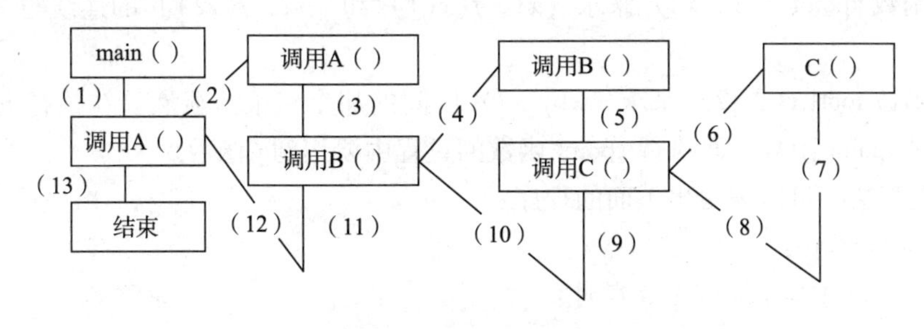

图 4－1 嵌套调用过程

例 4－5 用弦截法求方程 $f(x)=x^3-5x^2+16x-80=0$ 的根。

这是一个数值求解问题，需要先分析用弦截法求根的算法，可以列出以下解题步骤。

(1) 取两个不同点 $x1$、$x2$，如果 $f(x1)$ 和 $f(x2)$ 符号相反，则 ($x1$, $x2$) 区间内必有

一个根。如果$f(x1)$与$f(x2)$同符号，则应改变$x1$、$x2$，直到$f(x1)$、$f(x2)$异号为止。注意$x1$、$x2$的值不应差太大，以保证（$x1$，$x2$）区间内只有一个根。

（2）连接［$x1$，$f(x1)$］和［$x2$，$f(x2)$］两点，此线交x轴于X，如图4－2所示。

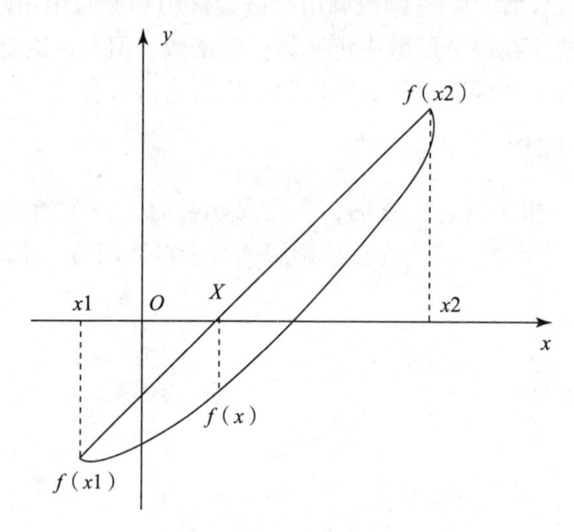

图4－2 $f(x)$ 曲线图

x点坐标可用以下式求出：

$$x=\frac{x1\cdot f(x2)-x2\cdot f(x1)}{f(x2)-f(x1)}$$

再根据x求出$f(x)$。

（3）若$f(x)$与$f(x1)$同符号，则根必在（x，$x2$）区间内，此时将x作为新的$x1$。如果$f(x)$与$f(x2)$同符号，则表示根在（$x1$，x）区间内，将x作为新的$x2$。

（4）重复步骤（2）和（3），直到$|f(x)|<\xi$为止，ξ为一个很小的正数，例如10^{-6}。此时认为$f(x)\approx 0$。

这就是弦截法的算法，在程序中分别用以下几个函数来实现以上有关部分功能：

（1）用函数$f(x)$代表x的函数：$x^3-5x^2+16x-80$。

（2）用函数xpoint（$x1$，$x2$）来求［$x1$，$f(x1)$］和［$x2$，$f(x2)$］的连线与x轴的交点X的坐标。

（3）用函数root($x1$，$x2$)来求（$x1$，$x2$）区间的那个实根。显然，在执行root函数的过程中要用到xpoint函数，而执行xpoint函数的过程中要用到f函数。

根据以上算法，可以编写出下面的程序：

```
using namespace std;
double f(double); //函数声明
double xpoint(double, double); //函数声明
double root(double, double); //函数声明
int main()
{  double x1, x2, f1, f2, x;
do
```

```
{  cout <<"input x1, x2:";
   cin >> x1 >> x2;
   f1 = f(x1);
   f2 = f(x2);
}
while(f1 * f2 >=0);
x = root(x1, x2);
cout <<"A root of equation is" << x << endl;
return 0;
}
double f(double x) //定义 f 函数，以实现 f(x)
{
      double y;
      y = x * x * x - 5 * x * x +16 * x - 80;
      return y;
}
double xpoint(double x1, double x2) //定义 xpoint 函数，求出弦与 x 轴交点
{
      double y;
      y = (x1 * f (x2) - x2 * f (x1))/(f (x2) - f (x1));
      //在 xpoint 函数中调用 f 函数
     return y;
}
double root(double x1, double x2) //定义 root 函数，求近似根
{
      double x, y, y1;
      y1 = f(x1);
      do
      {
         x = xpoint(x1, x2); //在 root 函数中调用 xpoint 函数
         y = f(x); //在 root 函数中调用 f 函数
        if(y * y1 >0)
      {
         y1 = y; x1 = x;
      }
      else x2 = x;
     } while(fabs(y) >=0.00001);
     return x;
}
```

运行情况如下：

```
input x1, x2: 2.5 6.7↙
A root of equation is 5.000000
```

对程序说明如下：

(1) 在定义函数时，函数名为 f、xpoint 和 root 的 3 个函数是互相独立的，并不互相从属。

(2) 3 个函数的定义均出现在 main 函数之后，因此在 main 函数的前面对这 3 个函数作声明。

习惯上把本程序中用到的所有函数集中放在最前面声明。

(3) 在 root 函数中要用到求绝对值的函数 fabs，它是对双精度数求绝对值的系统函数。它属于数学函数库，故在文件开头用#include <cmath>把有关的头文件包含进来。

4.4.2 函数递归调用

在函数调用过程中，如果函数自己调用自己或调用其他函数时，还要调用自身，这种特殊的嵌套式函数调用方式称为函数的递归调用。

递归调用的方式有以下两种：

(1) 直接递归——函数在执行过程中调用本身；

(2) 间接递归——f1() 函数在执行时调用 f2() 函数，在 f2() 函数中又调用了 f1() 函数。

不管哪种方式，递归调用相对之前普通函数调用都要复杂，递归调用的过程分为两个阶段。首先将原问题不断分解为新的子问题，逐渐从未知向已知方向推测，最终到达已知条件，即递归结束条件，这时递推阶段结束。然后从已知的条件出发，按照递推的逆过程，逐一求解回归，最后到达递推的开始处，结束回归阶段，完成递归调用。

例 4-6 有 5 个人坐在一起，问第 5 个人多少岁？他说比第 4 个人大两岁。问第 4 个人岁数，他说比第 3 个人大两岁。问第 3 个人，又说比第 2 个人大两岁。问第 2 个人，说比第 1 个人大两岁。最后问第 1 个人，他说是 10 岁。请问第 5 个人多大？

分析：每一个人的年龄都比其前一个人的年龄大两岁，即

```
age(5) = age(4) + 2
age(4) = age(3) + 2
age(3) = age(2) + 2
age(2) = age(1) + 2
age(1) = 10
```

可以用式子表述如下：

```
age(n) = 10(n = 1)
age(n) = age(n - 1) + 2      (n > 1)
```

可以看到，当 $n>1$ 时，求第 n 个人的年龄的公式是相同的。因此可以用一个函数表示上述关系，图 4-3 表示求第 5 个人年龄的过程。

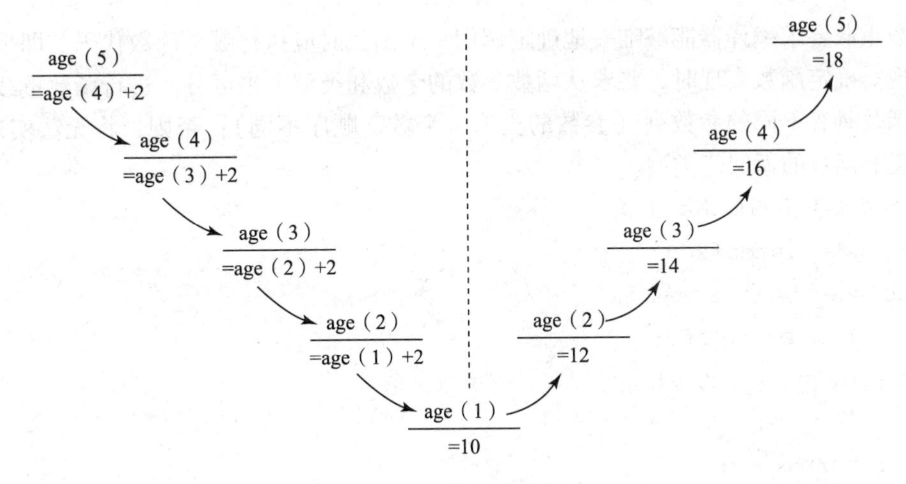

图4-3 递归过程分析

可以写出以下C++程序，其中的age函数用来实现上述递归过程。

```
#include "stdafx.h"
#include <iostream>
using namespace std;
int age(int); //函数声明
int main() //主函数
{
    cout << age(5) << endl;
return 0;
}
int age(int n) //求年龄的递归函数
{
    int c; //用c作为存放年龄的变量
    if(n==1)
      c=10; //当n=1时，年龄为
    else c=age(n-1)+2; //当n>1时，此人年龄是他前一个人的年龄加2
    return c; //将年龄值带回主函数
}
```

4.5 函数重载

在C语言中，每个函数的名称必须与其他函数的名称不相同。即使操作是相同的，只要数据类型不同，就需要定义名称完全不同的函数，这样显得重复而且程序的效率低。C++支持的函数重载非常适合描述这种“相似又略有不同”的问题。函数重载是指建立多个同名的函数，同一个函数名可以对应多个函数的实现。但是函数的形参表又必须互不相同，可以是形参的个数不同，也可以是形参的类型不同，或者两者都不相同。

函数重载要求编译器能够唯一地确定调用一个函数时应执行哪个函数代码，即采用哪个函数实现。确定函数实现时，要求从函数参数的个数和类型上来区分。进行函数重载时，要求同名函数具有不同的参数列（参数的类型、个数、顺序不同）；否则，将无法实现重载。重载不关心函数的返回值类型。

1. 参数类型不同的函数重载

```
#include  "stdafx.h"
#include  <iostream>
using namespace std;
int add(int x,int y)            //函数重载
{
    return x+y;
}
double add(double a,double b)//函数重载
{
    return a+b;
}
void main()
{   cout<<add(5,10)<<" ";
    cout<<add(5.0,10.5)<<endl;}
```

在上面程序中给函数add()定义了两个函数实现,该函数的功能是求两个操作数的和。其中,一个函数是求两个int型数之和,另一个函数是求两个double型数之和。在调用过程中,C++编译器根据调用表达式中实参的类型决定调用哪个重载函数。

2. 参数个数不同的函数重载

```
#include  "stdafx.h"
#include  <iostream>
using namespace std;
int max(int a,int b)//函数重载
{    return a>b? a:b;
}
int max(int a,int b,int c)//函数重载
{
     int t=max(a,b);
     return max(t,c);
}
int max(int a,int b,int c,int d)//函数重载
{    int t1=max(a,b);
     int t2=max(c,d);
     return max(t1,t2);
}
```

```
void main()
{
     cout << max(1,5,14,9)<<"  ";
     cout << max( -2,8,10)<< endl;
}
```

在上面程序中函数 max 是求几个数中的最大数,它对应 3 个不同的实现,函数的区分依据参数个数不同,在这 3 个函数实现中,参数个数分别为 2、3 和 4,C++ 编译器根据调用表达式中实参的个数来选取不同的函数实现。

4.6 内联函数

在调用函数时,系统要进行许多现场处理工作,如断点现场保护、数据进栈、执行函数体、保存返回值、恢复现场和断点等,需要花费很多时间。有些函数的函数体比较简单,调用时需要的实际执行时间较少,则附加的现场处理时间所占的比重会很大。如果该函数被频繁调用,则会造成不可忽视的浪费。如果能把函数体直接嵌入到函数调用中,则可节省附加的现场处理的时间,提高程序的运行效率。当然,这样会加大代码占用内存的空间。

C++ 提供了一种方法来解决这个问题,这种方法就是在编译时将被调函数的代码嵌入到主调函数中。这种嵌入到主调函数中的函数称为内联函数。内联函数一般适用于代码比较短的函数。

定义内联函数的方法很简单,只需在定义函数时,在函数首行的左端加上一个关键字 inline 即可。

例 4－7 编程求 1～10 中各个数的平方。

```
#include  "stdafx.h"
#include   <iostream>
using namespace std;
inline int power_int(int x)           //内联函数
{    return x * x;
}
void main()
{    for(int i =1;i <10;i ++)
       {  int p =power_int(i);
          cout << i <<"*"<< i <<"="<< p << endl;
       }
}
```

该程序中，函数 power_int() 是一个内联函数，其特点是该函数在编译时被替代，而不是像一般函数那样在运行时被调用。

注意:

(1) 如果函数体内不包括循环、switch 语句和复杂嵌套的 if 语句的函数，即可声明为内联函数。

（2）内联函数的定义必须出现在对该函数的调用之前，这是因为编译器在对函数调用语句进行代换时，必须先了解代换该语句的代码是什么。

4.7　函数模板

C++提供的函数模板，实际上是建立一个通用函数，其函数类型和形参类型不具体指定，而是用一个虚拟的类型来代表。凡是函数体相同的函数都可以用函数模板来代替，不必定义多个函数，只需在模板中定义一次即可。在调用函数时系统会根据实参的类型来取代模板中的虚拟类型，从而实现不同函数的功能。

函数模板的定义格式如下：

```
template <<参数化类型名表>>
<类型><函数名>(<参数表>)
{
    <函数体>
}
```

模板参数的定义格式如下：

```
    class <标识符1>, class <标识符2>
```

如 template <class T1, class T2>表示有两个参数 T1, T2。

例 4-8　编写一个使用冒泡排序法进行排序的函数模板，并对 int 和 char 数组进行排序。

```
#include "stdafx.h"
#include <iostream>
using namespace std;
template <class T>//函数模板定义
void BubbleSort(T* list, int length)
{
T temp;
for(int i = length -1; i >=1; i --)
  for(int j =0; j <=i; j ++)
  {
  if(list[j] <list[j +1])
  {
    temp = list[j];
  list[j] = list[j +1];
  list[j +1] = temp;
  }
  }
}
int main()
```

```
{
  int nums[] = {1, 2, 3, 9, 5};
  BubbleSort(nums, 5); //实参整型数组
  for(int i = 0; i < 5; i ++)
  {
    cout << nums[i] <<" ";
  }
  cout << endl;
  char chars[] = {'a','b','g','e','u','q'};
  BubbleSort(chars, 6); //实参字符数组
      for(int i = 0; i < 6; i ++)
  {
  cout << chars[i] <<" ";
  }
  return 0;
}
```

在例4-8中，可以看到函数模板比函数重载更方便，程序更简洁。但应注意它只适用于函数的参数个数相同而类型不同，且函数体相同的情况，如果参数的个数不同，则不能用函数模板。

第 5 章 面向对象基础

在学习本章之前大家接触的程序都是结构化的编程方式。结构化编程通过定义清晰的控制语句、带有局部变量的子例程等，解决了编写较大程序的难题。但结构化编程的一个很大弊端在于程序的可重用性低，程序总是针对某一特定问题，如果要解决其他相同或相似的问题，就需要重新编程。解决此类问题的方法就是使用面向对象编程。面向对象编程是按照数据来组织的，可以理解为“数据控制对代码的访问”。

本章详细介绍类与对象、成员函数、构造函数、析构函数等。

◇ 类的定义；

◇ 类的成员；

◇ 类的封装性；

◇ 类的构造函数和析构函数。

5.1 类与对象

面向对象思想来源于对现实世界的认知。现实世界缤纷复杂、种类繁多，往往难以一一认识和理解。但是聪明的人们学会了把这些错综复杂的事物进行分类，从而使世界变得井井有条。比如，我们由各式各样的汽车抽象出汽车的概念，由形形色色的猫抽象出猫的概念，由五彩斑斓的鲜花抽象出花的概念，等等。汽车、猫、鲜花都代表着一类事物。每类事物都有特定的状态，比如，汽车的品牌、时速、耗油量、座椅数，小猫的年龄、体重、毛色，鲜花的颜色、花瓣形状、花瓣数目，都是在描述事物的状态。每类事物也都有一定的行为，比如，汽车启动、行驶、加速、减速、刹车、停车，猫捉老鼠，鲜花盛开。这些不同的状态和行为将各类事物区分开来。

面向对象编程也采用了类的概念，把事物编写成一个个“类”。在类中，用数据表示事物的状态，用函数实现事物的行为，这样就使编程方式和人的思维方式保持一致，极大地降低了思维难度。

作为初学者，比较容易混淆类和对象的概念。类是一个抽象的概念，对象则是类的具体实例。比如，人是一个类，司马迁、李白、杜甫都是对象；首都是一个类，则北京、伦敦、华盛顿、莫斯科都是对象；动画猫是一个类，则 Kitty、Garfield 和 Doraemon 都是对象。类与对象的关系如图 5－1 所示。

类是抽象的概念，对象是真实的个体。我们可以说 Kitty 猫的体重是 1.5 kg，而不能说猫类的体重是 1.5 kg；可以说刘翔在跨栏比赛中夺冠，而不说人类在跨栏比赛中夺冠。一般情况下我们认为状态是描述具体对象而非描述类的，行为是由具体对象发出的而非类发出的。现实生活中到处充实着对象，一栋房子、一辆汽车、一头大象、一只蚂蚁，乃至一种语言、一种方法都可以称为对象。

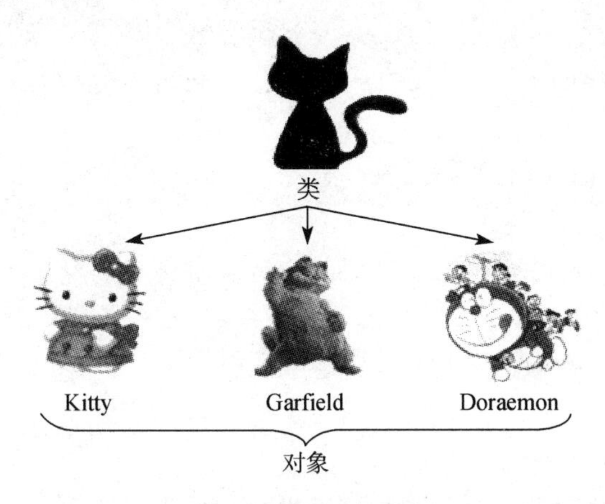

图 5－1 类与对象的关系

5.1.1 类的定义

C++ 中类是一种复杂的数据类型，它是将不同类型的数据和与这些数据相关的操作封装在一起的集合体。这有点像 C 语言中的结构，唯一不同的就是结构没有定义所说的“数据相关的操作”，“数据相关的操作”就是我们平日里经常看到的“方法”。

类的定义格式一般来说分为说明部分和实现部分。说明部分是用来说明该类中的成员，包含数据成员的说明和成员函数的说明。成员函数是用来对数据成员进行操作的，又称为“方法”。实现部分是用来对成员函数的定义。概括说来，说明部分是告诉使用者“干什么”，而实现部分是告诉使用者“怎么干”。类的一般定义格式如下：

```
class <类名称>
   {    public:
           <数据成员或成员函数的说明>
      private:
           <数据成员或成员函数的说明>
      protected:
           <数据成员或成员函数的说明>
   };
<各个成员函数的实现>
```

例 5－1 类的定义示例。

```
class TClock   //TClock 定义
{
  public:
    void SetTime(int NewH, int NewM, int NewS); //SetTime 成员函数说明
    void ShowTime();    //ShowTime 成员函数说明
  private:
```

```
    int Hour, Minute, Second;
};
  void TClock::SetTime (int H, int M, int S)   //SetTime 成员函数实现
  {
    Hour = H; Minute = M; Second = S;
}
void TClock::ShowTime()   //ShowTime 成员函数实现
{
  cout << Hour <<":" << Minute <<":" << Second;
}
```

在类的定义过程中应注意以下几点：

（1）在类体中不允许对所定义的数据成员进行初始化。例如：

```
class TClock
{
  private:
    int Hour = 2, Minute (30), Second;
public:
    void SetTime (int NewH, int NewM, int NewS);
    void ShowTime();
};
```

上述例子中数据成员 Hour 和 Minute 以两种不同方式进行初始化均是不正确的。

（2）类中的数据成员的类型可以是任意的，包括整型、浮点型、字符型、数组、指针、引用等。

（3）另一个类的对象可以作为该类的成员，自身类的对象不可以作为该类的成员。

（4）当另一个类的对象作为该类的成员时，如果另一个类的定义在后，则需要提前说明。

例如：

```
class TDate;
class TClock
{
  private:
    int Hour, Minute, Second;
public:
    void SetTime(int NewH, int NewM, int NewS);
    void ShowTime();
    TDate *D1;
};
class TDate
{
```

```
public:
    int year, month, day;
};
```

5.1.2 访问控制

上一节已谈到类实际上是用户自定义的一种特殊的数据类型，特殊之处在于，和一般数据类型相比，它不仅包含相关的数据，还包含能对这些数据进行处理的函数，同时这些数据具有隐蔽性和封装性。类中包含的数据和函数统称为成员，数据称为数据成员，函数称为成员函数，它们都有自己的访问权限。类的成员的访问控制就是通过类的访问权限来实现的。

访问权限分为以下三种。

（1）public 声明该成员为公有成员。公有成员可以被程序中的任何函数访问，它提供了外部程序与类的接口功能。公有成员通常是成员函数。

（2）private 声明该成员为私有成员。私有成员只能被该类的成员函数访问，类外的任何成员对它的访问都是不允许的。私有成员是类中被隐蔽的部分，通常是描述该类对象属性的数据成员，这些数据成员用户无法访问，只有通过成员函数或者某些特殊说明的函数才可以访问，它体现了对象的封装性。当声明中未指定访问控制时，系统默认该成员为私有成员。

（3）protected 声明该成员为保护成员，一般情况下与私有成员的含义相同，它们的区别表现在于类的继承中对新类的影响不同。保护成员的具体内容将在下一章予以详细介绍。

例 5-2 类的访问控制示例。

```
#include "stdafx.h"
#include <iostream>
using namespace std;
class TClock
{
  private:
    int Hour, Minute, Second;
    void ShowTime();
public:
    void SetTime(int NewH, int NewM, int NewS);
};
  void TClock::SetTime(int H, int M, int S)
  {
      Hour = H;Minute = M;Second = S;
}
void TClock::ShowTime()
{
    cout << Hour << ":" << Minute << ":" << Second;
}
```

```
void main()
{
    TClock c1;
    c1.SetTime(20,12,15);
    c1.ShowTime();
}
```

上述示例 ShowTime() 成员函数声明为 private 类型成员，只能在 TClock 类中被访问，所以当在 main() 函数内（TClock 类外）调用时报错，修改上述程序为以下代码即可。

```
#include "stdafx.h"
#include <iostream>
using namespace std;
class TClock
{
  private:
    int Hour, Minute, Second;
    void ShowTime();
public:
    void SetTime(int NewH, int NewM, int NewS);
    void ShowTime();
};
  void TClock::SetTime(int H, int M, int S)
  {
    Hour = H; Minute = M; Second = S;
}
void TClock::ShowTime()
{
  cout << Hour << ":" << Minute << ":" << Second;
}
void main()
{
    TClock c1;
    c1.SetTime(20, 12, 15);
    c1.ShowTime();
}
```

5.1.3 对象

定义了类，只是定义了一种类型，其描述了某些对象的共同属性和功能。面向对象程序是由多个对象构成的，程序的功能是通过对象间发送消息、接收消息、产生响应来实现的。因此，在程序中，除了要定义类外，还要创建对象以及描述对象之间的交互。

1. 对象的定义

对象与变量一样都必须“先定义后使用”。定义对象的一般形式为

<类名> <对象列表>

其中对象列表可以有一个或多个对象名，多个对象名用逗号隔开。对象可以是一般对象，也可以是指向对象的指针或者引用，也可以是对象数组。

例如：

```
TClock AM;                          //一般对象
TClock times [5];                   //对象数组
TClock *AM;                         //指向对象的指针
TClock &A = Am;                     //对象引用
```

2. 对象的访问

访问对象的成员包括数据成员和成员函数，其访问格式为

对象名.成员

若对象为指向对象的指针，则访问格式为

指向对象的指针名 -> 成员或（*指向对象的指针名）.成员名

例 5-3 对象的使用示例。

```
#include  "stdafx.h"
#include  <iostream>
using namespace std;
class TClock
{
 private:
   int Hour, Minute, Second;
 public:
   void SetTime(int NewH, int NewM, int NewS);
   void Show();
};
class TDate
{
 public:
   int Year, Month, Day;
   void SetDate(int Y, int M, int D)
   {
       Year = Y;Month = M;Day = D;
   }
   void Show()
   {
       cout << Year << "-" << Month << "-" << Day << endl;
   }
```

```
};
  void TClock::SetTime(int H,int M,int S)
  {
    Hour = H;Minute = M;Second = S;
  }
void TClock::Show()
{
    cout << Hour <<":" << Minute <<":" << Second;
}
void main()
{
    TClock c1;  //TClock 对象的声明
    TDate D1,*D2;  //TDate 对象的声明
    D2 = &D1;
    D2 -> SetDate(2014,9,10);//对象指针访问成员函数
    (*D2).Show();
    c1.SetTime(20, 12, 15);
    c1.Show();
}
```

上述示例在 main() 函数中定义了 TClock 类的一般对象 c1 和 TDate 类对象 D1，同时定义了指向 TDate 类的对象指针。然后执行“D2 -> SetDate (2014, 9, 10);”“(*D2). Show();”两条语句利用 D2 对象指针访问 SetDate()和 Show() 函数；最后执“c1. SetTime (20, 12, 15);”“c1. Show();”两条语句利用 c1 对象访问 SetTime()和 Show() 函数。上例运行的结果为：

```
2014 -9 -10
20: 12: 15
```

3. 对象赋值

同一个类的不同对象之间可以使用赋值运算符互相赋值，一般形式为

<对象名 1>= <对象名 2>;

表示将对象 2 赋值给对象 1。在 C++ 中两个对象赋值时，默认采用的是成员复制的形式，即将对象 2 的每个成员赋值给对应的对象 1 的成员。

例 5 -4 对象赋值示例。

```
#include  "stdafx.h"
#include  <iostream>
using namespace std;
class TDate
{
  public:
    int Year, Month, Day;
```

```
    void SetDate(int Y, int M, int D)
    {
        Year = Y; Month = M; Day = D;
    }
    void Show()
    {
        cout << Year << "-" << Month << "-" << Day << endl;
    }
};
void main()
{
    TDate D1, D2;
    D1.SetDate(2014, 9, 10);
    D1.Show();
    D2.SetDate(2014, 10, 10);
    D2.Show();
    D1 = D2;            //对象赋值
    D1.Show();
    D2.Show();}
```

上述示例在 main() 函数中定义了 TDate 类的 D1、D2 对象，均调用两个对象的成员函数 SetDate() 给数据成员赋初值，然后再调用 Show() 函数，显示两个对象的 3 个数据成员的值；接着执行 D1 = D2 语句，本着“成员复制”的原则，D2 对象的各个成员的值赋值给 D1 对象相对应的各个成员。因此上述实例的运行结果为

```
2014-9-10
2014-10-10
2014-10-10
2014-10-10
```

5.2 内联函数

在 C++ 中，为了解决一些频繁调用的小函数大量消耗栈空间（或者叫栈内存）的问题，特别引入了 inline 修饰符，表示为内联函数。

在类中声明内联成员函数有以下两种方式。

(1) 将函数声明及函数的实现放在类的定义中。

(2) 将函数声明放在类的定义中，函数的实现放在类外，并用 inline 关键字。

内联函数声明后，编译器在编译时，在内联函数调用处用相应的代码来代替。因此内联函数要求不能含有复杂结构语句的小函数。

例 5-5 内联函数示例 1。

```
#include "stdafx.h"
```

```
#include  <iostream>
using namespace std;
class TCircle
{
public:
    double area(double radius)                    //内联函数声明与实现
    {
        return 3.1415 * radius * radius;
}
};
void main()
{
    TCircle c1;
    double r, s;
    cout <<"please input r:" <<endl;
    cin >>r;
    s =c1.area(r);
    cout <<"area =" <<s <<endl;
}
```

例 5 – 6 内联函数示例 2。

```
#include  "stdafx.h"
#include  <iostream>
using namespace std;
class TCircle
{
public:
    double area(double radius); //内联函数声明
};
inline double TCircle::area(double radius) //内联函数实现
    {
        return 3.1415 * radius * radius;
}
void main()
{
    TCircle c1;
    double r, s;
    cout <<"please input r:" <<endl;
    cin >>r;
    s =c1.area(r);
```

```
    cout <<"area =" << s << endl;
}
```

例5-5中area()函数的实现放在了TCircle类内，则area()函数默认为内联函数。而例5-6中area()函数的声明在TCircle类内，area()函数的声明在类外，且在函数实现的首部前加上了inline关键字，因此此处area()函数显式为内联函数。无论上述哪种方法表示内联函数，在编译过程中编译器都将把area()函数调用语句编译转换成s=3.1415 * radius * radius。

5.3 构造函数与析构函数

对于创建的每个对象，必须对其成员进行初始化后才能使用。对象的初始化包括初始化对象的数据成员以及为对象分配必需的资源等。对象的生命期结束前，也需要做一些撤销工作，如释放对象创建时或使用过程中分配的资源。对象的初始化一般通过构造函数来完成，撤销工作一般通过析构函数来完成。

5.3.1 构造函数

构造函数是一种特殊的成员函数，对象的创建和成员的初始化由它完成。函数名称与类名相同。构造函数没有函数返回类型（不是void）。在创建对象时，构造函数被系统自动调用，不能被用户显示调用。

构造函数语法格式如下：

```
<类名>::<类名>
{
    函数体
}
```

例5-7 构造函数示例1。

```
#include  "stdafx.h"
#include  <iostream>
using namespace std;
class A
{
float x,y;
public:
    A(float a,float b)  //构造函数初始化对象
    {     x=a;
          y=b;
    }
  void set(float a,float b)
    {     x=a;
          y=b;
```

```
    }
    void print(void)
    {cout << "x = " << x << '\t' << "y = " << y << endl;
    }
};
void main()
{  A a1(2, 3);   //定义时调用构造函数初始化
   A a2(4, 5);
   a2.set(7, 8);   //利用成员函数重新给数据成员赋值
   a1.print();
   a2.print();
}
```

从例 5-7 中可以看出，构造函数具备函数名与类名同名、函数无返回值等特点。除此之外，构造函数还需要注意以下几点：

（1）一个类可以定义若干个构造函数。当定义多个构造函数时，必须遵循函数重载的原则。

（2）构造函数可以指定参数的默认值。

（3）若定义的类要说明该类的对象，构造函数必须是公有的成员函数。如果定义的类仅用于派生其他类，则可将构造函数定义为保护的成员函数。

例 5-8 构造函数示例 2。

```
#include  "stdafx.h"
#include  <iostream>
using namespace std;
class Record
{  private:
     char bookname[30];
     int number;
   public:
     Record();   //构造函数声明
     Record(char *a, int b);   //构造函数重载
     void show();
};
Record::Record()
{    strcpy(bookname,"\0");
     number = 0;
}
Record::Record(char *a, int b)
{    strcpy(bookname, a);
     number = b;
```

```
}
void Record::show()
{
    cout <<"bookname is:" << bookname << endl;
    cout <<"booknumber is:" << number << endl;
}
int main()
{
    Record mybook ("Visual C++6.0", 10020);
    mybook.show();
    Record yourbook;
    yourbook.show();
}
```

例 5 -8 在记录类 Record 中定义两个重载函数，其中一个是无参函数，另一个是有参函数。它们都是构造函数。创建 mybook 对象时系统自动调用有参构造函数，创建 yourbook 对象时系统自动调用无参构造函数。每个对象必须有相应的构造函数，若没有显示定义构造函数，系统采用默认的构造函数，示例如下：

例 5 -9 构造函数示例 3。

```
using namespace std;
class Record
{  private:
     char bookname[30];
     int number;
   public:
     Record(char *a, int b);
     void show();
};
Record::Record(char *a, int b)
{  strcpy(bookname, a);
   number = b;
}
void Record::show()
{  cout <<"bookname is:" << bookname << endl;
   cout <<"booknumber is:" << number << endl;
}
int main()
{
   Record mybook("Visual C++6.0", 10020);
   mybook.show();
```

```
    Record yourbook; //此处报错，无对应的无参构造函数
    yourbook.show();
}
```

当显示定义了构造函数，系统不产生默认构造函数。例 5-9 可以修改成：

```
class Record
{  private:
     char bookname[30];
     int number;
public:
     void show();
};
void Record::show()
{
     cout <<"bookname is:" <<bookname <<endl;
     cout <<"booknumber is:" <<number <<endl;
}
int main()
{
     Record yourbook;
     yourbook.show();
}
```

此时程序没有任何语法错误，当创建 yourbook 对象时系统调用默认构造函数，不过该对象的数据成员值为不确定的值。我们可以通过定义有参构造函数给数据成员赋值，也可以通过有默认值的构造函数给数据成员赋值。示例如下：

```
class Record
{  private:
     char bookname[30];
     int number;
public:
     Record(char *a, int b);
     void show();
};
Record::Record(char *a ="vc++", int b =10020) //有默认值的构造函数的实现
{     strcpy(bookname, a);
      number =b;
}
void Record::show()
{     cout <<"bookname is:" <<bookname <<endl;
      cout <<"booknumber is:" <<number <<endl;
```

```
}
int main()
{     Record mybook;
      mybook.show();
}
```

5.3.2 析构函数

析构函数也是一个特殊的成员函数，它的作用与构造函数相反，它的名字是类名的前面加一个“~”符号。当对象的生命期结束时，会自动执行析构函数。

具体地说，如果出现以下几种情况，程序就会执行析构函数：

(1) 如果在一个函数中定义了一个对象（它是自动局部对象），当这个函数被调用结束时，对象应该释放，在对象释放前自动执行析构函数。

(2) static 局部对象在函数调用结束时对象并不释放，因此也不调用析构函数，只在 main 函数结束或调用 exit 函数结束程序时，才调用 static 局部对象的析构函数。

(3) 如果定义了一个全局对象，则在程序的流程离开其作用域时（如 main 函数结束或调用 exit 函数），调用该全局对象的析构函数。

(4) 如果用 new 运算符动态地建立了一个对象，当用 delete 运算符释放该对象时，先调用该对象的析构函数。

析构函数的作用并不是删除对象，而是在撤销对象占用的内存之前完成一些清理工作，使这部分内存可以被程序分配给新对象使用。程序员事先设计好析构函数，以完成所需的功能，只要对象的生命期结束，程序就自动执行析构函数来完成这些工作。

例 5-10 析构函数示例1。

```
class teacher
{  private:
     char *name;
     int age;
public:
     teacher(char *i, int a)
     {  name =new char[strlen (i) +1];
        strcpy(name, i);
        age =a;
        cout <<"\n 执行构造函数 Teacher" <<endl;
     }
     ~teacher()                        //析构函数实现
     {  delete[] name;
        cout <<"执行析构函数~Teacher" <<endl <<endl;
     };
void show()
```

```
{       cout <<"姓名:" << name << "   " <<"年龄:" << age << endl;
}
};
int main()
{       teacher obj ("张立三", 25);
        obj.show();
}
```

例 5-10 在创建 obj 对象时系统调用构造函数，然后再调用 show 函数，当主函数结束时系统调用析构函数。程序结果如下：

```
执行构造函数 Teacher
姓名：张立三  年龄：25
执行析构函数~Teacher
```

在分析不同存储类型的对象调用构造函数及析构函数时，需要特别注意构造函数和析构函数执行的顺序。对象被析构的顺序与对象建立时的顺序正好相反，即最后构造的对象先被析构。

注意：

(1) 对于全局定义的对象（在函数外定义的对象），在程序开始执行时，调用构造函数；到程序结束时，调用析构函数。

(2) 对于局部定义的对象（在函数内定义的对象），当程序执行到定义对象的地方时，调用构造函数；在退出对象的作用域时，调用析构函数。

(3) 用 static 定义的局部对象，在首次到达对象的定义时，调用构造函数；到程序结束时，调用析构函数。

例 5-11　析构函数示例 2。

```
#include  "stdafx.h"
#include  <iostream>
using namespace std;
class A
{  float x,y;
public:
   A(float a,float b)
{       x=a;y=b;
        cout <<"初始化自动局部对象\n";
}
   A()
{       x=0;y=0;
        cout <<"初始化静态局部对象\n";
}
   A(float a)
{       x=a;y=0;
```

```
        cout <<"初始化全局对象 \n";
    }
      ~A()
    {   cout <<"调用析构函数" << endl;
    }
    };
    A a0(100.0);
    void f(void)
    {
      cout <<"进入 f()函数" << endl;
      A ab(10.0,20.0);
    static A a3;
    }
    void main()
    {
      cout <<"进入 main 函数" << endl;
      f();f();
    }
```

例 5－11 最后的运行结果如下：

```
初始化全局对象
进入 main 函数
进入 f() 函数
初始化自动局部对象
初始化静态局部对象
调用析构函数
进入 f() 函数
初始化自动局部对象
调用析构函数
调用析构函数
调用析构函数
```

5.4　静态成员

当我们在创建一个对象时，对象将拥有类中的所有成员。如果某个数据对所有对象都相同，则每个对象都要重复定义这个数据，这样就形成了很大的内存浪费。为了解决此类问题，C++ 语言中引入了静态成员的概念。静态成员可以达到复制一个数据，所有对象共享的效果。

5.4.1 静态数据成员

静态数据成员是同一个类中所有对象共享的成员，而不是某一个对象的成员。它不属于任何对象，不因对象的建立而产生，也不因对象的析构而删除。由于静态数据成员为所有对象所共享，是静态存储的，它是静态生存期，所以必须对它进行初始化。但初始化不能在构造函数中进行，静态数据成员应该在文件范围内初始化，即应该在类体外进行初始化。静态数据成员的初始化是使用作用域运算符::来表明它所属的类，其初始化格式如下：

<类型><类名>::<静态数据成员>=<值>;

静态数据成员的初始化与它的访问控制无关，但对静态数据成员的访问则受到访问权限的限制。静态数据成员是类的所有对象共享的成员，既可以通过类名访问，也可以通过对象访问。引用静态数据成员时采用如下格式：

<类名>::<静态数据成员>或对象.<静态数据成员>

例 5-12 通过类名访问静态数据成员。

```
#include  <stdafx.h>
#include  <iostream>
using namespace std;
class counter
{  public:
      static int num;                    //静态数据成员说明
};
int counter::num=0;                      //静态数据成员初始化
void main()
{
  counter::num=20;
  cout<<counter::num<<endl;
}
```

例 5-12 类中没有建立任何对象，其静态数据成员依然存在，也就可以访问。通过类名访问比使用对象名访问更方便、高效，因为静态数据成员不是对象的成员，而是属于类的。输出结果为 20。

例 5-13 通过对象名访问静态数据成员。

```
#include  <stdafx.h>
#include  <iostream>
using namespace std;
class counter
{  public:
      static int num;
   counter(){cout<<++num<<"";}
   ~counter(){cout<<--num<<"";}
```

```
};
int counter::num=0;
void main()
{
    counter a, b, c;
    cout << a.num << endl;                    //通过对象访问静态数据成员
    cout << counter::num << endl;             //通过类访问静态数据成员
}
```

类的公有静态数据成员既可以用作用域运算符::通过类名访问，也可以用类的对象访问，私有的和受保护的静态数据成员只能用该类的公有成员函数访问。由于在类中仅对静态数据成员进行了引用性说明，因此必须在文件作用域的某个地方进行定义性说明，并且这种说明只能有一次。例5-13中数据成员num的访问属性是公有的，所以在类外可访问它。又因为num是静态变量，具有全局性。每次创建对象在构造函数中需执行++num操作，即每次调用构造函数时num自加1（析构函数同理）。对多个对象来说，静态数据成员只存储一处，供所有对象共用。静态数据成员的值对每个对象都是一样的，但它的值是可以更新的。只要对静态数据成员的值更新一次，所有对象就存取更新后的相同的值，这样可以提高时间效率。因此例5-13输出结果为

```
1  2  3  3
3
2  1  0
```

5.4.2 静态成员函数

静态成员函数的特性与静态数据成员的特性类似，同样与对象无关，只与类本身有关，即静态成员是属于类的，而不是属于对象的。调用方法为类名加域作用符::加成员函数名(参数)，当然也可以通过对象名加小圆点加成员函数名(参数)，此时把对象当作类来使用，即只用其类型。静态成员函数由于与对象无关，因此在其中是不能对类的非静态成员进行直接操作的。

```
class staticFunction
{
    static int sum;
      int salary;
public:
    static void show() //静态成员函数
{
    cout << salary << endl; //错误
    cout << sum << endl; //正确
}
};
```

上面程序中静态成员函数可以访问私有的静态数据成员sum，但是不可以访问非静态成

员 salary。因为静态成员函数中没有 this 指针变量，也就是说，一个静态成员函数与任何当前对象都无联系，它是属于类的，所以它就无法访问自己类的非静态成员。那么如果需要在静态成员函数里访问非静态数据成员该怎么办呢？可以利用本类的引用变量或指针变量做静态成员函数的形参来实现。

```
#include  <stdafx.h>
#include  <iostream>
using namespace std;
class method
{ int data;
public:
  static void set(method &s)      //静态成员函数声明及实现
  {
    s.data=5;
  }
  static int get(method *s)
  {
    return s->data;}
  };
void main()
{
    method s;
  method::set(s);
    cout<<method::get(&s);
}
```

5.5 this 指针

this 指针是一个隐含于每一个成员函数中的特殊指针。它指向正在被该成员函数操作的对象，也就是要操作该成员函数的对象。同样也可以使用 * this 来标识调用该成员函数的对象。

例 5-14 this 指针应用。

```
class Point
{
private:
    int x, y;
public:
    Point(int a, int b)
    {
      x=a;
```

```
        y=b;
      }
   void MovePoint(int a, int b)
      {
        x+=a;
        y+=b;
      }
   void print()
      {
        cout<<"x="<<x<<"y="<<y<<endl;
      }
   };
   int main()
   {
      Point point1(10, 10);
      point1.MovePoint(2, 2);
      point1.print();
   return 0;
   }
```

例5-14中当对象point1调用MovePoint(2，2)函数时，即将point1对象的地址传递给了this指针。MovePoint函数的原型应该是void MovePoint（Point * this，int a，int b)；第一个参数是指向该类对象的一个指针，我们在定义成员函数时没看见是因为这个参数在类中是隐含的。这样point1的地址传递给了this，所以在MovePoint函数中便显示写成：

```
void MovePoint(int a, int b){this->x+=a; this->y+=b;}
```

即可以知道，point1调用该函数后，point1的数据成员就被调用并更新了值。

5.6 友 元

面向对象编程（OOP）主张程序的封装、数据的隐藏，但任何事情都不是绝对的，例如，一般来说，每家都会安装防盗门、门锁等不让外人进入，但是在特殊情况下，如全家出游，又需要检查煤气、水电时，就可以把钥匙托付给可以信赖的邻居或朋友（友元）——可以访问你家的私有数据成员。

友元是C++提供的一种破坏数据封装和数据隐藏的机制。友元提供了在不同类的成员函数之间、类的成员函数与一般函数之间进行数据共享的机制。通过友元，一个普通函数或另一个类中的成员函数可以访问类中的私有成员和保护成员。友元可以是函数，则该函数叫友元函数；可以是一个类，则该类叫友元类。

5.6.1 友元函数

友元函数就是可以直接访问类的成员（包括私有数据成员）的非成员函数，它是一个外部函数。声明友元函数的方式是在类声明中使用关键词 friend，其格式如下：

```
friend 函数类型  友元函数名(参数表);
```

例 5-15 友元函数的应用。

```
#include "stdafx.h"
#include <math.h>
#include <iostream>
using namespace std;
class Point
{
private:
    int X, Y;
public:
    Point(int xx=0, int yy=0)
    {
    X=xx;
    Y=yy;
    }
friend double Distance(Point &a, Point &b); //友元函数说明
};
double Distance(Point &a, Point &b)
{
    double dx=a.X-b.X;
    double dy=a.Y-b.Y;
    return sqrt(dx*dx+dy*dy);
}
int main()
{
    Point p1(3.0, 5.0), p2(4.0, 6.0);
    double d=Distance (p1, p2);
    cout<<"The distance is"<<d<<endl;
    return 0;
}
```

例 5-15 中 Distance 是友元函数，它可以直接访问 Point 类的私有成员 X 和 Y。需要特别注意的是，友元函数是非成员函数，它定义在类体外或类体内，定义与调用均和普通函数相同。

5.6.2 友元类

C++中允许声明一个类为另一个类的友元类。若一个类为另一个类的友元，则此类的所有成员都能访问对方类的私有成员。若声明类B是类A的友元类，其格式如下：

```
class A
{
    ...
  public:
    friend class B;
    ...
}
```

例5-16 友元类的应用。

```
class X
{
public:
    friend class Y;                    //友元类的声明
    void set(int i)
    {  x=i;
    }
    void display()
    {  cout<<"x="<<x<<"y="<<y<<endl;
    }
private:
    int x;
    static int y;
};
class Y
{
  public:
    Y(int i, int j);
  void display();
private:
    X a;
};
int X::y=10;
Y::Y(int i, int j)
{  a.x=i;
   X::y=j;
}
```

```
void Y::display()
{
cout << "x = " << a.x << "y = " << a.y << endl;
}
void main()
{
    X b;
    b.set(5);
    b.display();
    Y c(6, 9);
    c.display();
    b.display();
}
```

例 5-16 中 X 类中的私有成员在类外是不能被访问的，但是因为 Y 类声明了 X 类的友元类，所以 Y 类的成员函数可以直接访问 X 类的私有数据成员 x，y。

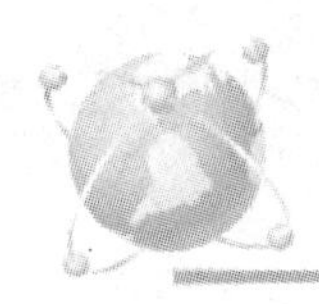

第 6 章　面向对象编程进阶

通过第 5 章我们已经了解了 C++ 的一些基本概念，知道了什么是类，什么是对象，也了解了类的数据成员和成员函数以及面向对象的封装性特点。本章主要是进一步探讨面向对象的另两个特征：继承和多态。

本章将详细介绍类的继承、多态性和虚拟函数等。

◇ 类的继承；

◇ 函数的重载；

◇ 多态和虚拟函数；

◇ 异常处理。

6.1　函数重载

在非面向对象的过程化语言中，要求每个过程或函数必须具有唯一的调用名，否则会导致编译错误。面向对象程序设计语言提供使用同一函数名的机制，通过参数个数的不同或类型的不同来选择使用相应的代码，这就是函数的重载。在第 4 章曾介绍过在 C++ 中普通函数重载的知识，本节将重点讲解成员函数重载和运算符重载。

6.1.1　成员函数重载

和普通函数类似，在一个类中也可以有成员函数重载。成员函数的重载在规则上和普通函数无差别，这里不再赘述。

例 6－1　成员函数重载示例。

```
#include  "stdafx.h"
#include  <iostream>
using namespace std;
class Sample
{
  private:
    int i;
    double d;
  public:
    void setdata(int n){i=n; d=0;}              //setdata 成员函数重载
    void setdata(int n, double x){i=n, d=x;} //setdata 成员函数重载
  void disp()
```

```
  {  cout <<"i =" << i <<", d =" << d << endl;
  }
};
void main()
{
     Sample s;
     s.setdata(15);
     s.disp();
     s.setdata(20, 23.8);
     s.disp();
}
```

6.1.2 运算符重载

C++有许多内置的数据类型，包括 int、char、double 等，每种类型都有许多运算符，如加、减、乘、除等。当用户定义了类的对象时，两个对象之间是不能进行这些操作的，比如 Sample 类的对象 a + b，这样的语句如果没有重载 + 运算符就会出错。但 C++ 允许用户把这些运算符添加到自己的类中以方便类对象之间的运算，就像内置类型的运算一样方便，比如对象 a + b 就很容易懂，当然也可以在类中定义一个对象间相加的函数，比如 a. add（b）调用函数 add( ) 以实现两个对象 a 和 b 相加，但是这条语句不能像 a + b 那样更容易让人理解。

为了重载运算符，必须定义一个函数，并告诉编译器，遇到这个重载运算符就可以调用该函数，由这个函数来完成该运算符应该完成的操作。这种函数称为运算符重载函数，它通常是类的成员函数或者是友元函数。运算符的操作数通常也应该是类的对象。

运算符重载形式有两种，重载为类的成员函数和重载为类的友元函数。

1. 运算符重载为类的成员函数

运算符重载为类的成员函数的一般语法形式为

```
函数类型 operator 运算符（形参表）
{
    函数体;
}
```

其中 operator 是定义运算符重载函数的关键字，它与其后的运算符一起构成函数名。

对于双目运算符 B，如果要重载 B 为类的成员函数，使之能够实现表达式 oprd1 B oprd2，其中 oprd1 为类 A 的对象，则应当把 B 重载为类 A 的成员函数，该函数只有一个形参，形参的类型是 oprd2 所属的类型。经过重载后，表达式 oprd1 B oprd2 就相当于函数调用 oprd1. operator B(oprd2)。

对于前置单目运算符 U，如“ - ”（负号）等，如果要重载 U 为类的成员函数，用来实现表达式 U oprd，其中 oprd 为类 A 的对象，则 U 应当重载为类 A 的成员函数，函数没有形参。经过重载之后，表达式 U oprd 相当于函数调用 oprd. operator U( )。

对于后置运算符“ ++ ”和“ -- ”，如果要将它们重载为类的成员函数，用来实现表达式 oprd++ 或 oprd--，其中 oprd 为类 A 的对象，那么运算符就应当重载为类 A 的成员函数，这时函数要带有一个整型形参。重载之后，表达式 oprd++ 和 oprd-- 就相当于函数调用 oprd. operator++（0）和 oprd. operator--（0）；

运算符重载就是赋予已有的运算符多重含义。通过重新定义运算符，使它能够用于特定类的对象执行特定的功能，这便增强了 C++ 语言的扩充能力。

例 6-2 双目运算符重载示例。

```
#include  "stdafx.h"
#include  <iostream>
using namespace std;
class complex
{
public:
    complex(){real = imag = 0;}
    complex(double r, double i){real = r; imag = i;}
    complex operator +(const complex &c); // +运算符重载
    friend void print(const complex &c);
private:
    double real, imag;
};
inline complex complex::operator +(const complex &c)
{
    return complex(real + c.real, imag + c.imag);
}
void print(const complex &c)
{  cout << c.real << "+" << c.imag << "i";
}
void main()
{  complex c1(2.0, 3.0), c2(4.0, -2.0), c3;
   c3 = c1 + c2;
   cout << "c1 + c2 =";
   print(c3);
}
```

例 6-2 中当执行 c3 = c1 + c2 时，相当于执行 c3 = c1. operator +(c2) 语句，即当两个 complex 类对象做加法操作时相当于去调用运算符重载函数。该程序的最终结果为 6 + 1i。

例 6-3 单目运算符重载示例。

```
#include  "stdafx.h"
#include  <iostream>
using namespace std;
class Time
```

```
{
  public:
    Time(){minute=0; sec=0;}
    Time(int m, int s): minute(m), sec(s){}
    Time operator++();
    void display(){cout<<minute<<":"<<sec<<endl;}
  private:
    int minute;
    int sec;
};
Time Time::operator++()
{
  if (++sec>=60)
  {
    sec-=60;
    ++minute;
  }
  return *this;
}
int main()
{
  Time time1(34, 0);
  for (int i=0; i<60; i++)
  {
    ++time1;
    time1.display();
  }
    return 0;
}
```

例6-3中对++运算符进行重载。“++”运算符是单目运算符，只有一个操作数，因此，此运算符重载函数只有一个参数，且例6-3中该运算符重载函数作为类的成员函数时，则省略此参数。该例模拟秒表，每次走一秒，满60秒进一分钟，此时秒又从0开始算。

2. 运算符重载为类的友元函数

与运算符重载为成员函数时不同的是，重载的友元函数不属于任何类，运算符的操作数都需要通过函数的形参表传递。操作数在形参表中从左到右出现的顺序就是用运算符写表达式时操作数的顺序。

这里分双目运算符和单目运算符两种情况，讨论运算符重载为友元函数的具体方式。如果有双目运算符U，它的其中一个操作数是类A的对象a，那么运算符U就可以重载为类A的友元函数，此友元函数的两个参数中，一个是类A的对象，另一个是其他对象，也可以是类A的对象。这样双目运算符重载为类的友元函数后，假设运算符的一个操作数是对象b，则表达式a U b就相当于调用函数operator U(a，b)。如果有前置单目运算符U，比如前置“--”，a为类A的对象，如果要实现U a这样的运算，就可以把U重载为类A的友元函数，此友元函数只有一个形参，为类A的对象，重载后表达式U a相当于调用函数operator U(a)。如果是后置单目运算符U，如后置“++”，a还是类A的对象，那么要实现a U这样的运算，也可以把U重载为类A的友元函数，此时友元函数就需要有两个形参，一个是类A的对象，另一个是整型形参，此整型形参没有实际意义，只是为了区分前置运算符和后置运算符的重载。重载后表达式a U就相当于调用函数operator U(a，0)。

例6-4 修改例6-3为运算符重载为类的友元函数。

```
#include "stdafx.h"
#include <iostream>
using namespace std;
class Time
{
  public:
      Time(){minute=0; sec=0;}
      Time(int m, int s): minute(m), sec(s){}
    friend Time operator++(Time &a);
    void display(){cout<<minute<<":"<<sec<<endl;}
  private:
      int minute;
      int sec;
};
Time operator++(Time &a)
{
      if( ++a.sec>=60)
   {
      a.sec-=60;
      ++a.minute;
   }
   return a;
}
int main()
{
    Time time1(34, 0);
    for (int i=0; i<60; i++)
    {
      ++time1;
     time1.display();
```

```
    }
        return 0;
    }
```

注意：该例中是单目运算符前置重载，而且重载为友元函数。因此 operator++ 有一个参数，此参数为 Time 类对象。该程序结果和例 6-3 结果一样，均为显示由 34:1 到 35:0 一秒一秒的计数过程。

不管运算符重载是以上哪种形式，都需要遵循以下规则。

（1）C++ 中的运算符除了少数几个之外，全部可以重载，而且只能重载 C++ 中已有的运算符。(不能重载的运算符只有五个，它们是：成员运算符“.”、指针运算符“*”、作用域运算符“::”、类型说明符“sizeof”、条件运算符“?:”。)

（2）重载之后运算符的优先级和结合性都不会改变。

6.2 类的继承

继承性是面向对象程序设计中最重要的机制，这一机制提供了无限重复利用程序资源的有效途径，该机制自动为一个类提供来自另一个类的操作和数据结构。程序员通过 C++ 语言中的继承机制，可以扩充旧的程序以适应新的需求，这样不仅可以节约程序开发时间和资源，而且可以为未来的程序设计增添新的资源。理解继承性是理解面向对象程序设计所有方面的关键。

6.2.1 基类和派生类

C++ 语言的继承机制，允许利用已有的数据类型定义新的数据类型，所定义的新数据类型不仅拥有新定义的成员，而且同时拥有旧的成员。我们称用来派生新类的类为基类，又叫作父类。由基类派生的新类称为派生类，也称为子类。一个派生类可以从一个基类派生，也可以从多个基类派生。从一个基类派生的继承方式叫作单继承；从多个基类派生的继承方式叫作多继承。任何类都可以作为基类，一个基类可以有一个或者多个派生类，一个派生类还可以成为另一个类的基类。定义单继承派生类的一般格式如下：

```
class <派生类名称>:<继承方式> <父类名称>
{
    //派生类新定义的成员
}
```

其中，派生类名称是新定义的类名，它是从父类中派生的，并且是按照指定的继承方式派生的。

继承方式有三种，分别是：public 方式，表示公有类继承；protected 方式，表示保护基类；private 方式，表示私有基类。其中 private 方式是默认的继承方式。

派生类三种继承方式的异同阐述如下：

（1）public 方式。

这种方式将基类的 protected 区成员继承到派生类的 protected 区，基类的 public 区成员继承到派生类的 public 区。这时基类能做的所有操作，派生类都可以完成，派生类是基类的子类。对于派生类来说，基类的公有成员和保护成员可见，基类的私有成员不可见，派生类不可以访问基类的私有成员。对于派生类的对象来说，派生类的对象可以访问基类的公有成员，但其他成员是不可见的。

注意：在公有继承时，派生类的对象可以访问基类的公有成员，派生类的成员函数可以访问基类的公有成员和保护成员。

（2）protected 方式。

这种方式将基类的 protected 区和 public 区的所有成员都继承到派生类的 protected 区。在这种继承方式下派生类不是基类的子类。对于派生类来说，基类的公有成员和保护成员是可见的，基类的保护成员和公有成员都作为派生类的保护成员，并且不能被这个派生类的子类访问；而基类的私有成员是不可见的，派生类不能访问基类的私有成员。对于派生类的对象来说，基类的所有成员都不可见。所以对于保护继承来说，基类的成员只能由直接派生类访问，而无法再往下继承。

（3）private 方式。

将基类的 protected 区和 public 区的所有成员都继承到派生类的 private 区。在这种继承方式下派生类也不是基类的子类。对于派生类来说，基类的公有成员和保护成员是可见的，基类的保护成员和公有成员都作为派生类的私有成员，并且不能被这个派生类的子类访问。而基类的私有成员是不可见的，派生类不能访问基类的私有成员；对于派生类的对象来说，基类的所有成员都不可见。所以对于私有继承来说，基类的成员只能由直接派生类访问，而无法再往下继承。

例 6-5　派生类示例 1。

```
#include "stdafx.h"
#include <iostream>
using namespace std;
class A
{
private:
    int privA;
protected:
    int protA;
public:
    int pubA;
};
//通过保护派生的类
class C: protected A {
public:
    void fn()
    {
      int a;
      a=privA;
```

```
        a = protA;
        a = pubA;
    }
};
void main()
{
    C obj2;        //派生类的对象
    obj2.privA = 1;
    obj2.protA = 1;
    obj2.pubA = 1;
}
```

例 6-5 运行时会有错误提示。因为基类 A 的数据成员 privA 是私有的，该成员只能在本类访问，所以 fn 函数中“a = privA;”以及 main 函数中“obj2.privA = 1;”两条语句均是错误的。同时派生类 C 以 protected 方式继承基类 A 时，类 C 继承下的 protA 和 pubA 数据成员拥有保护特性，这两个数据成员可以在本类或派生类访问，而不能在类外访问。因此“obj2.protA = 1;”“obj2.pubA = 1;”两条语句均有错误。

6.2.2 派生类的构造与析构函数

如果基类与派生类中都有用户自定义的构造函数，基类的构造由基类的构造函数完成，派生类的构造函数负责提供派生类和基类的构造参数并构造派生类。由于构造函数不能被继承，因此派生类的构造函数必须通过调用基类的构造函数来初始化基类的对象。因而在定义派生类的构造函数时，除了对自己的数据成员进行初始化外，还必须负责调用基类构造函数，初始化基类的数据成员。

派生类的构造函数一般格式如下

```
<派生类名称>(<派生类构造函数参数表>):<基类构造函数>(<参数表1>),
  <子对象名>(<参数表2>)
{
  //派生类数据成员初始化
}
```

派生类构造函数的调用顺序如下。

（1）基类的构造函数。

（2）子对象类的构造函数。

（3）派生类的构造函数。

当对象被删除时，派生类的析构函数被执行。由于析构函数也不能被继承，因此在执行派生类的析构函数时，基类的析构函数也将被调用。执行顺序是先执行派生类的析构函数，再执行基类的析构函数，与执行构造函数时的顺序正好相反。

例 6-6 派生类构造和析构函数示例。

```
#include  "stdafx.h"
#include  <iostream>
```

```
using namespace std;
class parent_class
{
    int private1, private2;
public:
    parent_class(int p1, int p2): private1(p1), private2(p2)
    {}
    int inc1()
    {
        return ++private1;
    }
    void display()
    {
        cout <<"private1 =" << private1 <<", private2 =" << private2 <<
          endl;
    }
};
class derived_class: private parent_class
{   int private3;
    parent_class obj4;
  public:
    derived_class (int p1, int p2, int p3, int p4, int p5): parent_
      class (p1, p2), obj4(p3, p4), private3(p5)
    {  }
    int inc1()
    {
        return parent_class::inc1();
    }
  void display()
    {    parent_class::display();
         obj4.display();
         cout <<"private3 =" <<private3 <<endl;
    }
};
void main()
{
    derived_class d1(18, 18, 1, 2, -5);
    d1.inc1();
    d1.display();
```

```
}
```

该程序的执行结果为:

```
private1 =19, private2 =18
private1 =1, private2 =2
Private3 = -5
```

6.2.3 多重继承

多继承的一般格式:

class <派生类名称>:<继承方式><基类1>, <继承方式><基类2>, …

其中,基类可以有两个或者两个以上,各个基类之间用逗号隔开,每个基类名前都指明继承方式,默认的继承方式是 private 方式。

例 6-7 多重继承示例。

```
#include "stdafx.h"
#include <iostream>
using namespace std;
class A
{
    int a;
public:
    A(int i)
    {
      a=i;
      cout <<"A constructor" << endl;
    }
    void view()
    {
      cout <<"a =" << a << endl;
    }
};
class B
{
    int b;
public:
    B(int j)
    {
      b=j;
      cout <<"B constructor" << endl;
    }
    void view()
```

```
    {
      cout <<"b =" << b << endl;
    }
};
class C: public A, public B
{
    int c;
public:
    C(int k): A( ++k), B( --k)
    {  c = k;
       cout <<"C constructor" << endl;
    }
    void view()
    {
      A::view();
      B::view();
      cout <<"c =" << c << endl;
    }
};
void main()
{
    C c1(10);
    c1.view();
}
```

例 6 -7 中类 C 继承于两个基类，一个基类是 A，另一个基类是 B。派生类 C 的构造函数在初始化自己的数据成员时，负责调用基类构造函数初始化基类的数据成员。该例的运行结果为：

```
A constructor
B constructor
C constructor
a =11
b =10
c =10
```

6.3 多态性与虚拟函数

6.3.1 多态性

C++ 允许子类的成员函数重载父类的成员函数，程序在运行时能够依据其类型确认调用哪个函数的能力，称为多态性。多态性是面向对象程序设计的重要特性，是指同一个接口名称具有多种功能。利用多态性，用户只需发送一般形式的消息，而将所有的实现留给接收消息的对象，对象根据所接收的消息做相应的操作。6.1 节中介绍的函数重载和运算符重载就是一种简单的多态性。

多态性也分为静态和动态两种。静态多态性是指定义在一个类或一个函数中的同名函数，它们可根据参数表（类型及个数）区别语义，并通过静态联编实现。例如，在一个类中定义的不同参数的构造函数以及运算符重载等，这些内容在前面都有介绍。动态多态性是指定义在一个类层次的不同类中的重载函数，它们一般具有相同的参数表，因而要根据指针指向的对象所在类区别语义，它们通过动态联编来实现。

在 C++ 中运行时的多态性主要是通过虚函数来实现的，不过在说虚函数之前，需要掌握基类与派生类对象之间的复制兼容关系的内容。它也是之后学习虚函数的基础。我们有时候会把整型数据赋值给双精度类型的变量。在赋值之前，先把整型数据转换为双精度类型，再把它赋值给双精度类型的变量。这种不同类型数据之间的自动转换和赋值，称为赋值兼容。同样，在基类和派生类之间也存在着赋值兼容关系，它是指需要基类对象的任何地方都可以使用公有派生类对象来代替。为什么只有公有继承的派生类才可以呢，因为在公有继承中派生类保留了基类中除了构造和析构之外的所有成员，基类的公有或保护成员的访问权限都按原样保留下来，在派生类外可以调用基类的公有函数来访问基类的私有成员。因此基类能实现的功能，派生类也可以。

那么它们具体是如何体现的呢？

（1）派生类对象直接向基类赋值，赋值效果，基类数据成员和派生类中数据成员的值相同。

（2）派生类对象可以初始化基类对象引用。

（3）派生类对象的地址可以赋给基类对象的指针。

（4）函数形参是基类对象或基类对象的引用，在调用函数时，可以用派生类的对象作为实参。

例 6-8 赋值相容示例。

```
#include "stdafx.h"
#include <iostream>
using namespace std;
#include <string>
  class ABCBase
   {
  private:
      string ABC;
  public:
      ABCBase(string abc)
      {
        ABC = abc;
      }
void showABC();
```

```
};
void ABCBase::showABC()
{
  cout <<"字母 ABC = >" << ABC << endl;
}
class X: public ABCBase
{
public:
        X(string x): ABCBase(x){}
};
void function(ABCBase &base)
{
base.showABC();
}
int main()
{
  ABCBase base("A");
  base.showABC();
  X x("B");
  base = x;              //派生类对象直接向基类赋值
  base.showABC();
  ABCBase &base1 = x;//派生类对象可以初始化基类对象引用
  base1.showABC();
  ABCBase * base2 = &x; //派生类对象的地址可以赋给基类对象的指针
  base2 -> showABC();
//函数形参是基类对象或基类对象的引用，在调用函数时，可以用派生类的对象作为实参
  function(x);
  return 0;
}
```

例6－8呈现四种不同类型的赋值兼容。在不同类型赋值除了要遵循上述的四种规则，还需要注意的是：第一，在基类和派生类对象的赋值时，该派生类必须是公有继承的；第二，只允许派生类对象向基类对象赋值，反过来则不允许。

6.3.2 虚函数

为实现某种类似功能而假设的函数称为虚函数。它是动态多态性实现的基础，引入派生概念之后用来表现基类和派生类成员函数之间的一种关系。使用虚函数来构建程序，容易扩展。虚函数是用关键字 virtual 进行说明的，只能是类中的一个成员函数，也可以是另一个类的友员函数，但不能是静态成员函数。

在一个类内，如果有一个函数成员被说明为虚函数成员，则对于从该类直接或间接派生的所有类，只要定义了一个与虚函数原型相同的函数，且指向基类对象的指针指向派生类对象时，系统就会自动用派生类的同名函数取代虚函数。

1. 虚函数的使用

虚函数定义的一般格式为

virtual <函数返回类型> <函数名>(<函数的参数表>)

在例 6-8 中演示了基类指针不需要经过类型转换就可以指向派生类对象，基类指针指向派生类对象后只能访问从基类继承的派生类成员。基于这样的事实，为了更容易地理解使用虚函数所带来的好处，先看不使用虚函数时所带来的麻烦。

例 6-9 非虚函数方式实现日期显示示例。

```
#include  "stdafx.h"
#include  <iostream>
using namespace std;
class base
{
protected:
    int year;
public:
    base(int y)
    {
      year=y;
    }
void display()
{
      cout<<"year="<<year<<endl;
}
};
class second: public base
{
protected:
      int month;
public:
      second(int y, int m): base(y)
      {month=m;
      }
      void display()
      {
        cout<<"year-month"<<year<<"-"<<month<<endl;
      }
```

```
};
class third: public second
{  int day;
public:
   third(int y, int m, int d): second(y, m)
   {day=d;
   }
   void display()
   {
        cout <<"year-month-day" << year <<"-" <<month <<"-" << day <<endl;
   }
};
int main()
{
  base b(2015);
  second s(2015, 1);
  third t(2015, 1, 20);
  base *p;
  p=&b;
  p->display();
  p=&s;
  p->display();
  ( (second* ) p) ->display();
  p=&t;
  p->display();
  ( (third* ) p) ->display();
  return 0;
  }
```

例6-9定义了一个base基类、一个继承base类的second类和一个继承second类的third类，它们的继承关系分为三层，它们都有同名函数display()和一个保护成员，这样公有继承后在类内就可以访问上一层的保护成员。在主函数中，基类指针p在指向基类对象b、第二层second类对象s和第三层third类对象t时，执行p->display()；这时都只是调用了基类的display()函数，调用各自派生类的display()函数只能对基类指针强制类型转换，如语句“((second*)p)->display();”和语句“((third*)p)->display();”这样调用起来特别烦琐，这就是不使用虚函数所带来的麻烦。如果使用虚函数的话，在基类指针p指向某个派生类对象后，语句“p->display();”就是调用相对应的派生类版本的display()函数。

例6-10 修改例6-9为虚函数应用。

```
#include "stdafx.h"
```

```
#include  <iostream>
using namespace std;
class base
{
protected:
    int year;
public:
    base(int y)
    {
      year=y;
    }
virtual void display()
{
    cout<<"year="<<year<<endl;
}
};
class second: public base
{
protected:
    int month;
public:
    second(int y, int m): base(y)
    {
      month=m;
    }
    void display()
    {
      cout<<"year-month"<<year<<"-"<<month<<endl;
    }
};
class third: public second
  { int day;
  public:
     third(int y, int m, int d): second(y, m)
     {
      day=d;
     }
     void display()
     {  cout<<"year-month-day"<<year<<"-"<<month<<"-"<<day<<
```

```
            endl;
        }
        };
int main()
{
    base b(2015);
    second s(2015, 1);
    third t(2015, 1, 20);
    base *p;
    p = &b;
    p -> display();
    p = &s;
    p -> display();
    p -> display();
    p = &t;
    p -> display();
    p -> display();
    return 0;
}
```

例 6－10 中只在 base 类中的 display() 函数前面加上关键字 virtual，即可将 display() 函数说明为虚函数，之后继承它的派生类中如有同名 display() 函数都会默认定义为虚函数。在主函数中当基类指针 p 指向派生类对象后，语句“p -> display();”都将调用相对应的派生类版本的 display() 函数，也就是说，虚函数调用的解释依赖于调用它的对象类型，基类指针指向不同派生类对象时，就可以调用虚函数的不同版本。

注意：

①因为派生类也是基类，所以虚函数一旦被说明，就一直具有“虚”的特性，不管经历多少派生类层。

②构造函数必须是公有的且不能是虚函数，但析构函数可以是虚函数。

③virtual 关键字必须在基类中使用，之后在派生类中同名的所有函数和参数类型都会自动为虚，而在函数实现中不提供关键字 virtual。

④重载一个虚函数时，其函数名、参数个数、参数类型、参数顺序和返回类型要完全相同，否则将丢失虚特性（参数不同）或者是错误重载（返回值不同）。

⑤当在派生类中没有自己版本的虚函数，则将沿用基类的虚函数。

2. 虚析构函数

在上面已经讲述过，构造函数不能是虚函数，虚构造函数没有意义，倘若定义虚构造函数编译器将报错，但析构函数可以是虚函数，当使用虚析构函数时可以引导 delete 操作执行正确的析构调用。为了更好地了解虚析构函数所带来的方便，来看例 6－11。

例 6－11 非虚析构函数示例。

```
#include "stdafx.h"
```

```
#include  <iostream>
using namespace std;
class base
{
public:
    ~base()
    {
    cout <<"~base()is called" << endl;
    }
};
class derived: public base
{
public:
    ~derived()
    {
      cout <<"~dervied() is called" << endl;
    }
};
int main()
{
    derived *p1 = new derived;
    cout <<"delete p1:" << endl;
    delete p1;
    base *p2 = new derived;
    cout << endl <<"delete p2:" << endl;
    delete p2;
    base *p3 = new derived;
    cout << endl <<"delete p3:" << endl;
    delete (derived*) p3;
    cout << endl;
    return 0;
}
```

本例运行结果为：

```
    delete p1:
    ~derived() is called
    ~base() is called
    delete p2:
    ~base() is called
    delete p3:
```

```
~derived() is called
~base() is called
```

例 6-11 中，定义了一个基类与一个派生类，它们各自都有自己的析构函数。在主函数中，定义了一个派生类指针和两个基类指针，它们都各自指向一个派生类临时对象，当直接使用派生类指针 p1 删除对象时，能够正常地调用基类的~base() 函数与派生类的~derived() 函数；当用基类指针 p2 删除对象时，只能调用基类的~base() 函数，不能释放派生类对象自身占有的资源；要想使用基类指针彻底地释放掉派生类对象的所有资源，只有先对基类指针 p3 进行类型转换为派生类指针后，再删除对象。从上面可以看出，基类指针 p2 指向由 new 运算建立的派生类对象，并执行 delete 操作删除此对象时，系统只能调用基类的析构函数。想要使用指针彻底释放对应的所有资源，只有当指针的类型为相对应的类类型时才可以，但这样会显得非常烦琐。

当基类析构函数被定义为虚析构函数后，即使每个类的析构函数名字有所不同，所有派生类的析构函数自动声明为虚析构函数，简单地说，例 6-11 的基类指针 p3 不用类型转换就可以释放对应的所有资源。改写例 6-11 如下：

例 6-12 虚析构函数示例。

```
#include "stdafx.h"
#include <iostream>
using namespace std;
class base
{
public:
    virtual ~base()
    {
      cout << "~base() is called" << endl;
    }
};
class derived: public base
{
public:
       ~derived()
       {
         cout << "~dervied() is called" << endl;
       }
};
int main()
{
    base *p3 = new derived;
    cout << endl << "delete p3:" << endl;
    delete p3;
```

```
    cout << endl;
  return 0;
}
```

上例运行结果为：

```
delete p3:
~derived() is called
~base() is called
```

例 6－12 中基类 base 的~base( ) 析构函数被定义虚析构函数，在主函数中直接使用基类指针来执行 delete 操作，就可以正确地调用~base( ) 析构函数和~derivative( ) 析构函数。这样无论指针是什么类型，都可以彻底地释放所指向对象的所有资源。

6.4 异常处理

C++ 自身有着非常强的纠错能力，发展至今，已经建立了比较完善的异常处理机制。C++ 的异常情况无非两种：一种是语法错误，即程序中出现了错误的语句、函数、结构和类，致使编译程序无法进行。另一种是运行时发生的错误，一般与算法有关。关于语法错误，不必多说，写代码时心细一点就可以解决。C++ 编译器的报错机制可以让我们轻松地解决这些错误。第二种运行错误，常见的有文件打开失败、数组下标溢出、系统内存不足等。而一旦出现这些问题，引发算法失效、程序运行时无故停止等故障也是常有的事。这就要求在设计软件算法时要全面。比如针对文件打开失败的情况，保护的方法有很多种，最简单的就是使用“return”命令，告诉上层调用者函数执行失败；另外一种处理策略就是利用 C++ 的异常机制，抛出异常。

1. 异常处理方法

在 C++ 中异常处理的方法是当程序中出现异常时抛出异常，用来通知系统发生了异常，然后由系统捕捉异常，并交给预先安排的异常处理程序段来处理异常。异常处理的结构为

```
try
    {     //可能引发异常的代码      }
catch (type_1 e)
    {
          //type_1 类型异常处理
    }
catch (type_2 e)
    {
          //type_2 类型异常处理
  }
catch (type_n e)
  {
          //type_n 类型异常处理
```

```
    }
catch (…)
    {   //任何类型异常处理，
        //必须是 catch 块的最后一段处理程序
    }
```

C++应用程序中，try 关键字后的代码块中通常放入可能出现异常的代码。随后的 catch 块则可以是一个或者多个；catch 块主要用于异常对应类型的处理。try 块中代码出现异常可能会对应多种异常处理情况，catch 关键字后的圆括号中则包含着对应类型的参数。try 块中代码体作为应用程序遵循正常流程执行。一旦该代码体中出现异常操作，会根据操作的判断抛出对应的异常类型。随后逐步地遍历 catch 代码块，此步骤与 switch 控制结构有点相像。当遍历到对应类型 catch 块时，代码会跳转到对应的异常处理中执行。如果 try 块中代码没有抛出异常，则程序继续执行下去。

在程序中可能出现异常的地方用 throw 语句抛出异常。

语法格式：throw <表达式>;

<表达式>表示异常类型，可以抛出基本数据类型异常（如 int 和 char 等），可以是任意类型的一个对象，也可以抛出复杂数据类型异常，如结构体（在 C++ 中结构体也是类）和类。

如程序中有多处要抛出异常，则应该用不同的操作数类型来互相区别，操作数的值不能用来区别不同的异常。

例 6 – 13 简单异常处理示例。

```
#include  "stdafx.h"
#include  <iostream>
using namespace std;
int main()
{
    int m, n;
    cout <<"Please input two integers:";
    cin >>m >>n;
    try
    {
      if(n ==0)
          throw 0;
      cout << (m/n) <<endl;
    }
    catch(int)
    {
      cout <<"Divided by 0!" <<endl;
      return -1;
    }
```

```
    return 0;
}
```

例6-13 中首先输入两个整数 m、n 的值，当 n 不为 0 时，程序正常执行输出 m/n 的值。如果 n=0 时，则在 try 语句块中抛出异常后程序跳转到异常处理语句块，输出“Divided by 0!”信息。

例6-14 成员函数抛出异常示例。

```
#include  "stdafx.h"
#include  <iostream>
using namespace std;
class Complex
{
public:
    Complex(){real=0; imag=0;}
    Complex(double r, double i){real=r; imag=i;}
    Complex Divide(const Complex x);
    void Display();
private:
    double real;
    double imag;
};
void Complex::Display()
{    cout<<"("<<real<<"+"<<imag<<"i)"<<endl;} //复数相除
Complex Complex::Divide(const Complex x)
{
    float c=x.real*x.real+x.imag*x.imag;
    if(c==0)
        throw 0;
    return
      Complex( (real*x.real+imag*x.imag)/c, (x.real*imag-real*x.
        imag)/c);
}
int main()
{
      Complex x(1, 1), y(0, 0), z;
      try
      {
        z=x.Divide(y);
        z.Display();
```

```
    }
    catch(int)
    {
      cout << "Error: Divided by zeros!" << endl;
    }
    return 1;
}
```

例 6－14 在 Complex 类对象的成员函数 Divide 执行过程中出现异常，则 catch 语句块能捕获到异常，这一点就像普通函数一样处理。因为该例中 y 对象的 real 和 imag 成员值均为 0，所以在调用 Divide 函数时 c 的值为 0，出现异常。最终输出结果为输出“Error: Divided by zeros!”

2. 标准异常类

在 C++ 标准库中提供了一批标准异常类，为用户在编程中直接使用和作为派生异常类的基类。常见标准异常类说明见表 6－1，logic_error 派生类说明见表 6－2，runtime_error 派生类说明见表 6－3。

表 6－1 常见标准异常类说明

类名	说明	头文件
exception	所有标准异常类的基类。可以调用它的成员函数 what() 获取其特征的显示说明	exception
logic_error	exception 的派生类，报告程序逻辑错误，这些错误在程序执行前可以被检测到	stdexcept
runtime_error	exception 的派生类，报告程序运行错误，这些错误仅在程序运行时可以被检测到	stdexcept
ios_base::failure	exception 的派生类，报告 I/O 操作错误，ios_base::clear() 可能抛出该异常对象	xiosbase

表 6－2 logic_error 派生类说明

类名	说明	头文件
domain_error	报告超越作用域的错误	stdexcept
invalid_argument	报告函数有一个无效参数	stdexcept
length_error	报告试图创建超过类型尺寸 size_t 最大值可以表示的对象	stdexcept
out_of_range	报告参数值越界	stdexcept
bad_case	报告在运行时类型识别中有一个无效的 dynamic_cast 表达式	typeinfo
bad_typeid	报告表达式 typeid(*p) 中指针 p 无效	typeinfo

表 6－3　runtime_error 派生类说明

类名	说明	头文件
range_error	报告违反了后置条件	stdexcept
overflow_error	报告一个算术上溢	stdexcept
underflow_error	报告一个算术下溢	stdexcept
bad_alloc	报告一个存储分配错误	new

例 6－15　标准异常类示例。

```
#include  "stdafx.h"
#include  <iostream>
#include  <string>
using namespace std;
void main()
{
    char *buf;
    try
    {
      buf = new char[100];
      if (buf == 0) throw bad_alloc();
    }
    catch(bad_alloc)
    {
      cout << "内存分配失败" << endl;
    }
    getchar();
}
```

3. 自定义异常类

C++抛出的异常可以是 int、double、类等类型，抛出的异常要进行处理，否则会自动调用 abort() 函数终止程序。C++提供了一些标准的异常类，exception 类可以派生出 bad_cast、runtime_error、bad_alloc、logic_error 这些异常类。除了可以使用 C++提供的标准异常类，程序员还可以自定义异常类。自定义异常类，需要定义标准异常的派生类，在派生类中初始化基类的构造函数。抛出、捕获自定义异常类的方法与标准异常类相同。

例 6－15　自定义异常类示例。

```
#include  "stdafx.h"
#include  <iostream>
#include  <string>
using namespace std;
class ZeroDivide
```

```
{
public:
ZeroDivide(string desc)
{
this ->desc = desc;
}
string getMessage()
{
  return desc;
}
private:string desc;
};
int divide(int x, int y)
{
    if(y ==0) throw ZeroDivide ("除数为"); //发现并抛出异常
return x/y;
}
int main()
{
  int x, y;
  cout <<"输入两个数:";
  while(cin >> x >> y)
{  try
    {
      cout << divide(x, y) << endl;
    }
  catch(ZeroDivide e){//捕获并处理异常
    cout << e.getMessage() << endl;
}
  cout <<"继续输入数值 < 退出 > :";
}
  return 0;
}
```

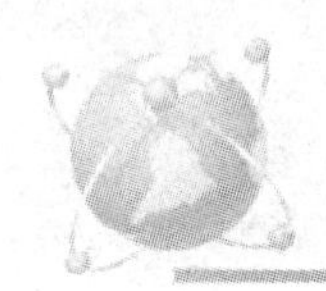

第7章　MFC编程

在Visual C++编程中，利用Windows API函数进行编程时，大量的代码需要自己编写，而为了提高编程效率，本章开始介绍利用MFC（Microsoft Foundation Class）来编写程序。

MFC用来编写Windows应用程序的C++类集，该类集以层次结构组织起来，其中封装了大部分Windows API函数和Windows控件，它所包含的功能涉及整个操作系统。MFC为用户提供了Windows图形环境下应用程序的框架及创建应用程序的组件，这样使程序开发更加简洁、高效；并且代码的可靠性增强，可重用性提高，可移植性好。

本章主要知识点如下：

◇ 创建MFC应用程序的步骤；

◇ MFC应用程序类；

◇ 消息及消息映射；

◇ 模态对话框和非模态对话框；

◇ Windows标准控件的应用；

◇ 菜单、工具栏、状态栏的使用；

◇ 单文档与多文档。

7.1　MFC第一个应用程序

例7-1　创建一个MFC应用程序。

（1）选择“文件｜新建｜项目”菜单项，在打开的“新建项目”对话框中，选择“MFC应用程序”选项，为该项目命名为“p701”，并单击“确定”按钮，如图7-1所示。

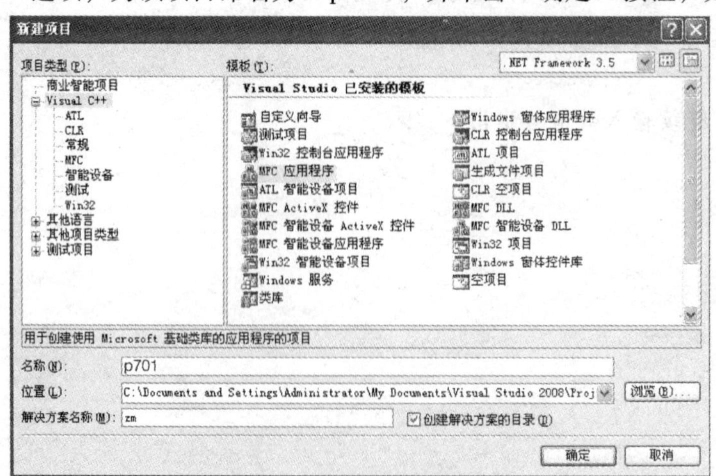

图7-1　新建MFC项目模板

（2）在弹出的“MFC 应用程序向导”对话框的左侧列出了创建 MFC 应用程序的步骤，右侧列出了各个步骤中对应用程序的设置。可以通过选择左侧的任意选修选项，对应用程序进行设置，如图 7－2 所示，也可以通过“下一步”按钮逐步对应用程序进行设置。

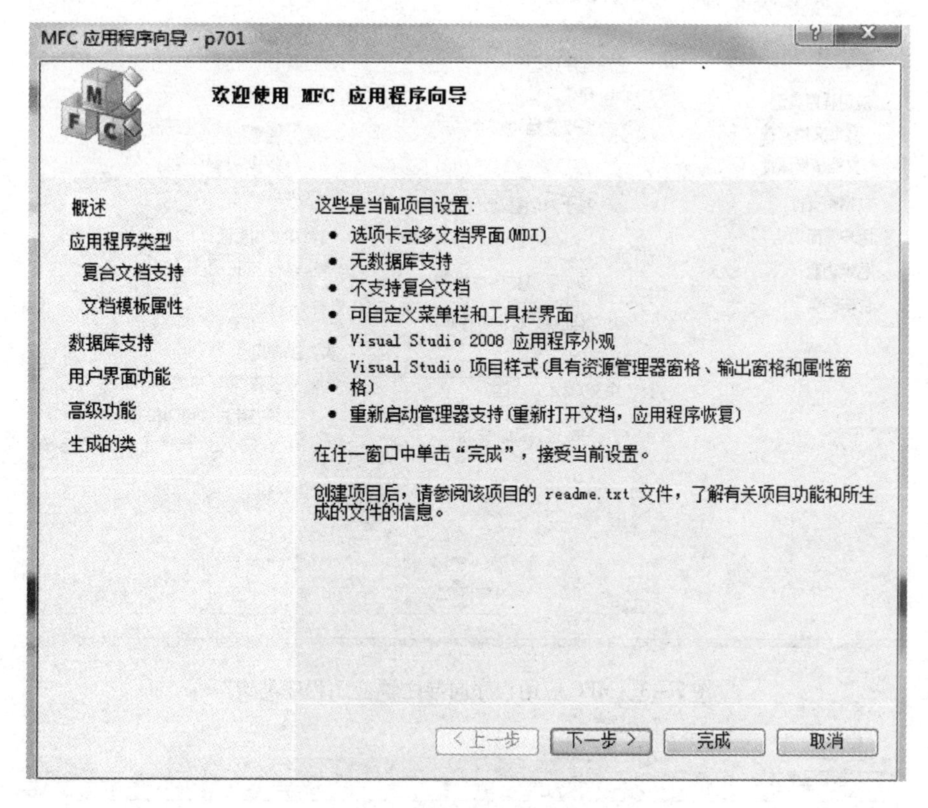

图 7－2　MFC 应用程序向导

（3）单击“下一步”按钮，选择创建应用程序类型，如图 7－3 所示。在该对话框中，可选择应用程序类型：单个文档、多个文档、基于对话框和多个顶级文档。勾选“使用 Unicode 库”复选框可以创建基于 Unicode 字符集的程序，否则为 ASCII 字符集。选择“在共享 DLL 中使用 MFC”单选按钮，这意味着程序在运行时需要链接到 MFC 库的例程，选择该项可以减小生成的可执行文件大小，但要求运行此程序的计算机上有 MFC DLL。如果选择“在静态库中使用 MFC”单选按钮，则 MFC 库的例程将在程序被编译时包括在生成的程序中。

（4）单击“下一步”按钮，在复合文档支持选项页中选择“无”选项。

（5）单击“下一步”按钮，在“文档模板属性”页面中不做改变。

（6）单击“下一步”按钮，在“数据库支持”页面中选择“无”选项。

（7）单击“下一步”按钮，在“用户界面功能”和“高级功能”页面均选择默认选项。

（8）单击“下一步”按钮，在“生成的类”的对话框（见图 7－4），单击“完成”按钮。

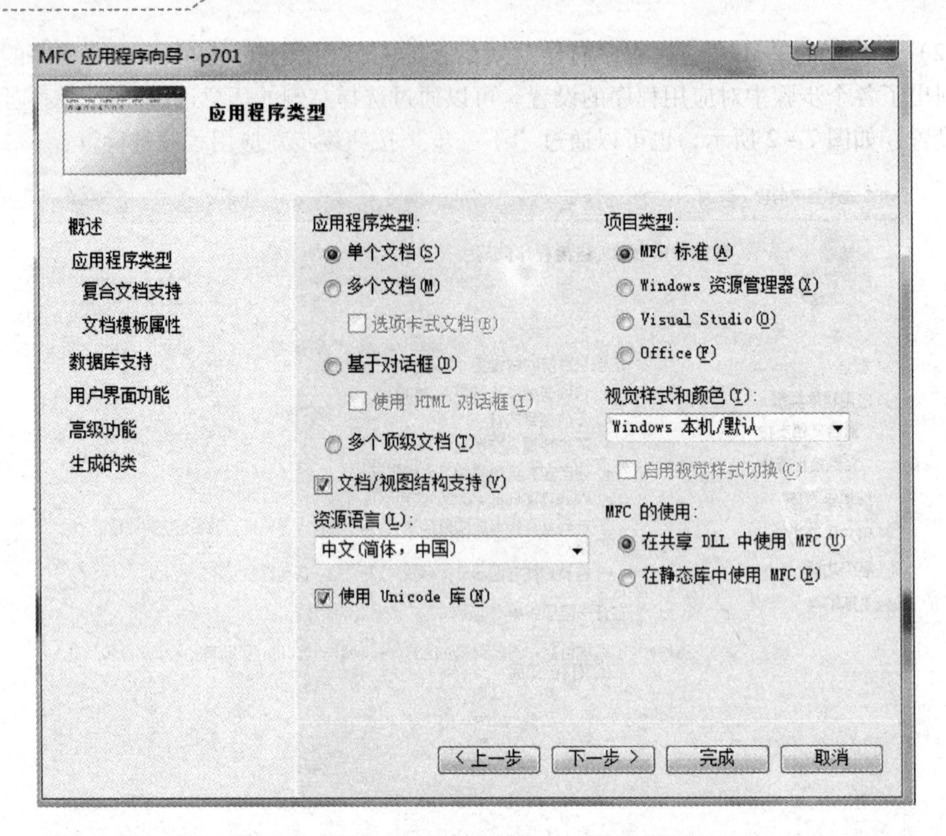

图 7-3　MFC 应用程序向导之“应用程序类型”

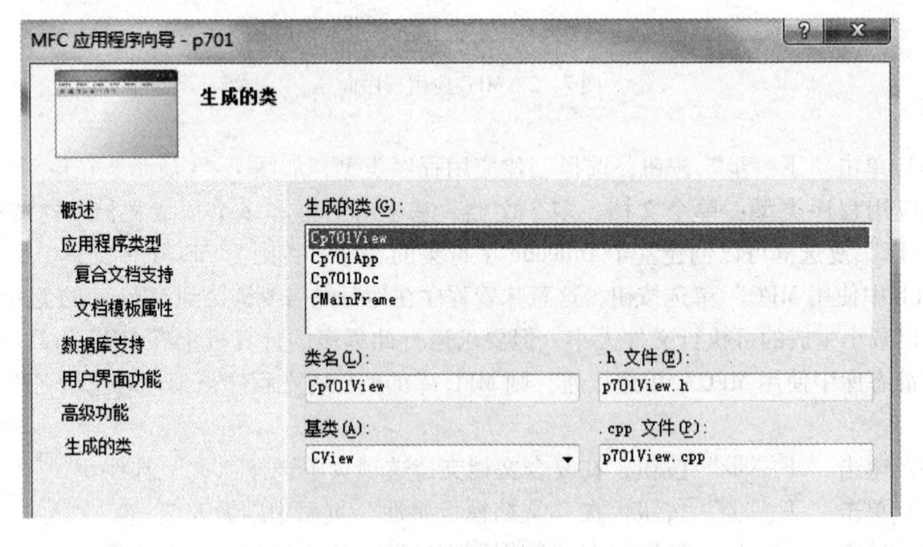

图 7-4　MFC 应用程序向导之“生成的类”

(9) 在解决方案资源管理器中，如图 7-5 所示，包含“头文件”“源文件”“资源文件”等文件夹。可以看到主框架窗口及其函数分别定义在 MainFrm.h 和 MaiFrm.cpp 文件中；文档类及其成员函数分别定义在 p701Doc.h 和 p701Doc.cpp 文件中；视图类及其成员函数分别定义在 p701View.h 和 p701View.cpp 文件中。视图对象主要负责显示和更新文档数据，接收客户区的输入消息，它是文档对象与用户之间的可视化接口。

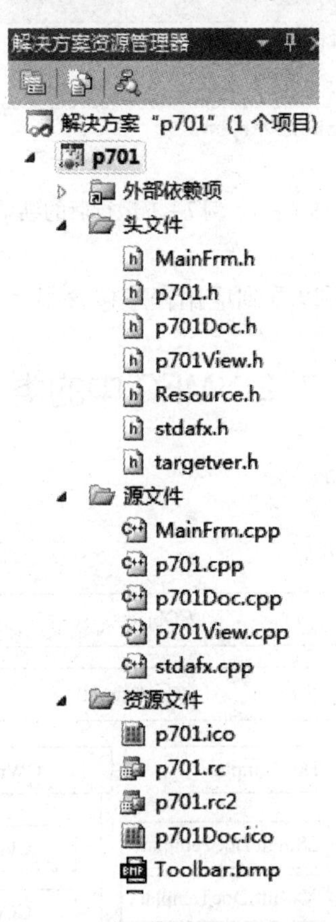

图7-5 解决方案资源管理器

（10）选择“视图|类视图”菜单项，显示类视图窗口，在类视图中双击Cmfc1View类，然后选择OnDraw(CDC*pDC)方法，编写该方法，代码如下：

```
void Cp701View::OnDraw(CDC*pDC)
{
    Cp701DOC*pDoc=GetDocument();
    ASSERT_VALID(pDoc);
    if(! pDoc)
      return;
    //TODO: 在此处为本机数据添加绘制代码
    int a=10, b=3;
    const CString c=_T("Hello, Everyone");
    pDC->TextOutW(a, b, c);
}
```

（11）例7-1运行后的结果如图7-6所示。

图 7－6　例 7－1 运行后的结果

在例 7－1 中打开类视图，可以看到应用程序包含很多类。

7.2　MFC 中的类

7.2.1　MFC 类层次结构

MFC 类层次结构如图 7－7 所示。

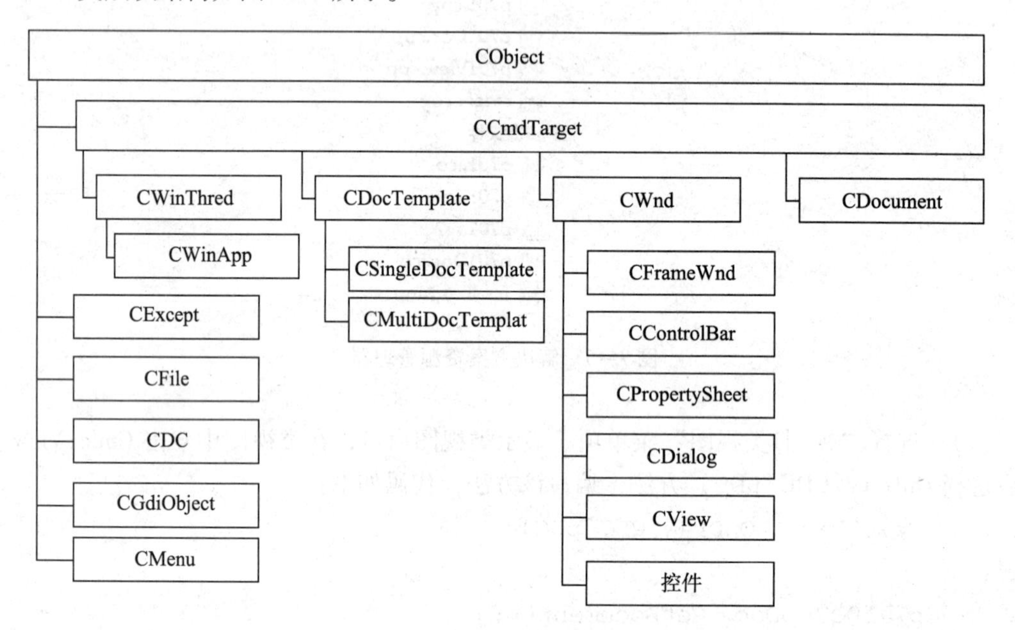

图 7－7　MFC 类层次结构

7.2.2　根类

CObject 类是 MFC 的抽象根类，CObject 类有很多有用的特性：对象的创建与删除、创建的支持、对串行化的支持、对象诊断输出、运行时信息、集合类的兼容等。

MFC 从 CObject 派生出许多类，具备其中的一个或者多个特性。程序员也可以从 CObject 类派生出自己的类，利用 CObject 类的这些特性。

7.2.3　应用程序体系结构类

（1）CCmdTarGet 类：该类是 CObject 的子类，它是 MFC 库中所有具有消息映射体系的基类。

（2）CWinThread 类：所有线程的基类，它封装操作系统的线程化功能。因此每个 MFC 程序至少使用一个 CWinThread 派生类。CWinApp 应用类就是从该类派生的。

（3）CWinApp 类：窗口应用程序类。MFC 中的主应用程序类封装用于 Windows 操作系统的应用程序的初始化、运行和终止。基于框架生成的应用程序必须有且仅有一个从 CWinApp 派生的类的对象。在创建窗口之前先构造该对象。

CWinApp 是从 CWinThread 派生的，后者表示可能具有一个或多个线程的应用程序的主执行线程。InitInstance、Run、ExitInstance 和 OnIdle 成员函数实际位于 CWinThread 类中。此处将这些函数作为 CWinApp 成员来探讨，因为探讨所关心的是对象作为应用程序对象而不是主线程的角色。

与用于 Windows 操作系统的任何程序一样，框架应用程序也具有 WinMain 函数。但在框架应用程序中不必编写 WinMain。它由类库提供，并在应用程序启动时调用。WinMain 执行注册窗口类等标准服务，然后它调用应用程序对象的成员函数来初始化和运行应用程序。

应用程序类的对象：在 MFC 应用程序中有一个 CWinApp 派生类的全局对象 theApp，代表主线程，它在程序的整个运行期间都是存在的，其销毁也意味着应用程序的消亡。在项目文件的 cpp 文件中定义。

初始化应用程序：WinMain 调用应用程序对象的 InitApplication 和 InitInstance 成员函数。

运行应用程序的消息循环：WinMain 调用 Run 成员函数。

终止应用程序：WinMain 调用应用程序对象的 ExitInstance 成员函数，终止应用程序。

先用 ClassWizard 派生一个新的类，设置基类为 CwinThread。

注意：类的 DECLARE_DYNCREATE 和 IMPLEMENT_DYNCREATE 宏是必需的，因为创建线程时需要动态创建类的对象。根据需要可将初始化和结束代码分别放在类的 InitInstance 和 ExitInstance 函数中。如果需要创建窗口，则可在 InitInstance 函数中完成，然后创建线程并启动线程。

创建一个 MFC 的单文档项目文件 p711，然后按 F10 执行过程，光标执行到 appmodul. cpp 文件的_tWinMain( ) 函数时，在该函数中调用 AfxWinMain( ) 函数，如图 7－8 所示。

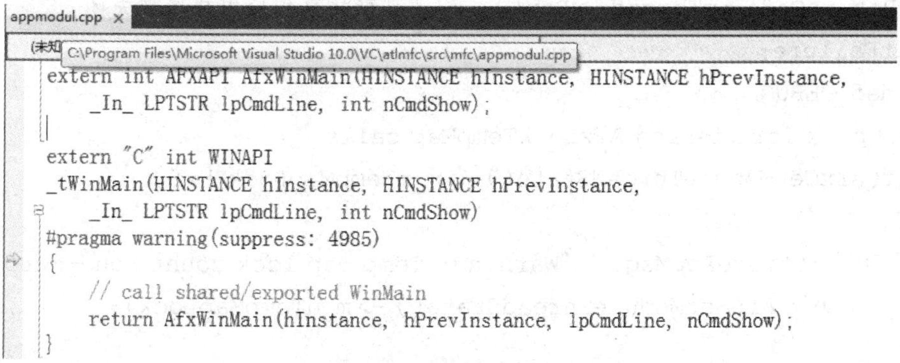

```
appmodul.cpp ×
(未知  C:\Program Files\Microsoft Visual Studio 10.0\VC\atlmfc\src\mfc\appmodul.cpp
extern int AFXAPI AfxWinMain(HINSTANCE hInstance, HINSTANCE hPrevInstance,
    _In_ LPTSTR lpCmdLine, int nCmdShow);

extern "C" int WINAPI
_tWinMain(HINSTANCE hInstance, HINSTANCE hPrevInstance,
    _In_ LPTSTR lpCmdLine, int nCmdShow)
#pragma warning(suppress: 4985)
{
    // call shared/exported WinMain
    return AfxWinMain(hInstance, hPrevInstance, lpCmdLine, nCmdShow);
}
```

图 7－8　appmodul. cpp 文件内调用 AfxWinMain( ) 函数

在安装路径（一般在 C:\Program Files\Microsoft Visual Studio 10. 0\VC\atlmfc\src\mfc 路径）中找到 winmain. cpp 文件，AfxWinMain 函数就是 VC 编译器的入口。

```
int AFXAPI AfxWinMain(HINSTANCE hInstance, HINSTANCE hPrevInstance,
  _In_LPTSTR lpCmdLine, int nCmdShow)
{
  ASSERT(hPrevInstance ==NULL);
  int nReturnCode = -1;
  CWinThread* pThread =AfxGetThread();
  CWinApp* pApp =AfxGetApp(); //获取应用程序类的指针与文档视图无关
  //AFX internal initialization
  if(! AfxWinInit(hInstance, hPrevInstance, lpCmdLine, nCmdShow))
    goto InitFailure;
  //App global initializations(rare)
  if (pApp !=NULL && ! pApp ->InitApplication())//pApp ->InitApplica-
   tion 初始化应用程序
    goto InitFailure;
  //Perform specific initializations
  if(! pThread ->InitInstance()) //这里用来判断线程是否创建成功
  {
    if(pThread ->m_pMainWnd !=NULL)
    {
      TRACE (traceAppMsg, 0,"Warning: Destroying non -NULL m_pMainWnd\
        n");
      pThread ->m_pMainWnd ->DestroyWindow();
    }
    nReturnCode =pThread ->ExitInstance();
    goto InitFailure;
  }
  nReturnCode =pThread ->Run(); //消息循环直到应用程序被关闭
InitFailure:
#ifdef_DEBUG
  //Check for missing AfxLockTempMap calls
  if(AfxGetModuleThreadState() ->m_nTempMapLock !=0)
  {
    TRACE(traceAppMsg, 0,"Warning: Temp map lock count non -zero(% ld)
      . \n", AfxGetModuleThreadState() ->m_nTempMapLock);
  }
  AfxLockTempMaps();
  AfxUnlockTempMaps( -1);
#endif
  AfxWinTerm(); //与文档视图无关
```

```
    return nReturnCode; //整个应用结束
}
```

在应用程序类（Cp711App）的文件中定义：Cp711App theApp。

第一个断点设置在程序员自己命名的应用程序类的构造函数 Cp711App::Cp711App()处。第二个断点设置在 winmain.cpp 文件中的 AfxWinMain() 函数处。执行应用程序后发现：_tWinMain（WinMain 的别名）-> AfxWinMain -> 初始化线程，调用 InitInstance 初始化窗口，调用 Run() 函数进入消息循环。

CWinApp 类的数据成员见表 7－1。

表 7－1 CWinApp 类的数据成员

数据成员名	功能描述
m_pszAppName	指定应用程序的名字
m_hInstance	标识应用程序的当前实例
m_lpCmdLine	指向一个以 null 结尾的字符串，指定了应用程序的命令行
m_nCmdShow	指定最初如何显示窗口
m_bHelpMode	指明用户在按通常用的 SHIFT + F1 时是否做出相应的帮助响应
m_pActiveWnd	指向容器应用程序的主窗口
m_pszExeName	应用程序的模块名字
m_pszHelpFilePath	应用程序的帮助文件的路径
m_pszProfileName	应用程序的初始化的 .INI 文件名
m_pszRegistryKey	用于确定保存应用程序主要设置的完整的注册表键
m_pDocManager	用于保存文档模板管理类的指针（MSDN 中没有这个数据成员）

全局函数获取 CWinApp 对象的相关内容见表 7－2。

表 7－2 全局函数获取 CWinApp 对象的相关内容

全局函数名	功能描述
AfxGetApp	获取一个指向 CWinApp 对象的指针
AfxGetInstanceHandle	获取当前运行实例的一个 HInstance 句柄
AfxGetResourceHandle	获取一个应用程序资源的句柄
AfxGetAppName	获取一个指向应用程序名称的字符串指针

（4）文档/视类。

①CDocTemplate 类：该类是抽象的基类，它定义了文档模板的基本函数功能。CSingleDocTemplate：定义了一个文档模板用于实现单文档界面（SDI）。一个 SDI 应用程序使用主框架窗口来显示一个文档；一次只能打开一个文档。

②CMultiDocTemplate 类：定义了实现多文档界面（MDI）的文档模板。MDI 应用使用主

框架窗口作为工作区，用户能够在其中打开 0 个或多个文档框架窗口，每个框架窗口都将显示一个文档。MDI 应用能够支持多种类型的文档，并且可以同时打开不同类型的文档。

③CDocument 类：为用户定义的文档类提供了基本的函数功能，用于保存应用程序的数据。文档类通常用于 File Open 命令打开和使用 File Save 命令保存数据。

④CView 类：该类为视类，显示文档数据的应用程序专有视的基类。文档类要通过视类来实现与用户的交互。它通常以某种形式表示文档数据，所以称之为视图。一个视图对象只关联一个文档对象；一个文档对象可以关联多个视图，每个视图对象以不同形式表示文档数据。视图需要表示文档数据，所以文档对象与视图对象必须建立关联。这样，当文档数据发生变化时，它可以及时通知视图；当视图需要显示不同的文档数据时，它可以从文档对象中提取。CDocument 一般和 CView 一起使用，这样的程序叫文档/视图结构。

⑤框架类：CFrameWnd 类，从该类派生的 CMainFrame 类为主框架类，是用来管理应用程序的窗口，显示标题栏、工具栏、状态栏等，处理针对窗口操作的消息。视图窗口是主要框架窗口的一个子集，对于多文档而言，主框架是所有应用子窗口的容器。

7.2.4 可视对象类

（1）CWnd 类：该类称作窗口类，它提供 MFC 中所有窗口类的基本功能。

（2）CMenu 类：该类称作菜单类，它提供了一个面向对象的菜单界面。

（3）CDialog 类：该类称作对话框类，CDialog 类是在屏幕上显示的对话框基类。对话框有两类：模态对话框和非模态对话框。模态对话框在应用继续进行之前必须关闭。非模态对话框允许用户执行另外的操作而不必取消或删除该对话框。CDialog 类的子类包括：CFileDialog 类：打开或者保存一个文件的标准对话框。CColorDialog 类：选择一种颜色的标准对话框。CFontDialog 类：选择字体的标准对话框。CPrintDialog 类：打印文件的标准对话框。

（4）控件类：该类包括以下各类：静态文本类（CStatic）、按钮类（CButton）、编辑框类（CEdit）、滚动条类（CScrollBar）、列表框类（CListBox）、组合框类（CComboBox）、树控件类（CTreeCtrl）、列表控件类（CListCtrl）等。

（5）控件条类：CControlBar 类是 CStatusBar、CToolBar、CDialogBar（控件条形势的非模式对话框）等的基类。CControlBar 类管理工具条、状态条、对话条的一些成员函数。

（6）设备环境类：CDC 类。CDC 类定义设备上下文对象的类。CDC 对象提供处理显示器或打印机等设备上下文的成员函数，通过这些成员函数进行绘图、处理绘图工具、处理颜色、调色板、绘制文本、处理字体等。

为了特定用途，Microsoft 基本类库提供了几个 CDC 派生类，见表 7 - 3。

表 7 - 3　CDC 派生类及特定用途

类别	用途
CPaintDC	包括 BeginPaint 和 EndPaint 调用
CClientDC	管理窗口用户区对应的显示上下文
CWindowDC	管理与整个窗口对应的显示上下文，包括它的结构和控件
CMetaFileDC	与带元文件的设备上下文对应

（7）图像对象类：CGdiObject 类。该类提供了各种各样的绘图工具，主要的绘图设备类有：CGdiObject、CPen、CBrush、CFont、CBitmap、CRgn 和 CPalette 等。

7.2.5 CPropertySheet 类

CPropertySheet 类对象表示属性表，或者是标签对话框。一个属性表由一个 CPropertySheet 对象和一个或多个 CPropertyPage 对象构成。一个属性表由框架来显示，就像是一个具有一系列标签索引的窗口。用户通过这些标签索引来选择当前的页，或一块用于当前所选页的区域。

7.2.6 通用类

通用类提供了许多服务，如文件类（CFile 类和 CArchive 类）、异常类（CException）、模板收集类等。

7.2.7 其他类

其他类中包含 OLE 类及 ODBC 数据库类。

7.3 MFC 中全局函数与全局变量

MFC 提供一些不属于任何类的以 Afx 开头的全局变量及全局函数（以 Afx 开头的函数中数据库类函数和 DDX 函数除外）。这些变量和函数可以在任何地方、被应用程序中的所有类和函数所调用。表 7－4 中列出了 MFC 中的常用全局函数。

表 7－4 MFC 中的常用全局函数

函数名	描述
AfxAbort	终止一个应用程序
AfxBeginThread	创建一个新的线程并且执行它
AfxEndThread	终止当前的线程
AfxFormatString	格式化字符串
AfxMessageBox	显示一个消息框
AfxGetApp	返回挡墙应用程序的指针
AfxGetInstanceHandle	返回标识当前应用程序对象的句柄
AfxRegisterWndClass	登记创建 Windows 窗口的窗口类

7.4 消 息

一个消息，是系统定义的一个 32 位的值。它唯一地定义了一个事件，使 Windows 发出一个通知，告诉应用程序某件事情发生了。例如，单击鼠标、抬起鼠标都会使 Windows 发送一个消息给应用程序。

1. 消息映射机制

MFC 使用一种消息映射机制来处理消息，在应用程序框架中有一个消息与消息处理函数一一对应的消息映射表，以及消息处理函数的声明和实现等代码。当接收到消息时，会到消息映射表中查找该消息对应的消息处理函数，然后由消息处理函数进行相应的处理。

2. Windows 消息分类

Windows 消息分为系统消息和用户自定义消息。Windows 系统消息有如下三种。

（1）标准 Windows 消息。除消息名 WM_COMMAND 外以 WM_开头的消息是标准消息，例如 WM_CREATE、WM_CLOSE。

（2）命令消息。消息名为 WM_COMMAND，消息中附带了标识符 ID 来区分是来自哪个菜单、工具栏按钮或加速键的消息。

（3）通知消息。通知消息一般由列表框等子窗口发送给父窗口，消息名也是 WM_COMMAND，其中附带了控件通知码来区分控件。

CWnd 的派生类都可以接收到标准 Windows 消息、通知消息和命令消息。命令消息还可以由文档类等接收。

用户自定义消息实际上就是用户定义一个宏作为消息，此宏的值应该大于等于 WM_USER，然后此宏就可以跟系统消息一样使用，窗口类中可以定义它的处理函数。

3. 消息映射表

除了一些没有基类的类或 CObject 的直接派生类外，其他的类都可以自动生成消息映射表。消息映射表的形式如下面的例子：

```
BEGIN_MESSAGE_MAP(CMainFrame, CFrameWndEx)
ON_WM_CREATE()
ON_COMMAND(ID_VIEW_CUSTOMIZE, &CMainFrame::OnViewCustomize)
ON_REGISTERED_MESSAGE(AFX_WM_CREATETOOLBAR, &CMainFrame::OnTool-
   barCreateNew)
ON_COMMAND_RANGE(ID_VIEW_APPLOOK_WIN_2000, ID_VIEW_APPLOOK_WINDOWS_
   7, &CMainFrame::OnApplicationLook)
ON_UPDATE_COMMAND_UI_RANGE(ID_VIEW_APPLOOK_WIN_2000, ID_VIEW_APPLOOK
   _WINDOWS_7, &CMainFrame::OnUpdateApplicationLook)
ON_WM_SETTINGCHANGE()
END_MESSAGE_MAP()
```

在 BEGIN_MESSAG_MAP 和 END_MESSAGE_MAP 之间的内容成为消息映射入口项。消息映射除了在实现文件中添加消息映射表外，在类的定义文件中还会添加一个宏调用：DECLARE_MESSAGE_MAP()。一般这个宏调用写在类定义的结尾处。

4. 添加消息处理函数

如何添加消息处理函数呢？不管是自动还是手动添加都有三个步骤，以单文档应用程序的框架类 CMainFrame 的 WM_CREATE 消息为例说明：

（1）在类定义中加入消息处理函数的函数声明，注意要以 afx_msg 打头，例如 Main-

Frm. h 中 WM_CREATE 的消息处理函数的函数声明："afx_msg int OnCreate(LPCREATESTRUCT lpCreateStruct);"。

(2) 在类的消息映射表中添加该消息的消息映射入口项，例如 WM_CREATE 的消息映射入口项：ON_WM_CREATE()。

(3) 在类实现中添加消息处理函数的函数实现，例如 MainFrm. cpp 中 WM_CREATE 的消息处理函数的实现：

```
int CMainFrame::OnCreate(LPCREATESTRUCT lpCreateStruct)
{
......
}
```

通过以上三个步骤以后，WM_CREATE 等消息就可以在窗口类中被消息处理函数处理了。

7.5 对话框资源

对话框因为具有灵活性及交互性好的特点，是 Windows 应用程序中使用最广泛的资源。

7.5.1 MFC 对话框资源实例

例 7-2 介绍对话框资源实例。

(1) 创建 MFC 应用程序 p703，在应用程序向导中单击"下一步"按钮，在应用程序类型页面选择"基于对话框"单选按钮。其他选择默认，单击"完成"按钮。

(2) 在资源视图（"视图 | 资源视图"菜单中打开资源视图）中可以看到 p703 的资源树，展开后可以看到 p703. rc 资源，继续展开可以注意到有四个子项：Dialog（对话框）、Icon（图标）、String Table（字符串表）和 Version（版本），如图 7-9 所示。然后展开 Dialog项，下面有两个对话框模板，分别为：IDD_ABOUTBOX 和 IDD_P703_DIALOG，前者是"关于"对话框的模板，后者是主对话框的模板。

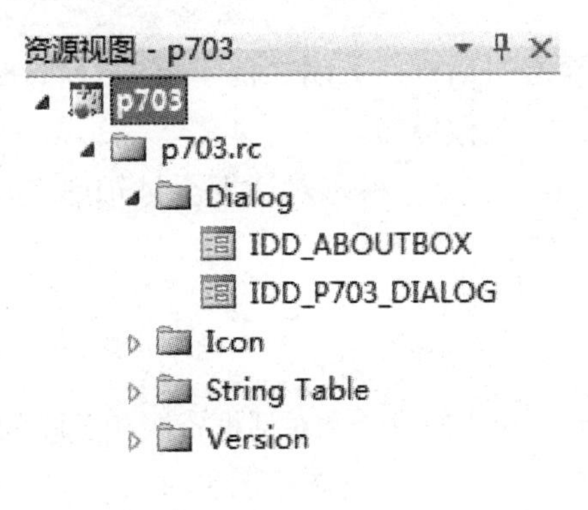

图 7-9 资源视图

选中 IDD_P703_DIALOG 后，在属性窗口（"视图 | 其他窗口 | 属性窗口"菜单中打开属性窗口）中可以看到其 ID 为 IDD_P703_DIALOG，ID 是资源的唯一标识，本质上是一个无符号整数，一般 ID 代表的整数值由系统定义。

（3）给属性 Caption 赋值。图 7－10 所示修改该对话框的“Caption”属性为“平安快乐”。

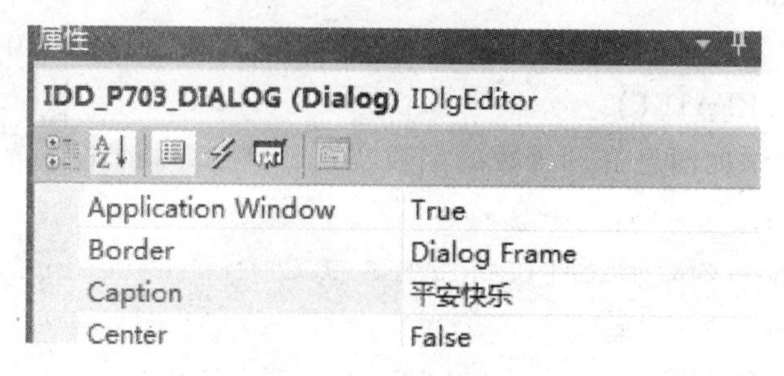

图 7－10 对话框的“属性”窗口

（4）运行程序（“调试 | 启动调试”菜单）。观察运行界面，如图 7－11 所示。

图 7－11 例 7－2 运行界面

7.5.2 模态对话框和非模态对话框

MFC 中对话框有两种形式，一个是模态对话框，另一个是非模态对话框。

1. 模态对话框

在程序运行的过程中，模态对话框在关闭之前不可进行除在此对话框以外的任何操作，直到模态对话框退出才可以进行其他操作。

单击模态对话框中的“OK”按钮，模态对话框会被销毁。创建一个模态对话框的代码如下：

```
CMmDialog mtdhk;
mtdhk.DoModal();
```

其中 CMmDialog 为程序员所新建的一个和对话框资源相关联的对话框类。

DoModal() 函数的功能为将此对话框模态显示。

2. 非模态对话框

在程序运行的过程中，若出现了非模态对话框，其他窗口还可以发送消息。

单击非模态对话框中的“OK”按钮，非模态对话框没有被销毁，只是隐藏了，因为若调用 OnOK()函数或者 OnCancel()函数，则这两个函数都会调用 EndDialog()函数。若想销毁非模态对话框，则需要调用 DestroyWindow() 函数。

例 7-3 创建一个 MFC 项目文件。

（1）选择“文件 | 新建 | 项目”菜单项，在打开的“新建项目”对话框中，选择“MFC 应用程序”选项，为该项目命名为“p704”，并单击“确定”按钮。

（2）在弹出的“MFC 应用程序向导”中的应用程序类型页面选择“单文档”单选按钮。

（3）其他选择默认，然后单击“完成”按钮。

（4）选择“视图 | 资源视图”菜单项打开资源视图窗口，选中 Dialog 文件夹，右键单击，选择“插入 Dialog”菜单项，创建一个新的对话框模板，默认的对话框有两个按钮。

（5）在对话框资源编辑窗口中右键单击，从弹出的菜单中选择“添加类”选项，将弹出如图 7-12 所示的“MFC 添加类向导-p704”对话框，在该对话框中的“基类”下拉列表中选择“CDialog”选项，在“类名”文本框中输入对话框类名称“CMyDlg”，单击“完成”按钮。此时在解决方案资源管理器（“视图 | 解决方案资源管理器”菜单）窗口中可以看到多了两个文件：“MyDlg. h”和“MyDlg. cpp”。

用同样的方法再添加一个对话框，并为其添加类，类名为“CYourDlg”。

（6）在工具箱中拖动一个“Edit Control”控件到 CMyDlg 所对应的对话框中。

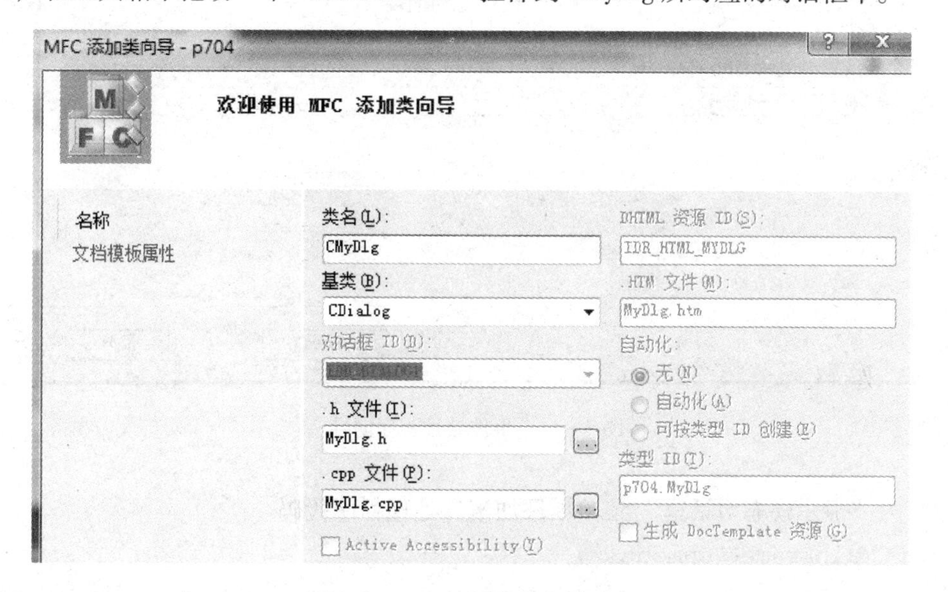

图 7-12 MFC 添加类向导页面

（7）在资源视图的窗口中，双击 Menu 文件夹下面的 IDR_MAINFRAME，将打开菜单的编辑窗口，在该窗口中看到“请在此处键入”的提示，那么在该处输入菜单项“功能”，并在功能菜单下添加“显示模态对话框”和“显示非模态对话框”两个菜单项（图 7-13）。修改它们的 ID 属性分别是“ID_model”和“ID_nomodel”。

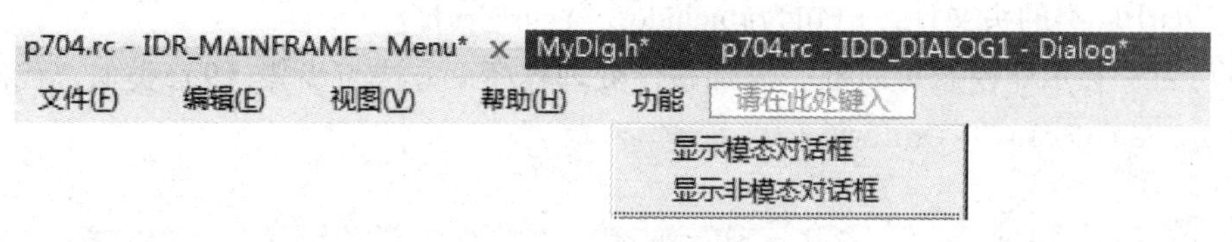

图 7-13 添加菜单项

(8) 鼠标右键单击“显示模态对话框”菜单，在弹出的快捷菜单中选择“添加事件处理程序”选项，选择“添加事件处理程序”选项，后显示如图 7-14 所示的“事件处理程序向导-p704”对话框。该命令名为“Onmodel”，在消息类型中选择“COMMAND”选项，在类列表中选择“CMainFram”(框架类)选项，单击“添加编辑”按钮。

图 7-14 事件处理程序向导

(9) 为“显示模态对话框”菜单项添加事件处理程序代码。

```
void CMainFrame::Onmodel()
{
    //TODO: 在此添加命令处理程序代码
    CYourDlg mydlg;
    mydlg.DoModal();
}
```

因为在该事件处理程序中要用到 CYourDlg 类，所以必须在框架的源文件 MainFram.cpp 中包含 CYourDlg 类的头文件，语句为#include "YourDlg.h"。

(10) 为“显示非模态对话框”添加事件处理程序，方法与步骤 (9) 类似。代码如下：

```
void CMainFrame::Onnomodel()
{
    //TODO: 在此添加命令处理程序代码
    CMyDlg* m_myDlg = new CMyDlg();
```

```
    m_myDlg -> Create(IDD_DIALOG1, this);
    m_myDlg -> ShowWindow(SW_SHOW);
}
```

同样要在框架源文件 MainFram. cpp 中包含如下头文件：

```
#include "MyDlg.h"
```

上面的方法是采用局部变量创建一个非模态对话框，因为指针在声明的时候是被放在堆栈中，只有整个应用程序关闭后才会被销毁，所以可以正常显示对话框。这种方法虽然不影响程序的运行，可是却导致指针 m_myDlg 所指向的内存不可用，这样的编程很不合理。

(11) 采用成员变量方式创建一个非模态对话框。

首先在程序员所要编写的类的头文件中声明一个指针变量：

```
private:
CMyDlg * m_myDlg
```

然后再在相应的 CPP 文件中，在程序员要创建对话框的位置添加如下代码：

```
m_myDlg = new CMyDlg (); //给指针分配内存
m_myDlg -> Create(IDD_DIALOG1);
m_myDlg -> ShowWindow (SW_SHOWNORMAL); //显示非模态对话框
```

最后在所在类的析构函数中收回 m_myDlg 所指向的内存：delete m_myDlg;。

(12) 在显示模态对话框时单击主菜单，不能执行其他操作，直到关闭模态对话框；在显示非模态对话框时，仍可以操作主菜单上的菜单项。

(13) 如果在单击非模式对话框中的“确定”和“取消”按钮时销毁对话框，则需要对该对话框的 OnOK( ) 函数和 OnCancel( ) 函数进行重写。在重写的两个函数中要调用 DestroyWindow( ) 函数，并注释对基类的 OnOK( ) 函数和 OnCancel( ) 函数的调用。方法如下。

选中 CMyDlg 类，单击属性窗口中的重写按钮，单击“OnOK”右侧的下三角按钮，然后单击“<Add> OnOK”，如图 7-15 所示，然后重写该函数。

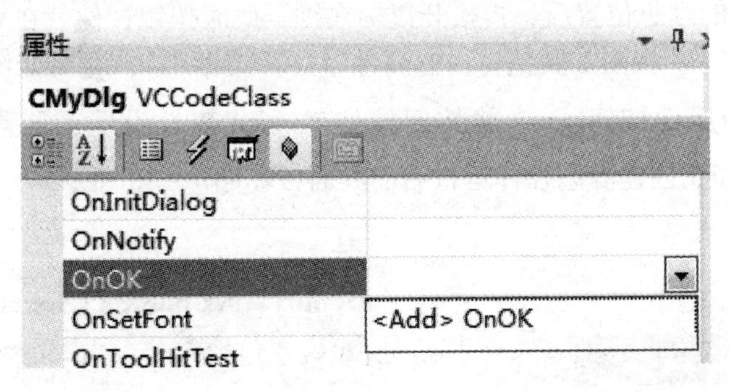

图 7-15 属性窗口中的重写函数页面

```
void CMyDlg::OnOK()
{
    //TODO: 在此添加专用代码或/和调用基类
```

```
    UpdateData(false);
    DestroyWindow();
    //CDialog::OnOK();
}
```

用同样的方法重写 OnCancel() 函数，代码如下。

```
void CMyDlg::OnCancel()
{
    //TODO: 在此添加专用代码或/和调用基类
    DestroyWindow();
    //CDialog::OnCancel();
}
```

7.6 Windows 标准控件的应用

本节主要介绍一些标准控件及其应用。

7.6.1 添加控件的方法

控件的创建形式分为静态创建和动态创建两种。

1. 静态控件的创建

指在放置静态控件时必须先建立一个容器，一般是在对话框设计窗口中，从工具窗口中拖放所需控件至对话框指定位置，并设置控件的属性（“视图|其他窗口|属性窗口”菜单中），这样，在调用该对话框时，窗口系统会自动按预先的设置为对话框创建控件，一个静态控件就创建好了。

例 7-4 创建一个基于对话框的 MFC 应用程序，项目名称为 p705，打开工具箱（“视图|工具箱”菜单），在工具箱中（图 7-16）选中按钮后，按住鼠标左键不放，一直到把控件拖放到对话框的理想位置后，再松开鼠标左键，此时按钮控件就在对话框中建立了，然后设置控件的属性（“视图|其他窗口|属性窗口”菜单中），在对话框中选中按钮，然后单击属性窗口中的属性按钮，将按钮控件 Caption 属性设置为“静态控件创建”，如图 7-17 所示。按 F5 创建静态控件运行后的界面，如图 7-18 所示。

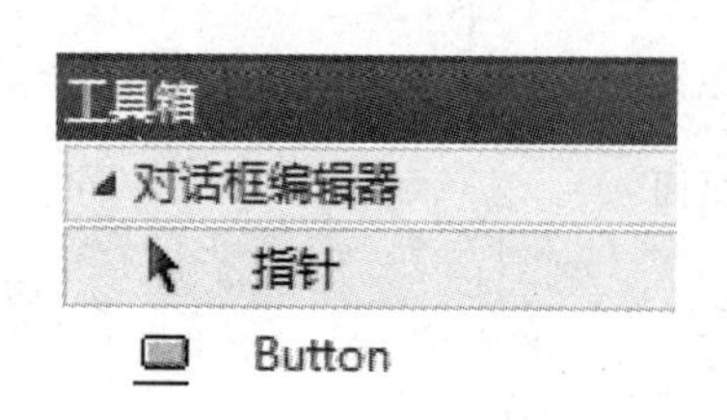

图 7-16 工具箱

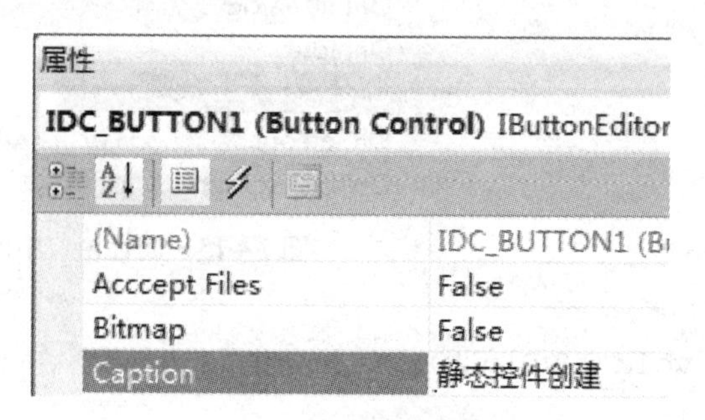

图 7-17 为按钮设置 Caption 属性

2. 动态控件的创建

动态创建是指在程序的运行中根据需要，定义一个控件类的对象，然后再调用该类的Create() 函数创建相应的控件。再通过函数 ShowWindow() 显示控件。

例 7－5 了解动态控件的创建过程。

(1) 建立控件 ID 号。

除静态控件外，每个控件都有一个唯一的标识 ID 号，因此先要为所建立的控件设置其 ID 号。打开资源视图中的"String Table | String Table"，如图 7－19 所示，在空白行上双击鼠标，这时会弹出一个 ID 属性对话框，在其中的 ID 编辑框中输入 ID，如："ID_MYBUTTON"，在 Caption 中输入控件标题为"动态创建的按钮"（注：Caption 框不能为空，否则会导致创建失败）。

图 7－18 例 7－4 创建静态控件运行后的界面

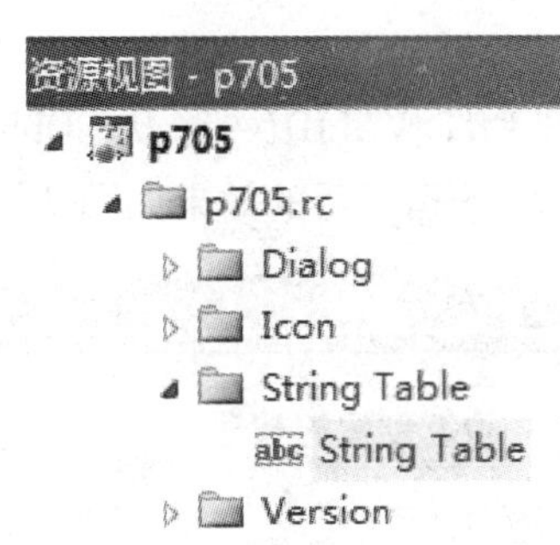

图 7－19 资源视图的 String Table 资源

(2) 建立控件对象。

不同种类的控件应创建不同的类对象，此例中创建的是按钮控件，该控件属于 CButton 类。

首先用 new 调用 CButton 构造函数生成一个实例：

```
CButton*p_MyBut=new CButton();
```

然后用 CButton 类的 Create() 函数创建，该函数原型如下：

```
BOOL Create(LPCTSTR lpszCaption, DWORD dwStyle, const RECT& rect, CWnd
*pParentWnd, UINT nID);
```

lpszCaption 是按钮上显示的文本；dwStyle 指定按钮风格，可以是按钮风格与窗口风格的组合；rect 指定按钮的大小和位置；pParentWnd 指示拥有按钮的父窗口，不能为 NULL；nID 指定与按钮关联的 ID 号，用上一步创建的 ID 号。不同控件类的 Create()函数略有不同。

在例 7－4 中为静态按钮添加事件处理程序，选中创建的静态按钮，打开属性窗口，单击事件按钮，单击该按钮 BN_CLICKED 右侧的下三角按钮，显示下拉菜单，单击 <Add> OnBnClickedButton1 项，如图 7－20 所示，在对话框中即添加了按钮的单击事件处理程序的框架，在该框架中添加代码，代码如下：

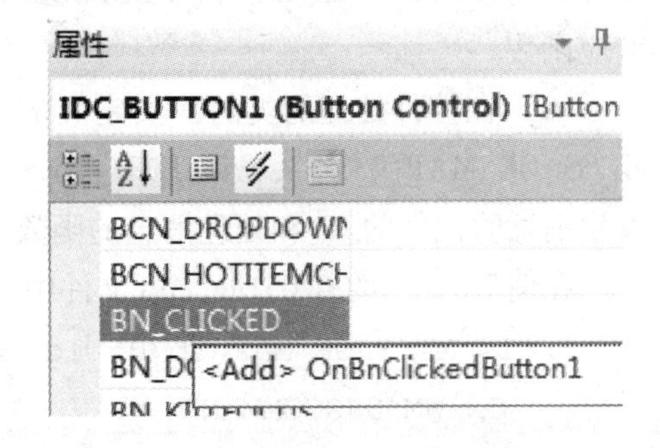

图 7－20 添加静态按钮的单击事件处理程序

```
void Cp705Dlg::OnBnClickedButton1()
{
    //TODO: 在此添加控件通知处理程序代码
    CString m_Caption = L"aa";
    m_Caption.LoadString (IDC_MYBUTTON); //取按钮的标题
    CButton *p_MyBut = new CButton();
    ASSERT_VALID(p_MyBut);
    p_MyBut ->Create (m_Caption, WS_CHILD | WS_VISIBLE | BS_PUSHBUTTON,
      CRect(20, 10, 130, 40), this, IDC_MYBUTTON); //创建按钮
}
```

其中 ASSERT_VALID() 也是 MFC 库中的断言，更确切地说是 ASSERT 断言的变种，用法是 ASSERT_VALID(一个从 CObject 类派生的对象指针)，功能是检查这个指针是否有效。

例 7-5 运行后的效果如图 7-21 所示。

图 7-21　例 7-5 运行后的效果

7.6.2　为控件添加消息映射

用户可以对正在执行的应用程序中的控件进行操作，从而引发各种事件，如鼠标移动、鼠标抬起、单击按钮等，在应用程序中为这些控件添加消息响应，就可以实现上述功能。由于 CWinApp、CDocument、CView、CMainFrame 和 CDialog 类能够处理消息，因此可以根据需要在相应的类中添加消息映射。

以按钮的单击事件处理程序为例，讲述如何添加消息映射。

本例中的消息映射是在对话框类中完成的。

（1）在控件处理的类的成员定义的头文件中（本例为对话框对应的头文件）声明处理事件的函数，如 “afx_msg void OnBnClickedButton1();”，afx_msg 宏表示声明的是一个消息响应函数。

（2）在控件处理的类的成员定义的文件中，找到消息映射部分（消息映射以 BEGIN_MESSAGE_MAP() 开头，以 END_MESSAGE_MAP() 结束），每行都指定了消息的类型、发生消息的控件的 ID 和处理消息的函数。

在例 7-5 中的 p705Dlg.cpp 文件中找到的消息映射部分如下：

```
BEGIN_MESSAGE_MAP(Cp705Dlg, CDialogEx)
    ON_WM_SYSCOMMAND()
    ON_WM_PAINT()
    ON_WM_QUERYDRAGICON()
```

```
ON_BN_CLICKED(IDC_BUTTON1, &Cp705Dlg::OnBnClickedButton1)
END_MESSAGE_MAP()
```

其中：ON_BN_CLICKED(IDC_BUTTON1, &Cp705Dlg::OnBnClickedButton1）为按钮的单击事件映射语句。该语句说明 IDC_BUTTON1 按钮有触发（ON_BN_CLICKED）时调用函数 Cp705Dlg::OnBnClickedButton1 单击事件。

（3）在类的成员函数定义中，定义某事件发生时，执行的是代码的成员函数体。选中控件，右键单击，选中“添加事件处理程序”菜单项，如图 7－22 所示，进入“事件处理程序向导－p705”对话框，如图 7－23 所示。

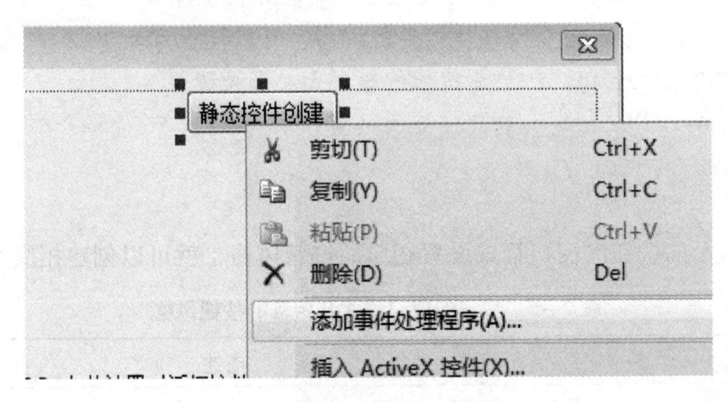

图 7－22　快捷菜单中的“添加事件处理程序”

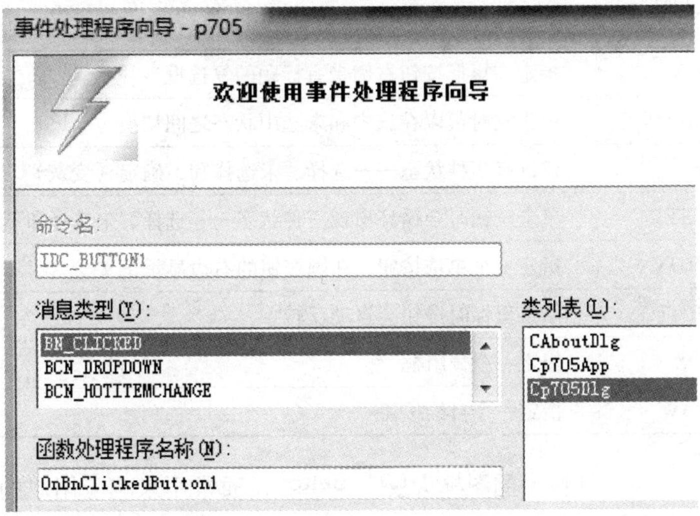

图 7－23　事件处理程序向导

在该页面中，选中消息的类型（此处选中 BN_CLICKED 消息类型），在类列表中选中在哪个类中添加事件处理程序（本例中选择对话框类），并在“函数处理程序名称”的编辑框中给函数处理程序进行命名，然后单击“添加编辑”按钮，即完成了单击事件处理程序函数的框架。

以上是给静态控件添加消息映射及添加事件处理程序的方法，如果给动态控件添加消息映射需要在以上三个部分手动完成。如果在应用程序中删除某消息映射，也需要手动删除以上三个部分。不同类的控件，发送消息的类型是不同的。

7.6.3 按钮类控件

按钮通常有四种类型：标准按钮、单选按钮、复选框、分组框。在创建按钮时，使用 Create 函数。其原型为

```
virtual BOOL Create(
    LPCTSTR lpszCaption, //指定按钮控件显示的文本
    DWORD dwStyle, //指定按钮控件的风格，可以设置为表 7-5 中的按钮风格
    const RECT& rect, //绘制按钮的矩形大小及位置
    CWnd* pParentWnd, //指定按钮的父窗口
    UINT nID//按钮的 ID 号
);
```

按表 7-5 所示的按钮的窗口样式设置相应的按钮风格，就可以创建相应类型的按钮。

表 7-5　按钮的窗口样式及相应的按钮风格

按钮样式	描述
BS_PUSHBUTTON	指定一个标准（普通）按钮
BS_DEFPUSHBUTTON	指定默认的标准按钮，这种按钮的周围有一个黑框，用户可以按回车键来快速选择该按钮
BS_CHECKBOX	指定在矩形按钮右侧带有标题的复选框
BS_AUTOCHECKBOX	单击它时可以在选中和未选中状态之间切换
BS_3STATE	控件有 3 种状态——选择、未选择和不确定（变灰）
BS_AUTO3STATE	单击按钮时会循环出现三种状态——选择、未选择和不确定
BS_RADIOBUTTON	指定一个单选按钮，在圆按钮的右边显示正文
BS_AUTORADIOBUTTON	单击鼠标时按钮会自动反转
BS_GROUPBOX	指定一个分组框
BS_OWNERDRAW	指定一个自绘按钮

（1）标准按钮：在工具箱中的图标为 Button，通常用来响应用户的鼠标单击操作，进行相应的处理，它可以显示文本也可以嵌入位图。

（2）单选按钮：在工具箱中的图标为 Radio Button，使用时，一般是多个单选按钮组成一组，同一组中每个单选按钮的选中状态具有互斥关系，即同组的单选按钮只能有一个被选中。单选按钮有选中和未选中两种状态，为选中状态时单选按钮中心会出现一个实心圆点，以标识选中状态。在一组相连的 Tab 顺序（“格式 | Tab 键顺序”菜单）的单选按钮中设置第一个单选按钮的 Group 属性为 True，后面所有连续的单选按钮的 Group 属性为 False 的为一组。

（3）复选框：在工具箱中的图标为 Check Box，复选框也是有选中和未选中两种状

态，选中时复选框内会增加一个“√”，而三态复选框（设置了 BS_3STATE 风格）有选中、未选中和不确定三种状态，不确定状态时复选框内出现一个灰色“√”。

以上三种按钮控件会向父窗口发送通知消息，其消息类型见表 7－6。

表 7－6 发送通知消息类型

通知消息	描述
BN_CLICKED	用户在按钮上单击鼠标时会向父窗口发送 BN_CLICKED 消息
BN_DOUBLECLICKED	用户在按钮上双击鼠标时会向父窗口发送 BN_DOUBLECLICKED 消息

（4）分组框：在工具箱中的图标为 Group Box，分组框不接受输入，也不给父窗口发送通知消息，用于标识控件的作用，用于成组控件的标识，使用户界面更加清晰。（注：分组框与控件的逻辑分组是不同的）

CButton 类的主要成员函数见表 7－7。

表 7－7 CButton 类的主要成员函数

成员函数	描述
GetCheck( )	返回复选框或单选按钮的选择状态，0 表示未选中，1 表示选中，2 表示处于不确定状态
SetCheck( )	设置复选框或单选按钮的选择状态
GetBitmap( )	获得用 SetBitmap( ) 方法设置的位图的句柄
SetBitmap( )	设置按钮上显示的位图
GetButtonStyle( )	获取有关按钮控件样式的信息
SetButtonStyle( )	设置按钮样式
GetCursor( )	获取通过 SetCursor( ) 方法设置的光标图像的句柄
SetCursor( )	设置一个按钮控件上的光标图像
GetIcon( )	获取有 SetIcon( ) 设置的图标句柄
SetIcon( )	指定一个按钮上显示的图标
GetState( )	获取一个按钮控件的选中，选择和聚焦状态
SetState( )	设置一个按钮控件的选择状态

CButton 类继承至 CWnd 类，因此可以用 CWnd 类中的方法。

MoveWindow( ) 改变指定窗口的位置和大小。对顶窗口来说，位置和大小取决于屏幕的左上角；对子窗口来说，位置和大小取决于父窗口客户区的左上角；对于 Owned 窗口，位置和大小取决于屏幕左上角。

GetWindowText( ) 函数将指定窗口的标题条文本（如果存在）复制到一个缓存区内。如果指定的窗口是一个控件，则复制控件的文本。

GetWindowTextLength( ) 函数返回指定窗口的标题文本（如果存在）的字符长度。如果指定窗口是一个控件，函数将返回控制内文本的长度。

SetWindowText( ) 改变指定窗口的标题栏的文本内容（如果窗口有标题栏）。如果指定窗口是一个控件，则改变控件的文本内容。

GetDlgItem( ) 根据控件的 ID 获取控件的地址。

ShowWindow( ) 显示控件。

CheckDlgButton( ) 设置按钮的选择状态。

CheckRadioButton( ) 给一组单选按钮中的一个指定按钮加上选中标志，并且清除组中其他按钮的选中标志。

GetCheckedRadioButton( ) 在给定的一组单选框 ID 中获得当前被选中的单选按钮的 ID。

Is DlgButtonChecked( ) 确定某个按钮控件是否有选中标志，或者三态按钮控制是否为灰色的、选中的，或两者都不是。

7.6.4 编辑框控件

编辑框控件：用户可以在窗体内输入或显示文本。文本框控件不仅可以编辑单行文本，而且可以编辑多行文本。在多行文本编辑情况下，可以自带滚动条。

使用编辑框常常需要获取和设置编辑框中的正文，它们对应的分别是继承自 CWnd 类的成员函数，GetWindowText 和 SetWindowText，另外，还可以使用继承自 CWnd 类的 GetWindowTextLength( ) 函数获取编辑框中正文的长度。

CEdit 类的主要成员函数见表 7－8。

表 7－8 CEdit 类的主要成员函数

方法	描述
CanUndo( )	决定一个编辑操作是否可以撤销
Clear( )	删除（清除）编辑控件中当前选中的文本
Copy( )	将编辑框控件的当前选择以 CF_TEXT 格式复制到剪贴板中
Cut( )	将编辑框控件的当前选择以 CF_TEXT 格式剪贴到剪贴板中
EmptyUndoBuffer( )	清除一个编辑框控件的“撤销”标志
GetFirstVisibleLine( )	获取编辑框控件中最上面的可视行
GetLineCount( )	获得多行编辑框控件中的行数
GetModify( )	获取一个编辑框中的内容是否可以修改
GetPasswordChar( )	获取编辑框控件中显示的密码字符
GetRect( )	获取编辑框控件的格式化矩形
GetSel( )	获取编辑框中当前选择的开始和结束字符位置
LimitText( )	限定用户可能输入于编辑框控件的文本长度
LineFromChar( )	获取包含指定字符下标的行的行号
LineLength( )	获取编辑框控件中的一行的长度
LineScroll( )	滚动多行编辑框控件的文本
Paste( )	将剪贴板中的内容粘贴到编辑框控件指定位置上

续表

方法	描述
ReplaceSel()	用指定文本替代编辑框中选中的内容
SetModify()	设置或者清除编辑框控件的修改标志
SetPasswordChar()	当用户输入文本时设置或者删除一个显示于编辑框控件中的密码字符
SetReadOnly()	将编辑框控件设置为只读状态
SetSel()	在编辑框控件中选择字符的范围
Undo()	取消最后一个编辑框控件的操作

当编辑框控件具有 ES_MULTILINE 样式时，编辑框控件支持多行编辑，编辑框控件的多行编辑所支持的 CEdit 类的方法见表 7－9。

表 7－9　多行编辑所支持的 CEdit 类的方法

方法	描述
FmtLines()	设置在多行编辑控件中的软回车打开或关闭
GetHandle()	获得当前分配给一个多行编辑框控件的内存的句柄
GetLine()	从一个编辑框中获取一行文本
GetLineCount()	获取多行编辑框控件的行数
LineIndex()	设置多行编辑框控件中一行字符的下标
SetHandle()	设置多行编辑框控件将要用到的句柄
SetRect()	设置多行编辑框控件的格式化矩形并可以重绘
SetRectNP()	设置多行编辑框控件的格式化矩形并不可以重绘控件
SetTabStop()	在多行编辑框中设置制表位

编辑框发生某些事件时会向父窗口发送通知消息。在对话框模板中的编辑框上右键单击，选择“添加事件处理程序”选项，为编辑框添加消息处理函数时，可以在“消息类型”列表中看到这些消息，见表 7－10。

表 7－10　编辑框的消息处理函数

消息	描述
EN_CHANGE	编辑框的内容被改变时，触发该消息
EN_ERRSPACE	编辑框控件无法申请足够的动态内存来满足需要
EN_HSCROLL	用户在水平滚动条上单击鼠标
EN_UPDATE	在编辑框准备显示改变了的正文时发送该消息
EN_KILLFOCUS	编辑框失去输入焦点
EN_MAXTEXT	输入的字符超过了规定的最大字符数
EN_SETFOCUS	编辑框获得输入焦点
EN_VSCROLL	用户在垂直滚动条上单击鼠标

例 7－6 使用编辑框控件和按钮控件设计一个加法器。

创建一个 MFC 基于对话框的项目 p706，从工具箱中拖放三个编辑框控件和两个按钮控件到对话框中，如图 7－24 所示。分别设置两个按钮的 Caption 属性为“＋”和“＝”，设置三个编辑框控件的 ID 分别为 IDC_Add1、IDC_Add2、IDC_Sum。

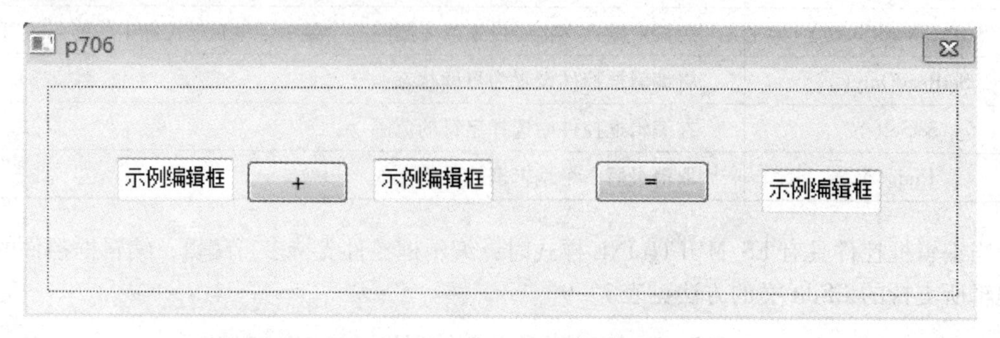

图 7－24　例 7－6 的设计界面

为三个控件添加变量：选中 IDC_Add1 编辑框控件，右键单击，弹出快捷菜单，选择“添加变量”选项，界面如图 7－25 所示，为添加成员变量向导页面。

添加成员变量向导 - p706

欢迎使用添加成员变量向导

访问(A):
public

控件变量(O)

变量类型(V):
float

控件 ID(I):
IDC_Add1

类别(T):
Value

变量名(N):
m_add1

控件类型(Y):
EDIT

最大字符数(X):

最小值(U):

最大值(E):

.h 文件(F):

.cpp 文件(P):

注释(M)(// 不需要 表示法):

完成　取消

图 7－25　添加成员变量向导页面

在添加成员变量向导页面中，设定类别为“Value”、变量类型为“float”、变量名为“m_add1”，以此方式设定其他两个控件的变量分别为浮点型的“m_add2”和“m_sum”。

右键单击“IDC_BUTTON2”按钮，弹出快捷菜单，选择“添加事件处理程序”选项，在事件处理程序向导页面（图7-26）的类列表中选择对话框类“Cp706Dlg”选项，消息类型选择“BN_CLICKED”选项，然后单击“添加编辑”按钮。

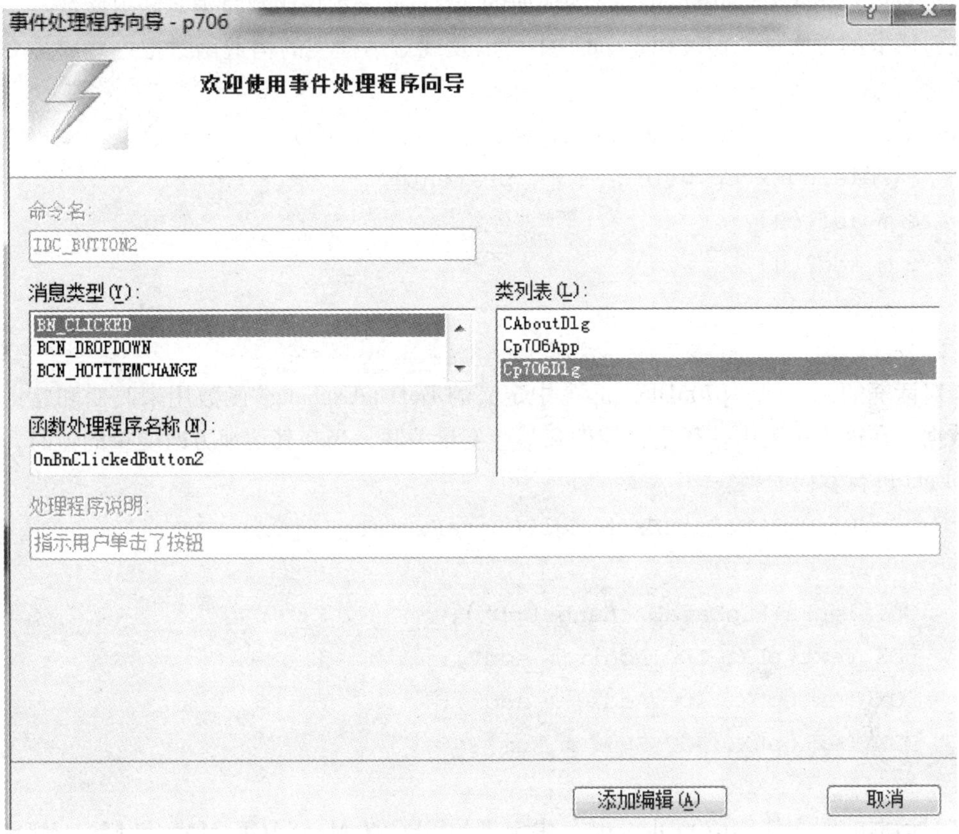

图7-26 事件处理程序向导页面

代码如下：

```
void Cp706Dlg::OnBnClickedButton2()
{
    //TODO:在此添加控件通知处理程序代码
    UpdateData(true);
    m_sum=m_add1+m_add2;
    UpdateData(false);
}
```

UpdateData(true) 是将对话框各控件的内容更新到所对应的成员变量中。

UpdateData(false) 是将各成员变量的值更新到对话框的相应变量中。

在对话框的头文件“p706Dlg.h”中可以看到前面声明的一些成员变量和成员函数。

```
public:
    float m_add1;
    float m_add2;
    float m_sum;
    afx_msg void OnBnClickedButton2();
```

其中 void OnBnClickedButton2() 的前面的 afx_msg 表示该函数是消息映射函数。

在对话框的源文件“p706Dlg. cpp”中可以发现对话框类的构造函数把这些成员变量做了初始化。

```
Cp706Dlg::Cp706Dlg (CWnd* pParent/* =NULL */)
    : CDialogEx(Cp706Dlg::IDD, pParent)
    , m_add1(0)
    , m_add2(0)
    , m_sum(0)
    {......}
```

在对话框的源文件“p706Dlg. cpp”中定义的 DoDataExchange 函数用来改变和验证对话框的数据。在这个函数中一般是将控件和某些变量关联，当在其他地方改变量的值时，通过 UpdateData 进行双向交换。

```
void Cp706Dlg::DoDataExchange(CDataExchange* pDX)
{
    CDialogEx::DoDataExchange(pDX);
    DDX_Text(pDX, IDC_Add1, m_add1);
    DDX_Text(pDX, IDC_Add2, m_add2);
    DDX_Text(pDX, IDC_Sum, m_sum);
}
```

在对话框的源文件“p706Dlg. cpp”中定义的 BEGIN_MESSAGE_MAP 和 END_MESSAGE_MAP 是消息处理的宏。

```
BEGIN_MESSAGE_MAP(Cp706Dlg, CDialogEx)
    ON_WM_SYSCOMMAND()
    ON_WM_PAINT()
    ON_WM_QUERYDRAGICON()
    ON_BN_CLICKED(IDC_BUTTON2, &Cp706Dlg:: OnBnClickedButton2)
END_MESSAGE_MAP()
```

该宏定义内的 ON_BN_CLICKED(IDC_BUTTON2, &Cp706Dlg:: OnBnClickedButton2) 表示如果单击“IDC_BUTTON2”按钮，会发送消息，转到 Cp706Dlg:: OnBnClickedButton2 函数的地址去执行该函数。

7.6.5 列表框控件

列表框可以存放若干数据项，允许用户从中进行单项或多项选择，被选中的项会高亮显示。当列表框为单选列表框时一次只能选择一个列表项，当列表框为多选列表框时，可以同时选择多个列表项。列表框包含的通知消息见表 7－11。

表 7－11 列表框包含的通知消息

消息	描述
LBN_DBLCLK	用鼠标双击一列表项，只有具有 LBS_NOTIFY 的列表框才能发送该消息
LBN_ERRSPACE	列表框不能申请足够的动态内存发送该消息
BN_KILLFOCUS	列表框失去焦点
LBN_SELCANCEL	当前的选择被取消，只有具有 LBS_NOTIFY 的列表框才能发送该消息
LBN_SELCHANGE	单击鼠标选择了一列表项，只有具有 LBS_NOTIFY 的列表框才能发送该消息
LBN_SETFOCUS	列表框获得输入焦点

CListBox 类的主要成员函数见表 7－12。

表 7－12 CListBox 类的主要成员函数

成员函数	描述
int GetCount( ) const	返回列表框中列表项的数目，如果发生错误则返回 LB_ERR
int GetSel(int nIndex) const	返回 nIndex 指定列表项的状态。如果此列表项被选择了则返回一个正值，否则返回 0，若发生错误则返回 LB_ERR
int SetSel(int nIndex, BOOL bSelect = TRUE)	只用于多选列表框，可以选择或取消选择指定的列表项。 bSelect 为 TRUE 时选择指定列表项，否则取消选择指定列表项
int AddString(LPCTSTR lpszItem)	用来向列表框中添加字符串。如果列表框指定了 LBS_SORT 风格，字符串就被以排序顺序插入到列表框中，如果没有指定 LBS_SORT 风格，字符串就被添加到列表框的结尾。 返回字符串在列表框中添加的位置
int InsertString (int nIndex, LPCTSTR lpszItem)	用来在列表框中的指定位置插入字符串。参数 nIndex 给出了插入位置（索引），如果值为 -1，则字符串将被添加到列表的末尾。参数 lpszItem 指定了要插入的字符串。 返回值：返回实际的插入位置
int DeleteString(UINT nIndex)	用于删除指定的列表项。 返回值：函数的返回值为剩下的列表项数目
int GetText(int nIndex, LPTSTR lpszBuffer) const void GetText (int nIndex, CString& rString) const	这两个成员函数用于获取指定列表项的字符串。参数 nIndex 指定了列表项的索引。参数 lpszBuffer 指向一个接收字符串的缓冲区。引用参数 rString 则指定了接收字符串的 CString 对象
int GetTextLen(int nIndex) const	该函数返回指定列表项的字符串的字节长度
int GetCurSel( ) const	单选列表框，用来返回当前被选择项的索引
int SetCurSel(int nSelect)	适用于单选列表框，用来选择指定的列表项
int GetSelCount( ) const	多重选择列表框，它返回选择项的数目

续表

成员函数	描述
int FindString(int nStartAfter, LPCTSTR lpszItem) const	对列表项进行与大小写无关的搜索，查找一个与给定字符串匹配的第一个字符串的序号
int SelectString(int nStartAfter, LPCTSTR lpszItem)	用于单选列表框，用来选择与指定字符串相匹配的列表项

例 7－7 CListBox 类应用实例。

创建基于对话框的项目 p707，删除“TODO：Place dialog controls here.”静态文本控件、“OK”按钮和“Cancel”按钮。

添加一个 Listbox 控件，ID 设置为“IDC_INFORMATION_LIST”，Sort 属性设为“False”，以取消排序显示。为列表框 IDC_INFORMATION_LIST 添加 CListBox 类型的控件变量“m_listBox”。

再添加一个静态文本控件和一个编辑框，静态文本控件的 Caption 属性设为“姓名:”，编辑框的 ID 设为“IDC_NAME_EDIT”。

添加两个组框，其标题分别为“工资:”和“工作性质:”。

分别在组框中添加四个单选按钮 IDC_RADIO1、IDC_RADIO2、IDC_RADIO3、IDC_RADIO4 和四个复选框 IDC_JISHU_CHECK、IDC_JIAOSHI_CHECK、IDC_XUESHENG_CHECK、IDC_GONGREN_CHECK。

添加两个按钮分别为 IDC_BUTTON1 和 IDC_BUTTON2。它们的标签属性分别为“清除”和“显示”。

IDC_BUTTON1 的单击事件处理程序如下。

```
void Cp707Dlg::OnBnClickedButton1() //清除
{
    //TODO: 在此添加控件通知处理程序代码
    m_name_Edit.SetSel(0, -1);
    m_name_Edit.ReplaceSel(L""); //编辑框的功能清除
    ((CButton*) GetDlgItem(IDC_JISHU_CHECK))->SetCheck (0);
    //复选框为未选中
    ((CButton*) GetDlgItem(IDC_JIAOSHI_CHECK))->SetCheck (0);
    ((CButton*) GetDlgItem(IDC_XUESHENG_CHECK))->SetCheck (0);
    ((CButton*) GetDlgItem(IDC_GONGREN_CHECK))->SetCheck (0);
    ((CButton*) GetDlgItem(IDC_RADIO1))->SetCheck (0);
    //单选按钮为未选中
    ((CButton*) GetDlgItem(IDC_RADIO2))->SetCheck (0);
    ((CButton*) GetDlgItem(IDC_RADIO3))->SetCheck (0);
    ((CButton*) GetDlgItem(IDC_RADIO4))->SetCheck (0);
    int a;
    a=((CListBox*) GetDlgItem(IDC_INFORMATION_LIST))->GetCount
```

```
(); //列表框清空
        for(int i=a-1; i>=0; i--)
        {
            ((CListBox*) GetDlgItem(IDC_INFORMATION_LIST))->
                DeleteString (i);
        }
    }
    void Cp707Dlg::OnBnClickedButton2() //在列表框中显示功能
    {
        //TODO: 在此添加控件通知处理程序代码
        UpdateData(TRUE);
        int gzxzRadio; CString gongzi;
        gzxzRadio=GetCheckedRadioButton(IDC_RADIO1, IDC_RADIO4);
        if(gzxzRadio==IDC_RADIO1)
            gongzi=L"工资<=3000";
        if(gzxzRadio==IDC_RADIO2)
            gongzi=L"3000<工资<=6000";
        if(gzxzRadio==IDC_RADIO3)
            gongzi=L"6000<工资<=9000";
        if(gzxzRadio==IDC_RADIO4)
            gongzi=L"9000<工资";
        m_listBox.AddString(L"姓名:");
        m_listBox.AddString(m_strname);
        m_listBox.AddString(gongzi);
        m_listBox.AddString(L"工作性质:");
        if(((CButton*) GetDlgItem(IDC_JISHU_CHECK))->GetCheck()==1)
            {m_gzxz=L"技术";
        m_listBox.AddString(m_gzxz);}
        if (((CButton*) GetDlgItem (IDC_JIAOSHI_CHECK))->GetCheck()==1)
        {m_gzxz=L"教师"; m_listBox.AddString(m_gzxz);}
        if (((CButton*) GetDlgItem(IDC_XUESHENG_CHECK))->GetCheck()==1)
        {m_gzxz=L"学生"; m_listBox.AddString(m_gzxz);}
        if (((CButton*) GetDlgItem(IDC_GONGREN_CHECK))->GetCheck()==1)
        {m_gzxz=L"工人"; m_listBox.AddString(m_gzxz);}
    }
```

例7-7运行界面如图7-27所示。

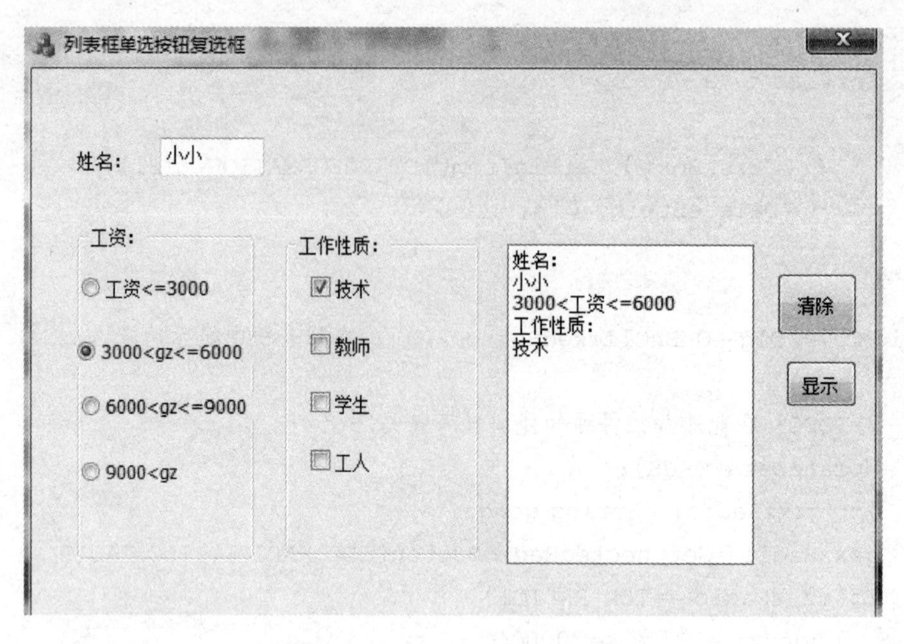

图 7－27　例 7－7 运行界面

7.6.6　组合框控件

组合框其实就是把一个编辑框和一个列表框组合到了一起，因此组合框既有编辑框的属性也有列表框的属性，组合框是既可以进行输入也可以进行选择的控件。组合框的样式分为三种：简易（Simple）组合框、下拉式（Dropdown）组合框和下拉列表式（Drop List）组合框。下面介绍它们的区别。

1. 简易组合框

简易组合框中的列表框是一直显示的，编辑框可以进行编辑。

2. 下拉式组合框

下拉式组合框默认不显示列表框，只有单击了编辑框右侧的下三角箭头才会弹出列表框。编辑框可以进行编辑。

3. 下拉列表式组合框

下拉列表式组合框的编辑框是不能编辑的，只能由用户在下拉列表框中选择某项，然后在编辑框中显示其文本。

组合框通过向其父窗口发送 WM_COMMAND 消息通知应用程序用户的交互信息，这些通知消息及其含义见表 7－13。

表 7－13　组合框向其父窗口发送的消息及其含义

消息	描述
CBN_CLOSEUP	组合框的列表框组件被关闭，简易组合框不会发送该通知消息
CBN_DBLCLK	用户在某列表项上双击鼠标，只有简易组合框才会发送该通知消息
CBN_DROPDOWN	组合框的列表框组件下拉，简易式组合框不会发送该通知消息

续表

消息	描述
CBN_EDITCHANGE	编辑框的内容被用户改变了，与CBN_EDITUPDATE不同，该消息是在编辑框显示的正文被刷新后才发出的，下拉列表式组合框不会发送该消息
CBN_EDITUPDATE	在组合框的编辑框准备显示改变了的正文时发送该消息，下拉列表式组合框不会发送该消息
CBN_ERRSPACE	组合框无法申请足够的内存来容纳列表项
CBN_KILLFOCUS	组合框失去了输入焦点
CBN_SELCHANGE	用户通过单击或移动箭头键改变了列表的选择
CBN_SETFOCUS	组合框获得了输入焦点
CBN_SELENDCANCEL	取消用户选择，当用户在列表框中选择了一项，然后又在组合框控件外单击鼠标时就会导致该消息的发送
CBN_SELENDOK	用户选择了一项，然后按回车键或单击下滚箭头，该消息表明用户确认了自己所做的选择

例7-8 介绍MFC中组合框的使用方法。

（1）创建一个基于对话框的MFC项目p708。

（2）添加组合框控件和编辑框控件，给组合框控件添加CComboBox型变量m_Combo1，为编辑框控件添加字符串型变量m_Edit1。

（3）在对话框的初始化的函数（OnInitDialog）中添加各个职称项。代码如下：

```
BOOL Cp708Dlg::OnInitDialog()
{
    CDialogEx::OnInitDialog();
//TODO：在此添加额外的初始化代码
        m_Combo1.ResetContent()；//组合框的所有内容先清空
        m_Combo1.AddString(L"助教")；
        m_Combo1.AddString(L"讲师")；
        m_Combo1.AddString(L"副教授")；
        m_Combo1.AddString(L"教授")；
    return TRUE;
}
```

（4）添加ComboBox的消息CBN_SELCHANGE处理函数代码如下：

```
void Cp708Dlg::OnCbnSelchangeCombo1()
{
    //TODO：在此添加控件通知处理程序代码
    int sel=m_Combo1.GetCurSel ()；//得到当前选择的索引号
    m_Combo1.GetLBText (sel，m_Edit1)；
    //将当前索引号的对应文本放在m_Edit1
```

```
    UpdateData (false); //更新变量的值更新到控件上
}
```

组合框的几个常用函数见表 7 - 14，其余函数与编辑框和列表框的用法一致。

表 7 - 14　组合框的常用函数

函数	描述
SetMinVisibleItems	设置组合框下拉列表中显示的条目数
ResetContent	组合框的所有内容置空
SelectString	从列表框中查找指定的字符串，若找到将其放到组合框的编辑框中

7.7　菜单、工具栏、状态栏的使用

7.7.1　菜单

菜单可以分为下拉式菜单和弹出式菜单。下拉式菜单通常是由主菜单栏、子菜单及子菜单中的菜单项和分隔条所组成的。弹出式菜单一般可以通过右击鼠标等操作显示。它的主菜单不可见，只显示子菜单。菜单在资源视图中直接创建编辑。

例 7 - 9　创建一个基于对话框的项目 p709，为该项目添加一个菜单，并为菜单项设置热键，熟悉热键的使用。

(1) 创建一个 MFC 应用程序，项目名称为 p709 的基于对话框的应用程序。

(2) 在创建应用程序向导中的"用户界面功能"页面，输入对话框的标题为"我的第一个菜单"。

(3) 在应用程序向导生成的程序框架之后，删除对话框中的静态文本。

(4) 为应用程序创建一个菜单：打开资源视图窗口，展开资源树。选定资源视图上部的项目资源文件夹。单击鼠标右键，弹出快捷菜单，从快捷菜单中选择"添加资源"选项，弹出"添加资源"对话框。

(5) 在"添加资源"对话框中选择"Menu"选项，单击"新建"按钮，如图 7 - 28 所示。

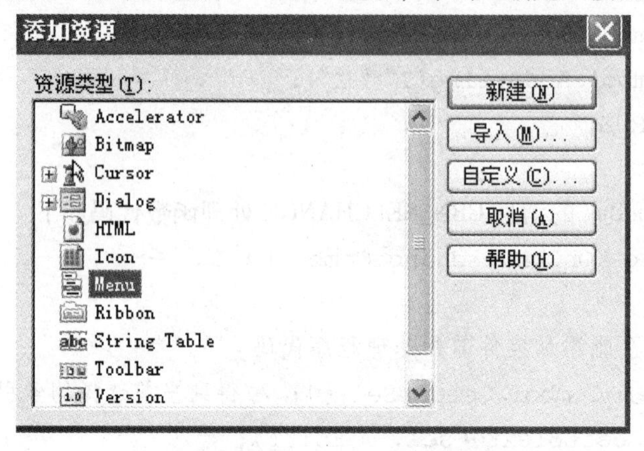

图 7 - 28　"添加资源"对话框

（6）在资源视图窗口中，可以看到“Menu”文件夹以及一个空的“IDR_MENU1”菜单，同时在工作区中打开菜单设计器。

（7）在菜单设计器中单击“请在此输入”区域，会出现光标，输入“文件”并按回车键。

（8）单击文件菜单下面的“请在此输入”区域，输入“打开”，并在属性窗口中设置它的“ID”属性值为“ID_OPEN”。

（9）在菜单中添加分隔符“-”，分隔符是一条横的分割菜单，用来分隔菜单中两个不同的功能区。

（10）按照上述方法，依次输入“关闭”菜单项及它的“ID”属性值为“ID_CLOSE”。

（11）设置菜单项的热键：单击“文件”子菜单，在属性窗口中修改 Caption 属性为“文件&F”，即可看到标题文本中都有一个字母带下划线，带下划线的字母为热键，F 就是热键。同样选择“打开”菜单项，将属性窗口的 Caption 属性值修改为“打开&O”，如图 7-29 所示。程序运行并显示窗口时，在键盘上按“Alt+F”键就等同于直接单击子菜单“文件”，弹出“文件”下的菜单项后，在键盘上按“O”键就可以实现与直接单击菜单项“打开”相同的功能。

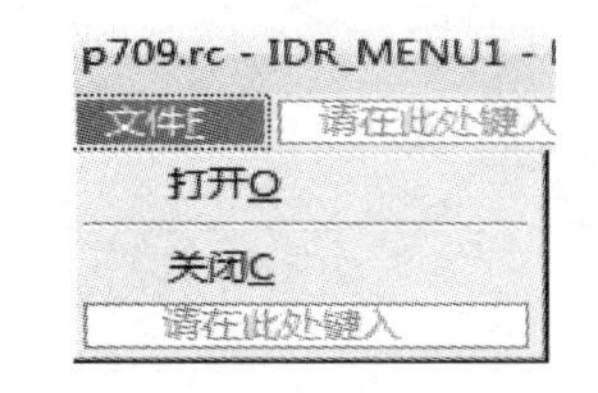

图 7-29　为菜单添加热键后的菜单界面

同样，选择“关闭”菜单项，在 Caption 属性中的标题后面添加字符“&C”，完成为“关闭”菜单项添加热键。

（12）将菜单与应用程序主窗口关联：打开资源视图窗口，并双击“Dialog”文件夹中的“IDD_MFCMENUE_DIALOG”对话框，就会在工作区中打开对话框。向该窗口中添加一个编辑框，并为该编辑框添加成员变量：选中编辑框右击鼠标，弹出快捷菜单，从快捷菜单中选择“添加变量”选项，添加一个字符串型的“yy”变量。

（13）选中该对话框，在属性窗口中，从“Menu”属性的下拉列表框中选择所要设计的“IDR_MENU1”菜单。

（14）为菜单项添加事件处理程序：在资源管理器中打开“IDR_MENU1”菜单，右击“打开”菜单项，弹出快捷菜单，从快捷菜单中选择“添加事件处理程序”选项，弹出“事件处理程序向导”对话框，在类列表中选中“Cp709Dlg”类，在处理函数名称处写上“OnOpen”并单击“添加编辑”按钮。

（15）编写代码如下：

```
void Cp709Dlg::OnOpen()
{
    //TODO: 在此添加命令处理程序代码
    CFileDialog fdlg(true);
    if (fdlg.DoModal() == IDOK)
    {
    yy = fdlg.GetPathName();
    UpdateData(false);
```

```
    }
}
```

（16）运行程序，在打开文件对话框中选择某个文件，单击“确定”按钮后的运行界面如图 7－30 所示。

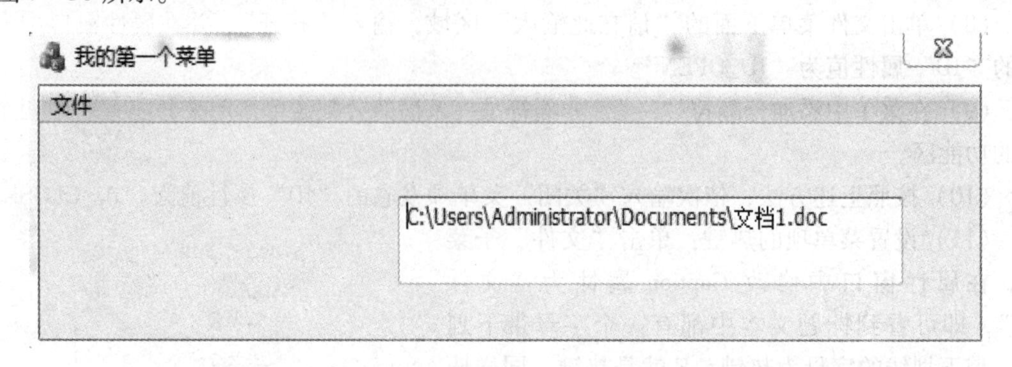

图 7－30　例 7－9 的运行界面

菜单命令的响应顺序为：视图—文档类—子框架—主框架—应用程序类。

例 7－10　创建一个新的 MFC 单文档工程 p710，具体看看菜单的组成结构及各种标记的意义。

打开资源视图的菜单资源，可以看到有一个 ID 为 IDR_MAINFRAME 菜单资源，双击打开，菜单资源显示如图 7－31 所示。其中的“文件”“编辑”“视图”“帮助”这些就是子菜单。而“文件”下面的“新建”“打开”等为菜单项。

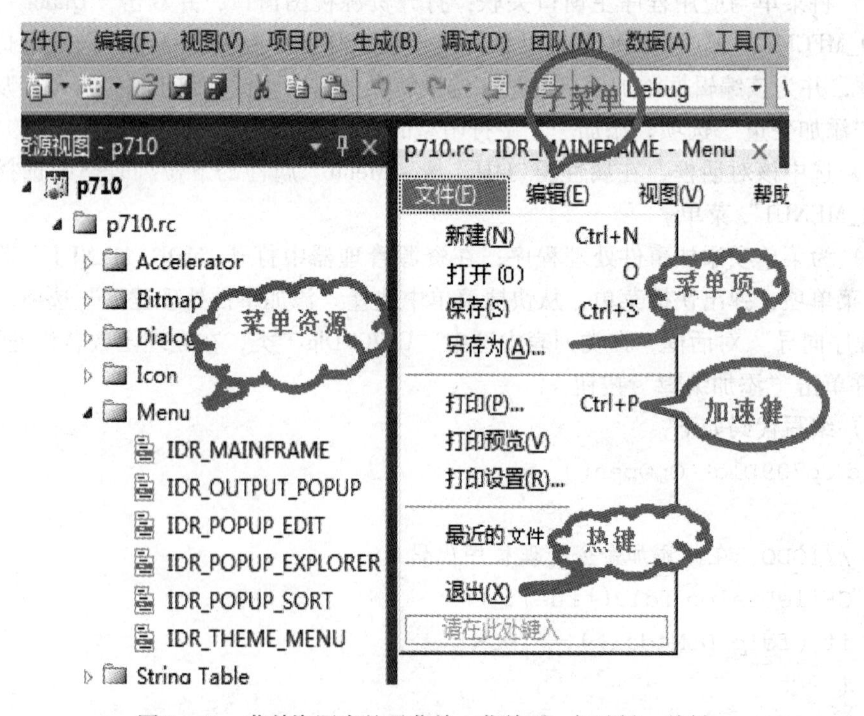

图 7－31　菜单资源中的子菜单、菜单项、加速键、热键

单击“文件”弹出子菜单，可以看到子菜单中有多个菜单项和分隔条。菜单项中含有“...”则表示单击后会弹出对话框。有些菜单项的右侧还显示了一些字符串，例如，“新建”的右侧显示有“Ctrl + N”，这些代表的是快捷键，也就是“新建”菜单项的快捷键是“Ctrl + N”，“打开”菜单项的快捷键是“Ctrl + O”，用这些组合键就能实现与相应菜单项相同的功能。

“打开”菜单项的 Caption 属性为“打开（&O）... \tCtrl + O”，\t 表示显示前面的文本后跳格再显示快捷键“Ctrl + O”，Caption 属性提示用户快捷键是什么，要真正实现快捷键的功能还需要在资源管理器的 Accelerator 资源中设定。双击 Accelerator 资源下面的 IDR_MAINFRAME，会弹出加速键界面，如图 7－32 所示。

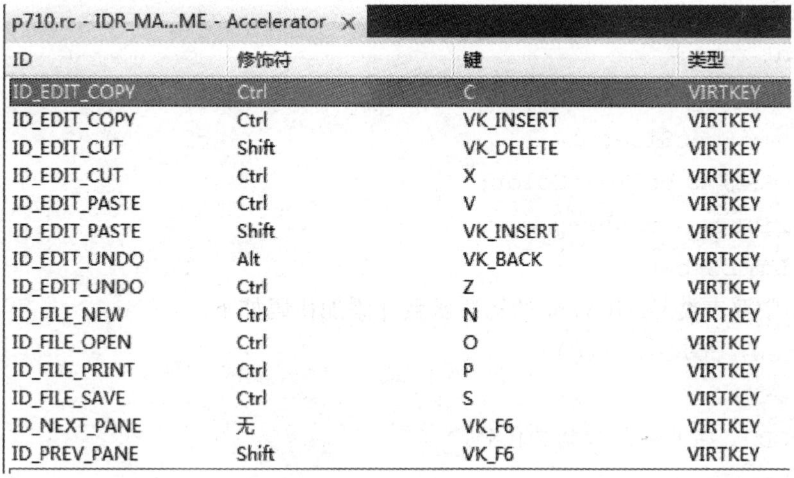

p710.rc - IDR_MA...ME - Accelerator

ID	修饰符	键	类型
ID_EDIT_COPY	Ctrl	C	VIRTKEY
ID_EDIT_COPY	Ctrl	VK_INSERT	VIRTKEY
ID_EDIT_CUT	Shift	VK_DELETE	VIRTKEY
ID_EDIT_CUT	Ctrl	X	VIRTKEY
ID_EDIT_PASTE	Ctrl	V	VIRTKEY
ID_EDIT_PASTE	Shift	VK_INSERT	VIRTKEY
ID_EDIT_UNDO	Alt	VK_BACK	VIRTKEY
ID_EDIT_UNDO	Ctrl	Z	VIRTKEY
ID_FILE_NEW	Ctrl	N	VIRTKEY
ID_FILE_OPEN	Ctrl	O	VIRTKEY
ID_FILE_PRINT	Ctrl	P	VIRTKEY
ID_FILE_SAVE	Ctrl	S	VIRTKEY
ID_NEXT_PANE	无	VK_F6	VIRTKEY
ID_PREV_PANE	Shift	VK_F6	VIRTKEY

图 7－32　加速键界面

Accelerator 中有四列，分别为：ID、修饰符（Modifer）、键（Key）和类型（Type）。ID 就是菜单项的 ID，修饰符和键代表了组合。例如，“新建”菜单项的 ID 为 ID_FILE_OPEN，修饰符为“Ctrl”，键为“N”。这样才是真正完成了快捷键“Ctrl + N”的设定。

添加子菜单和菜单项：在资源管理器的菜单资源的 IDR_MAINFRAME 菜单中添加子菜单，在主菜单栏的“帮助”子菜单上右击，弹出快捷菜单，选择“新插入”选项，就在“帮助”子菜单前添加了一个空的子菜单，可以直接在其中输入标题，也可以在属性页中设置 Caption 属性，标题设为“字体（&F）”。

编辑“字体”子菜单的第一个菜单项，在字体子菜单下提示的“请在此处键入”位置写入“字体\tShift + S”，或者将 Caption 属性标题设为“字体\tShift + S”，快捷键为“Shift + S”。其“ID”默认为“ID_32771”。为了实现快捷键的功能，在资源管理器的 Accelerator 中，打开 IDR_MAINFRAME，在最下面的空白行中，“ID”选择为“ID_32771”，“修饰符”选择“Shift”，键输入“S”，这样就设置好了“字体”菜单项的快捷键。

在“字体”菜单项下添加一个“－”为分隔线，然后添加“字体大小”菜单项，继续添加“颜色选择”菜单项及其下一级菜单，如图 7－33 所示。

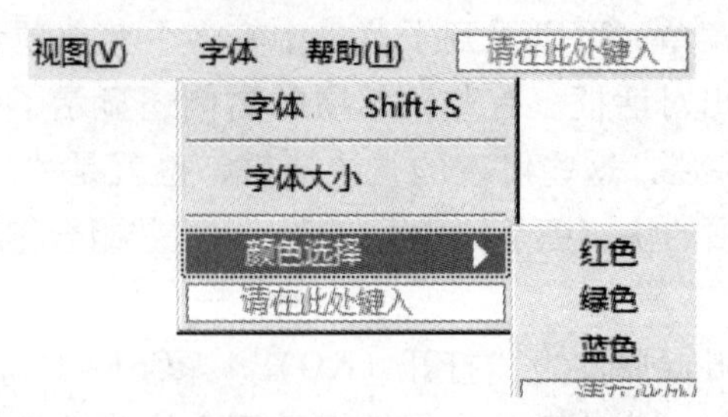

图 7-33 “字体”子菜单添加各个菜单项及下一级菜单

在解决方案资源管理器中的视类文档 p710View. H 内添加代码如下。

```
public:
    CFont font;
    CString m_sFontName;
    int m_iFontSize;
    COLORREF m_colTextColor;
    CString m_strShow;
    BOOL m_bShowR;
```

在类视图中双击类 Cp710View 的构造函数并添加代码如下。

```
Cp710View::Cp710View()
{
    //TODO: 在此处添加构造代码
    m_bShowR = true;
    m_strShow = L"谦虚、诚实、勤奋是百度人生从此岸到彼岸的法宝!";
    m_sFontName = L"宋体";
    m_iFontSize = 120;
    font.CreatePointFont(m_iFontSize, m_sFontName);
    m_colTextColor = RGB(0, 0, 0);
}
```

在类视图的 Cp710View 中双击 OnDraw(CDC* pDC) 函数，编写该函数代码如下。

```
void Cp710View::OnDraw(CDC* pDC)
{
    Cp710Doc * pDoc = GetDocument();
    ASSERT_VALID(pDoc);
    if(! pDoc)
        return;
    //TODO: 在此处为本机添加数据绘制代码
    pDC ->SetTextColor(m_colTextColor);
    pDC ->SelectObject( &font);
    pDC ->TextOutW(100, 100, m_strShow);
}
```

COMMAND 消息是在用户单击菜单项的时候产生的，因此为了响应用户单击菜单的消息，需要添加对该消息的响应。

为字体菜单项添加命令处理程序代码：选中“字体”菜单项，右击鼠标，弹出快捷菜单，选择“添加事件处理程序”选项，弹出如图 7-34 所示的页面，在消息类型中选择“COMMAND”类型，在类列表中选择“CP710View”类，在函数处理程序名称编辑框内填“Onfontstyle”函数名。

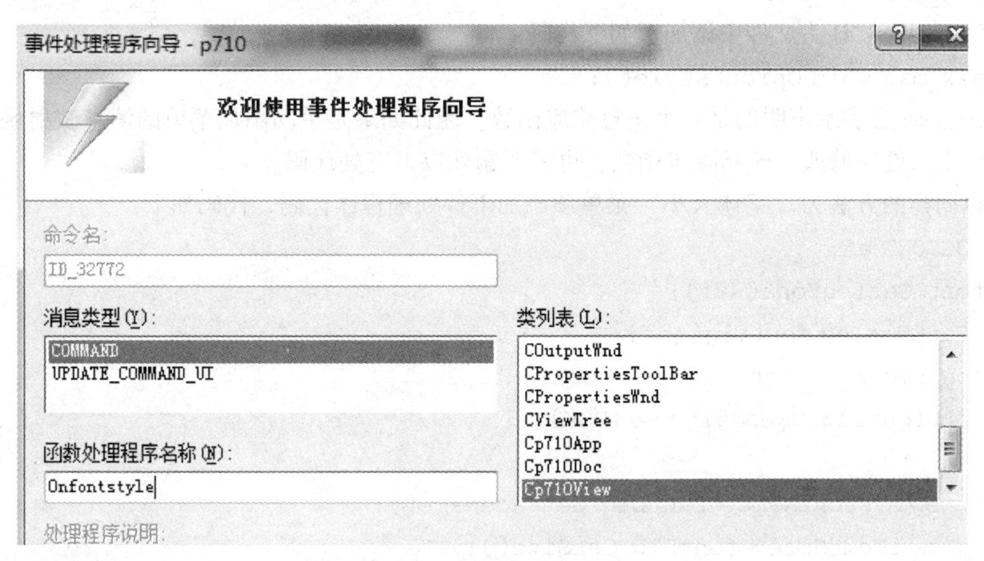

图 7-34 为字体菜单项在视类中添加“COMMAND”类型的函数

利用向导添加了 Onfontstyle 函数后即可编写代码。代码如下：

```
void Cp710View::Onfontstyle() //字体设置
{
    //TODO：在此添加命令处理程序代码
    LOGFONT af;
    font.GetLogFont(&af);
    CFontDialog fontDlg(&af);
    fontDlg.m_cf.rgbColors = m_colTextColor;
    if (fontDlg.DoModal() == IDOK)
    {
        m_sFontName = fontDlg.GetFaceName();
        //m_iFontSize = fontDlg.GetSize();
        //m_colTextColor = fontDlg.GetColor();
        font.DeleteObject();
        font.CreatePointFont(m_iFontSize, m_sFontName);
        RedrawWindow();
    }
}
```

添加了对 COMMAND 消息的响应之后，Cp710View. Cpp 内的消息映射宏内添加了 ON_COMMAND(ID_32771，&Cp710View::Onfontstyle) 语句，代码如下：

```
BEGIN_MESSAGE_MAP(Cp710View, CView)
   ...
   ON_COMMAND(ID_32771, &Cp710View::Onfontstyle)
END_MESSAGE_MAP()
```

Cp710View. H 头文件中添加了如下代码：

```
afx_msg void Onfontstyle();
```

afx_msg 宏表示声明的是一个消息响应函数。因此如果是手动添加菜单的消息映射函数，需要以上三处做修改，若删除该函数，也需要删除以上三处代码。

以同样的方法为“字体大小”菜单项添加事件处理程序代码，代码如下：

```
LOGFONT af;
font.GetLogFont(&af);
CFontDialog fontDlg(&af);
fontDlg.m_cf.rgbColors = m_colTextColor;
if (fontDlg.DoModal() == IDOK)
{
   //m_sFontName = fontDlg.GetFaceName();
   m_iFontSize = fontDlg.GetSize();
   //m_colTextColor = fontDlg.GetColor();
   font.DeleteObject();
   font.CreatePointFont(m_iFontSize, m_sFontName);
   RedrawWindow();
}
```

为“红色”“绿色”“蓝色”菜单项添加 COMMAND 命令代码，以下为“红色”菜单项的 COMMAND 命令代码。

```
void Cp710View::OnRed()
{
      m_colTextColor = RGB(255, 0, 0);
      font.DeleteObject();
      font.CreatePointFont(m_iFontSize, m_sFontName);
      RedrawWindow();
}
```

UPDATE_COMMAND_UI 消息是在窗口将要绘制菜单项时产生，若单击“字体”菜单项，能够在该菜单项前显示其状态。需要使用 UPDATE_COMMAND_UI 消息，为“字体”菜单项添加 UPDATE_COMMAND_UI 消息。在事件处理向导页面中，将消息类型选择为“UPDATE_COMMAND_UI”选项。

在自动生成消息处理函数中加入如下代码。

```
void Cp710View::OnUpdatefontstyle(CCmdUI *pCmdUI)
```

```
{
        pCmdUI -> SetCheck(m_bShowR);
}
```

此时根据布尔型变量 m_bShowR 值的改变，设置菜单项前面的“√”是否标记。

void Enable(BOOL bOn = TRUE) 表示禁止或者允许该菜单项。

void SetCheck(int nCheck = 1) 表示设置菜单项/工具条按钮的 check 状态，显示标志为“√”。

void SetRadio(BOOL bOn = TRUE) 与 SetCheck 功能类似，显示标志为“•”。

void SetText(LPCTSTR lpszText) 设置菜单项的 Caption 属性。

ON_COMMAND_RANGE 为处理具有连续 Object ID 的菜单项提供方便。

ON_UPDATE_COMMAND_UI_RANGE 与 ON_COMMAND_RANGE 的关系和 ON_UPDATE_COMMAND_UI 与 ON_COMMAND 的关系类似。

用户定义的主菜单为单文档模板主菜单，在 Cp710App 类里面，有一个 InitInstance() 函数，语句为：

```
pDocTemplate = new CSingleDocTemplate(
        IDR_MAINFRAME, //此处可以替换为要加载的菜单的 ID
        RUNTIME_CLASS(Cp710Doc),
        RUNTIME_CLASS(CMainFrame), //主框架窗口
        RUNTIME_CLASS(Cp710View));
```

7.7.2 快捷菜单

例 7 – 11 快捷菜单的创建和使用。

(1) 在 P710 项目文件基础上添加快捷菜单。

(2) 创建菜单资源：在资源视图的菜单中右击 Menu，选择“插入 Menu”选项，资源命名为 IDR_MENU_POP，如图 7 – 35 所示。

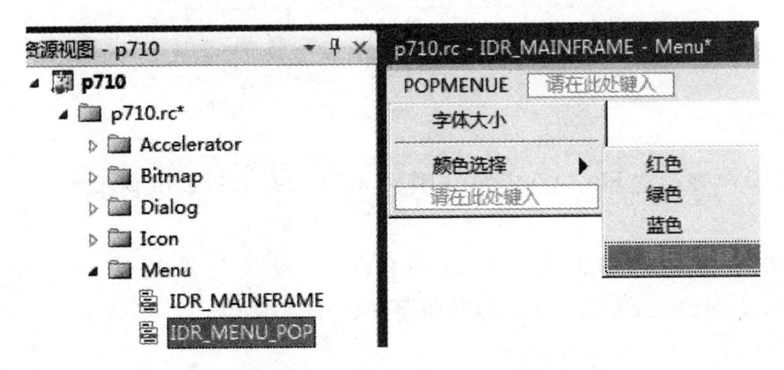

图 7 – 35 在资源视图中添加快捷菜单

(3) 修改“字体大小”菜单项的 ID 为“ID_POP_fontsize”，“红色”菜单项的 ID 为“ID_pop_red”，“绿色”菜单项的 ID 为“ID_pop_green”，“蓝色”菜单项的 ID 为“ID_pop_blue”，为了使用快捷菜单中菜单项的功能，需要在该项目的视类的头文件中声明以下变量：

```
CMenu m_PopMenu; //快捷菜单
CMenu*m_pPop;    //菜单项
```

（4）在视类的构造函数中加载弹出式菜单（也叫快捷菜单 IDR_MENU_POP）

```
Cp710View::Cp710View()
{
   …
m_PopMenu.LoadMenu(IDR_MENU_POP); //创建并加载菜单资源
}
```

（5）在视类的析构函数中释放资源代码如下：

```
Cp710View::~Cp710View()
{m_PopMenu.DestroyMenu();
}
```

在 Cp710View.cpp 中的消息映射宏内添加如下代码：

```
ON_COMMAND(ID_POP_fontsize, &Cp710View:: OnBlue)
ON_COMMAND(ID_pop_red, &Cp710View:: OnRed)
ON_COMMAND(ID_pop_green, &Cp710View:: OnGreen)
ON_COMMAND(ID_pop_blue, &Cp710View:: OnBlue)
```

（6）当单击弹出式菜单的某个菜单项时，执行的是和主菜单的对应菜单项相同的功能，即调用的是同一个函数。

（7）在类视图中找到该视图类，右击选择“属性”，在属性窗口中单击消息按钮，从消息栏中选择“WM_RBUTTONDOWN”消息。单击右侧的下三角箭头，选择“<Add> OnRButtonDown”选项，进行右击消息处理函数的编写，如图 7－36 所示。

图 7－36　在视图类中添加右击消息处理函数

代码如下：

```
void Cp710View::OnRButtonDown(UINT nFlags, CPoint point)
{
    //TODO: 在此添加消息处理程序代码和/或调用默认值 m_pPop = m_Pop-
      Menu.GetSubMenu(0); //获得第一个子菜单
    ClientToScreen(&point);
    m_pPop->TrackPopupMenu(TPM_LEFTALIGN, point.x, point.y, this);
    CView::OnRButtonDown(nFlags, point);
}
```

运行后右击鼠标，观看效果如何。

7.7.3 工具栏

工具栏中包含了一组用于执行命令的按钮，每个按钮都可用一个图标来表示。当单击某个按钮时，会产生一个相应的消息，对这个消息的处理就是按钮的功能实现。通常将菜单中常用的菜单项放置在工具栏中，只要将工具栏中的按钮与菜单项的 ID 一致，就可以完成与对应的菜单项相同的功能，不用另外为工具栏上的按钮设置消息相应函数了，工具栏的使用可以帮助用户省去在菜单中查找菜单项的麻烦，使用更快捷。

例 7－12 使用工具栏。

（1）在单文档的资源管理器中有自动生成的工具栏，如果用户自己创建工具栏，鼠标右击“ToolBar”节点，在弹出的快捷菜单中选择“插入 ToolBar”菜单项；如果是基于对话框的项目则没有“ToolBar”节点，需要用户在资源的任何一个节点上右击鼠标，选择“添加资源”菜单项，弹出添加资源窗口，在“资源类型”中选择“Toolbar”类型创建一个新的工具栏。

（2）在工具栏资源中绘制工具栏按钮。当用户在按钮上绘制图像后，工具栏窗口会自动创建一个新的工具栏按钮，如图 7－37 所示。以此方法，可以依次添加多个工具栏中的按钮。

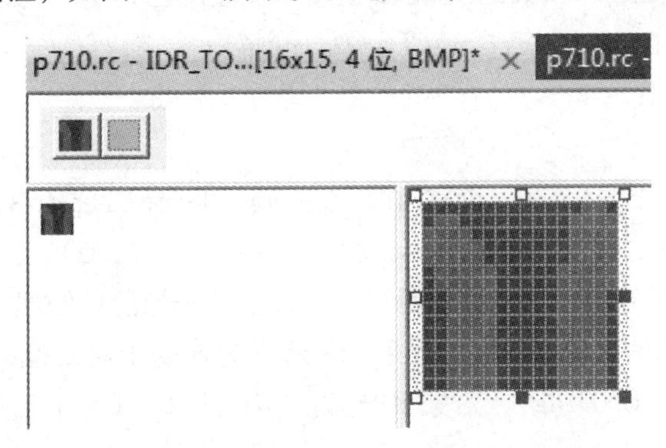

图 7－37 工具栏窗口自动创建一个新的工具栏按钮

（3）若为两个按钮之间添加分隔线，可以选中一个按钮向右侧拖动一点距离，程序运行时就会使该按钮与和它相邻的前一个按钮有一条分隔线。

（4）若选中该按钮，按住鼠标左键不放，将其拖出工具栏，就把该按钮从工具栏内删除了。

（5）打开属性窗口后，单击某工具栏按钮，则属性窗口显示该工具栏按钮的属性，可以在该窗口中修改属性值。改变工具栏按钮 ID 属性值，使其与某个菜单项的 ID 相同，则该按钮具有与该菜单项一致的功能。

（6）工具栏对象在框架类的头文件中定义：CMFCToolBar m_wndToolBar。

工具栏创建发生在 CMainFrame::OnCreate 中。MFC 在创建框架窗口之后且在窗口可见之前调用工具栏的 OnCreate。CToolBar 类的 Create() 函数来创建工具栏对象。调用 LoadToolBar 加载工具栏资源信息。

```
int CMainFrame::OnCreate(LPCREATESTRUCT lpCreateStruct)
if (! m_wndToolBar.CreateEx(this, TBSTYLE_FLAT, WS_CHILD | WS_VISIBLE
    | CBRS_TOP | CBRS_GRIPPER | CBRS_TOOLTIPS | CBRS_FLYBY | CBRS_SIZE_DY-
```

```
NAMIC) ||
        ! m_wndToolBar.LoadToolBar(theApp.m_bHiColorIcons? IDR_MAIN-
         FRAME_256: IDR_MAINFRAME))
    {
        TRACE0 ("未能创建工具栏\n");
        return -1;        //未能创建
    }
```

在单文档中要加载自定义的工具栏则参考步骤（7）。

（7）MFC 中没有提供对话框使用的工具条类，在基于对话框项目中添加工具栏的方法：在资源编辑器中插入工具条资源，并为每个按钮创建 ID，将它命名为“IDC_TOOLBAR1”。

在对话框类头文件中添加一个工具条变量：CToolBar m_wndToolBar。

在对话框类的 OnInitDialog 函数中添加如下代码：

```
if (! m_wndToolBar.CreateEx(this, TBSTYLE_FLAT, WS_CHILD | WS_VISIBLE
   | CBRS_ALIGN_TOP | CBRS_GRIPPER | CBRS_TOOLTIPS, CRect(2, 2, 0, 0))
   ||! m_wndToolBar.LoadToolBar(IDR_TOOLBAR1))
   {TRACE0("failed to create toolbar \n");
   return FALSE;
   }
   m_wndToolBar.ShowWindow(SW_SHOW); RepositionBars(AFX_IDW_CON-
     TROLBAR_FIRST, AFX_IDW_CONTROLBAR_LAST, 0);
```

（8）为工具栏按钮另外编写消息处理函数，通过手动添加消息处理函数，也可以通过“项目|类向导”菜单项添加消息命令函数。图 7-38 所示为在基于对话框的应用程序中的“MFC 类向导”页面，类名为“Cp09Dlg”，对象 ID 选为“ID_TB_b”（某个工具栏按钮的 ID 号）。

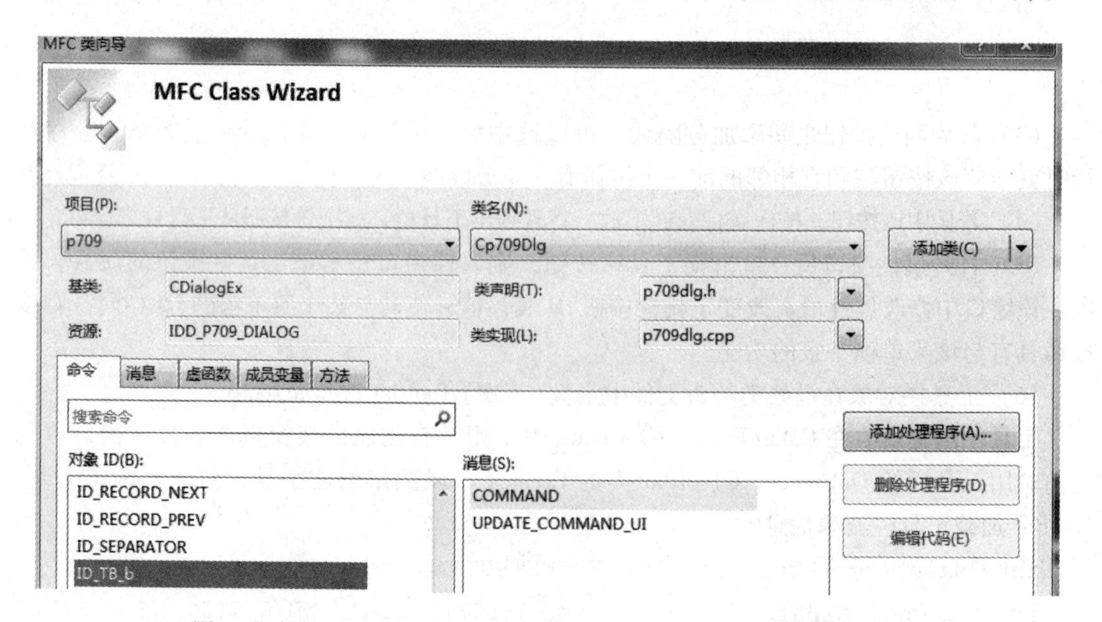

图 7-38 “MFC 类向导”中为某个工具栏按钮添加事件处理程序页面

(9) 单击“添加处理程序”按钮后，弹出如图 7 - 39 所示的页面。

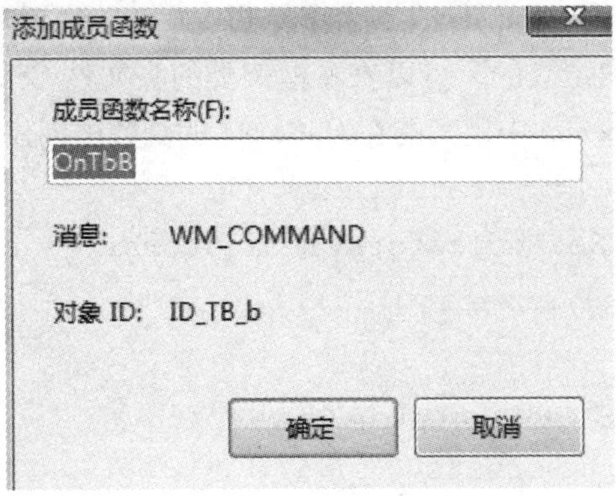

图 7 - 39　添加成员函数页面

单击“确定”按钮，完成在该类内添加工具栏按钮的命令消息的框架。在该框架内编写代码即可。如果是在单文档项目应用程序中则将“MFC 类向导”页面的“类名”选择为“CMainFrame”，其他步骤与基于对话框项目类似。

7.7.4　状态栏

状态栏（CStatusBar 类的一个窗口对象）用于显示各种状态。状态栏实际上也是一个窗口，一般分为几个窗格，每个窗格分别用来显示不同的信息和状态等。

例 7 - 13　完成在状态栏中的窗格内显示一个系统时间。

(1) 单击“资源视图”命令。右击项目资源并单击“资源符号”命令。在“资源符号”对话框中，单击“新建”命令，键入一个命令 ID 名称：“IDS_TIMER”。为 ID 指定值，本例接受“资源符号”对话框建议的值。单击“确定”按钮，关闭“资源符号”对话框。

(2) 定义窗格中要显示的默认字符串。

打开“资源视图”后，双击“String Table”资源。

打开“字符串表”编辑器后，把光标移到最后一行，添加 ID 为“IDS_TIMER”，值为在资源符合中设定的值，关闭字符串编辑器（需要一个默认字符串以避免编译器错误）。

(3) 在文件 MainFrm. cpp 中定义 indicators 数组。该数组按从左向右的顺序为状态栏的所有指示器列出了命令 ID。在数组中的适当位置，输入窗格的命令 ID。

```
static UINT indicators[ ] =
{
    ID_SEPARATOR,    //状态行指示器
    ID_INDICATOR_CAPS,
    ID_INDICATOR_NUM,
    ID_INDICATOR_SCRL,
    IDS_TIMER, //改行是手动加上的
};
```

indicators 为指示器的数组，其中每个成员都是在资源符号和字符串表中定义过的，前

四个是系统定义好的。ID_SEPARATOR 表示了状态栏最长的部分，叫提示行。其他三个分别表示键盘上的 NumLock 键，CapsLock 键和 ScrollLock 键，最后一个是手动加上去的表示时间。状态栏也是在框架类内定义的，可以查看框架类的头文件 CStatusBar m_wndStatusBar；在主框架类的源文件 MainFrm. cpp 中定义的在 OnCreate 的函数中创建一个状态栏，代码如下：

```
if (! m_wndStatusBar. Create(this) ||
! m_wndStatusBar. SetIndicators(indicators,
sizeof(indicators)/sizeof(UINT)))
{
TRACE0("Failed to create status bar \n");
return -1; //fail to create
}
```

这里调用的 SetIndicators( ) 函数表示设计一个指示器，该函数的第一个参数用了一个指示器的数组。如果修改状态栏窗格的数目，只需要在 indicators 数组定义中添加字符串资源的 ID，或者减少字符串资源的 ID 即可。

在主框架类的源文件 MainFrm. cpp 中定义的在 OnCreate 函数中还需要创建一个定时器。

```
SetTimer(1, 1000, NULL); //每一秒钟发送一个消息
```

选中主框架类，在属性窗口中单击“消息”按钮编辑 WM_TIMER 消息，代码如下。

```
void CMainFrame::OnTimer(UINT_PTR nIDEvent)
{
    //TODO: 在此添加消息处理程序代码和/或调用默认值
    CTime t = CTime::GetCurrentTime(); //获取系统的时间
    CString str;
    str = t. Format("% H:% M:% S"); //格式化字符串，返回时、分、秒
    CClientDC dc(this);
    CSize sz = dc. GetTextExtent(str); //获取字符串显示宽度
    int index = 0;
    index = m_wndStatusBar. CommandToIndex(IDS_TIMER);
    //给定字符串资源 ID 来获取索引
m_wndStatusBar. SetPaneInfo(index, IDS_TIMER, SBPS_NORMAL, sz. cx);
//改变窗格宽度
m_wndStatusBar. SetPaneText(index, str, true); //在窗格显示字符串内容
    CFrameWndEx::OnTimer(nIDEvent);
}
```

下面给出例 7 - 13 中 CStatusBar 方法的声明。

BOOL SetPaneText (int *nIndex* , LPCTSTR *lpszNewText* , BOOL *bUpdate* = TRUE);

int CommandToIndex(UINT *nIDFind*) const；表示给定一个字符串资源的 ID 号来获取索引。

void SetPaneInfo(int *nIndex* , UINT& *nID* , UINT& *nStyle* , int& *cxWidth*)

```
const;
```

nIndex 表示指示器面板索引号；*nID* 为面板重新分配一个 ID 号；*nStyle* 的类型可以查看参数列表；*cxWidth* 表示面板窗格的宽度。

图 7－40 所示为例 7－13 运行后的状态栏。

CAP	NUM	SCRL	11:58:41

图 7－40　例 7－13 运行后的状态栏

7.8　单文档与多文档

文档/视图结构是使用 MFC 开发基于文档的应用程序的基本框架。在这个框架中，数据的维护及显示分别由两个不同但又彼此紧密相关的对象——文档和视图负责的。具体地说，用户对数据所做的任何改变都是由文档类负责管理，而视图通过调用此接口实现对数据的访问和更新。对于每一个文档可以对应多个视图，对于每一个视图只能对应一个文档。

多文档程序中，最初的文档模板只支持主窗口，但每次打开一个新文档时都调用 CDoucmen 类的 OnNewDocument( ) 函数，建立一个新的由 CMIDIChildWnd 派生的 MDI 子窗口，这些窗口保存已经打开的各文档。

文档：对数据进行管理和维护，数据保存在文档类的成员变量中，文档类通过串行化的过程将数据保存到磁盘文件或数据库中，文档类可以处理来自菜单、工具栏按钮和加速键的 WM_COMMAND 消息。文档只能处理 WM_COMMAND 消息。

视图：在文档和用户之间起到一个中间桥梁的作用，它可以接受用户的输入和修改，并通过调用文档和视图的接口将修改的信息反馈给文档，实际的数据更新仍由文档来完成。

视图可以直接或间接地访问文档类的成员变量，从文档类中将文档中的数据读取出来，然后在屏幕上显示出文档的数据来。

文档/视图结构的工作机制：视图通过 GetDocument 成员函数获得相关联的文档对象的指针，通过该指针调用文档类的成员函数从文档中读取数据，视图把数据显示在计算机屏幕上，用户通过与视图的交互来查看数据并对数据进行修改，视图通过相关联的文档类的成员函数将修改的数据传递给文档对象，文档对象获得修改过的数据后保存到磁盘中。

单文档（SDI）应用程序只支持打开一个文档（如记事本）。而多文档（MDI）应用程序每次可以读写多个文档，可以同时有多个子窗口（如 WORD）。

框架和视图都是 Windows 窗口，但框架提供了菜单、标题栏、状态栏等资源，而视图则只是一个矩形区域。MFC 程序中视图通常依托于一个框架（SDI 中的 MainFrame，MDI 中的子框架窗口），框架相当于一个窗口容器，视图好比是放置在框架内的一个客户区域。文档/视类结构可以调用很多不同的类，但核心只有五个：CWinApp、CDocument、CView、CDocTemplate 和 CFrameWnd。

7.8.1　单文档（SDI）单文档应用程序

使用 MFC 应用程序向导建立的单文档应用程序中，在 App 类的 InitInstance( ) 方法中有如下代码（假设项目名称为 p711）：

```
CSingleDocTemplate* pDocTemplate;
    pDocTemplate = new CSingleDocTemplate(
        IDR_MAINFRAME,
        RUNTIME_CLASS(Cp711Doc),
        RUNTIME_CLASS(CMainFrame),          //主 SDI 框架窗口
        RUNTIME_CLASS(Cp711View));
    if (! pDocTemplate)
        return FALSE;
    AddDocTemplate(pDocTemplate); //加载文档模板类对象到文档模板列表
```

这里通过 CSingleDocTemplate 的构造函数，将文档、视图和框架关联在一起，形成了一个整体。

例 7 – 14 创建一个单文档的应用程序 p713。

（1）在资源视图中插入 Dialog，并为该对话框添加一个类，类名为 Cszxy，在对话框中拖放一个编辑框控件，并为该控件添加一个字符串类型的变量“CString m_CS_edit;”。

（2）为 Cp713Doc 类添加变量“CString m_str;”，并在该类的构造函数中进行初始化。

（3）为了使每次新建文档显示上述字符串，需要在 Cp713Doc::OnNewDocument() 函数中对 m_str 赋值 m_str = _T ("随和是素质，低调是修养!")。

（4）在类 Cp713Doc 中添加包含文件#include "Cszxy. h"。

在菜单资源的 IDR_MAINFRAME 菜单的“编辑”子菜单下加一个菜单项“改变文本”，并为该菜单项添加事件处理程序，代码如下：

```
void Cp713Doc:: Mynewtext(void)
{
    Cszxy dlg;
    if (dlg. DoModal() == IDOK)
    {m_str = dlg. m_CS_edit;
    UpdateAllView (NULL); //参数为 NULL 表示刷新所以与该文档相关的视图
    }
}
```

（5）视图的输出。在视类 Cp713View 中的 OnDraw() 函数添加代码如下：

```
void Cp713View::OnDraw(CDC* pDC)
{
    Cp713Doc*pDoc = GetDocument();
    ASSERT_VALID(pDoc);
    if (! pDoc)
        return;
    //TODO: 在此处为本机数据添加绘制代码
    CString str = pDoc -> m_str;
```

```
    pDC -> TextOutW(0, 0, str);
}
```

(6) 文档串行化。为把修改后的信息存到磁盘文件中，并在需要时打开所保存的磁盘文件读取文档，需要在文档类 Cp713Doc 的函数 Serialize(CArchive& ar) 完成串行化，代码如下：

```
void Cp713Doc:: Serialize(CArchive& ar)
{
    if (ar.IsStoring())
    {
        //TODO: 在此添加存储代码
        ar <<m_str;
    }
    else
    {
        //TODO: 在此添加存储代码
        ar >>m_str;
    }
}
```

在进行串行化处理时，通常是使用档案类 CArchive 完成的。该类的方法见表 7－15。

表 7－15 CArchive 的方法

成员	描述
WriteString	写入字符串
ReadString	读取字符串
ReadClass	读取类信息
WriteClass	写入类信息
Close	关闭档案
GetObjectSchema	读取对象版本号
SetObjectSchema	设置对象版本号
M_pDocument	使用该档案的文档
Read	读取字节内容
Write	写入字节内容
GetFile	获取底层的 CFile 对象
Operator <<	将基本类型写入流中
Operator >>	从流中读取基本类型
IsLoading	是否处于读取状态
IsStoring	是否处于保存状态
Flush	将缓冲中的数据强制写入流中
Abort	在不发送异常情况下关闭档案
ReadObject	读取串行化对象
WriteObject	写入串行化对象

7.8.2 多文档（MDI）应用程序

在使用 MFC 应用程序向导建立的多文档应用程序中，在 App 类的 InitInstance( ) 方法中有如下代码（假设项目名称为 p712）：

```
CMultiDocTemplate* pDocTemplate;
    pDocTemplate = new CMultiDocTemplate(IDR_P712TYPE,
        RUNTIME_CLASS(CP712Doc),
        RUNTIME_CLASS(CChildFrame), //自定义多文档子框架
        RUNTIME_CLASS(CP712View));
    if (! pDocTemplate)
        return FALSE;
    AddDocTemplate(pDocTemplate);
```

这里 CMultiDocTemplate 的构造函数，将文档、视图和子框架关联在一起，形成了一个整体。

例 7－15 多文档实例。

用 MFC 向导创建一个 MFC 多文档应用程序 p714，在文档模版属性页面的“文档扩展名”编辑框内写入“mzm”，则筛选器名称为“p714 Files（*.mzm)”，如图 7－41 所示。

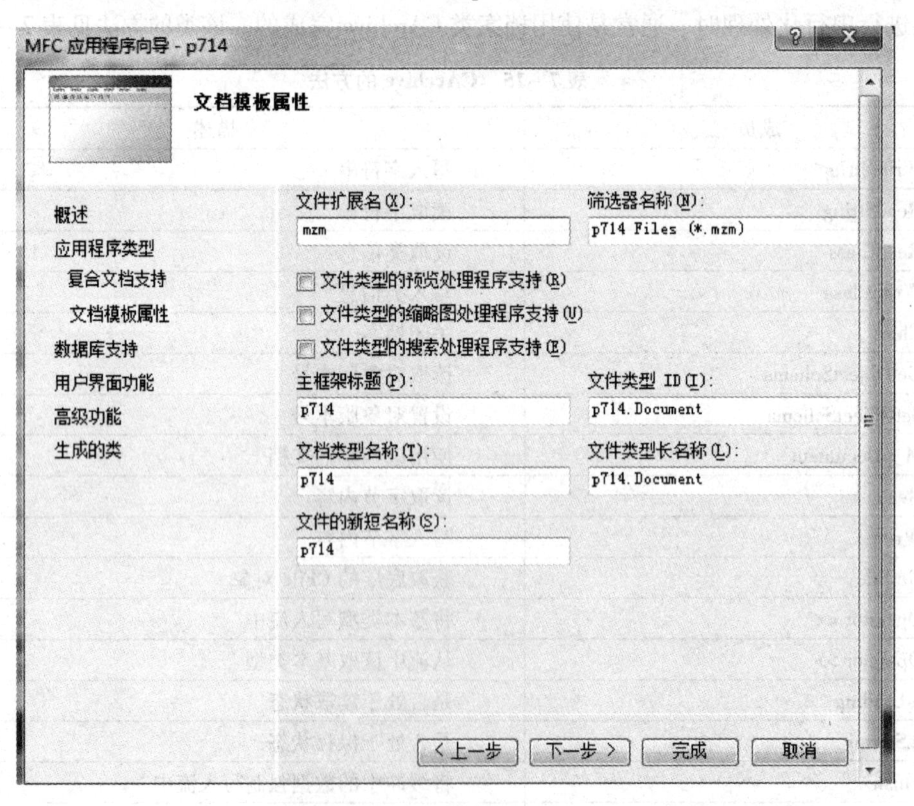

图 7－41 文档模板属性页面中文件扩展名和文件筛选器名

在 MFC 应用程序向导“生成的类”页面把 Cp714View 类的基类改为 CEditView。

1. 创建第二个文档和视图类

单击“项目 | 添加类”菜单项，在该向导页面中选择“MFC”类，单击“添加”按钮，在类名编辑框内写上“Cmyseconddoc”，基类为“DCocument”，其他为默认值，单击“完成”按钮，则在应用程序中添加了 CDocument 的派生类 Cmyseconddoc 类。

依照同样方式为该项目添加类“CmysecondView”，基类为“CView”类。

2. 创建资源

在 Resource. h 文件中，可以看到#define IDR_p714TYPE 130。

可以从代码中看到最后一个资源的值是306，其代码为：

```
#define IDS_EDIT_MENU 306
```

手工添加如下代码：“#define IDR_mysecondType 307”，表示定义的第二类文档所对应的文档、视图、框架使用共同的资源 ID。

继续可以看到以下代码：

```
#ifdef APSTUDIO_INVOKED
#ifndef APSTUDIO_READONLY_SYMBOLS
#define _APS_NEXT_RESOURCE_VALUE    310
#define _APS_NEXT_CONTROL_VALUE     1000
#define _APS_NEXT_SYMED_VALUE       310
#define _APS_NEXT_COMMAND_VALUE     32771
#endif
#endif
```

代码中的#define_APS_NEXT_RESOURCE_VALUE 310 表示如果添加下一个资源，其 ID 默认值是310，也可以修改其为#define _APS_NEXT_RESOURCE_VALUE 308，表示若添加下一个新的资源，其 ID 默认值是308。

3. 文档模板资源

文档模板字符串的格式为

```
nIDResource <WindowTitle> \n <DocName> \n <FileNewName> \n <Filter-Name> \n <FilterExt> \n <RegFileTypeID> \n <RegFileTypeName> \n <FilterM-acName (FilterWinName) >
```

在解决方案资源管理器的资源文件夹中选中“p714. rc”，右击，选择“查看代码”，选项，在该文件的代码中找到如下语句。

```
IDR_p714TYPE"\np714 \np714 \np714 Files (*.mzm) \n.mzm \np714.Document \np714.Document"
```

该语句是应用程序向导自动产生的代码，在该语句后面手动添加第二个资源模板字符串。

```
IDR_mysecondType"\nmysecond \nmysecond \nmysecond Files (*.mz2) \n.mz2 \nmysecond.Document \nmysecond.Document"
```

4. 菜单、对话框资源

在资源视图的菜单文件夹中将菜单“IDR_p714TYPE”复制一份，将其改名为“IDR_mysecondType”，并创建新的子菜单及其各个菜单项，如图7-42所示。

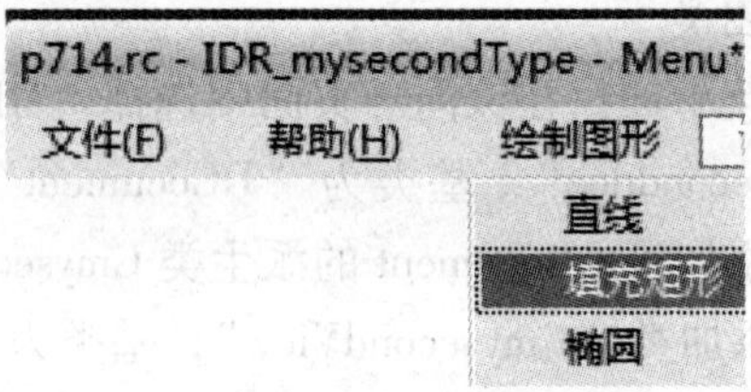

图 7－42　创建的子菜单及菜单项

直线菜单项的 ID 为 ID_Line。

填充矩形菜单项的 ID 为 ID_Rect。

椭圆菜单项的 ID 为 ID_ellipse。

5. 创建文档模板类

在应用程序类 Cp714App 的 InitInstance 函数中找到该段代码。

```
CMultiDocTemplate* pDocTemplate;
    pDocTemplate = new CMultiDocTemplate(IDR_p714TYPE,
        RUNTIME_CLASS(Cp714Doc),
        RUNTIME_CLASS(CChildFrame), //自定义 MDI 子框架
        RUNTIME_CLASS(Cp714View));
    if (! pDocTemplate)
        return FALSE;
    AddDocTemplate(pDocTemplate);
```

并在该段代码后面添加新的文档模板。

```
//手动添加新的文档模板
    CMultiDocTemplate* pDocTemplate2;
    pDocTemplate2 = new CMultiDocTemplate (
        IDR_mysecondType,
        RUNTIME_CLASS(Cmyseconddoc),
        RUNTIME_CLASS(CChildFrame), //自定义 MDI 子框架
        RUNTIME_CLASS(CmysecondView));
    if (! pDocTemplate2)
        return FALSE;
    AddDocTemplate(pDocTemplate2);
```

在添加新文档模板前要在该文件的前面引用如下两个头文件：

```
#include "Cmyseconddoc.h"
#include "CmysecondView.h"
```

然后为 Cmyseconddoc 类添加 CPtrArray 类的成员变量 m_data，CPtrArray 是一个集合类，可以保存多个类的实例对象。

```
public:
    CPtrArray m_data;
```

```
    int m_drawtype;
```

为该项目添加类“DrawData”。

```
class DrawData
{
public:
CPoint start1, finish1;
    int type;
public:
    DrawData(void);
    ~DrawData(void);
};
```

为了能在 Cmyseconddoc 中使用该类，还需在 Cmyseconddoc.h 头文件中加上引用。

```
#include  "DrawData.h"
```

在 Cmyseconddoc 中添加一个整形变量 m_drawtype。

6. 添加菜单消息处理函数

在 Cmyseconddoc.h 中添加消息的如下相应函数。

```
afx_msg void onChangeDrawType(UNIT nID);
```

在 Cmyseconddoc.cpp 中添加消息的如下映射部分。

```
BEGIN_MESSAGE_MAP(Cmyseconddoc, CDocument)
    ON_COMMAND_RANGE(ID_Line, ID_ellipse, OnChangeDrawType)
END_MESSAGE_MAP()
```

在 Cmyseconddoc.cpp 中添加如下 OnChangeDrawType(UNIT nID) 函数实现部分。

```
void Cmyseconddoc::OnChangeDrawType(UINT nID)
{
    m_drawtype = nID - ID_Line;
}
```

7. 文档串行化

```
void Cmyseconddoc::Serialize(CArchive& ar)
{
    if(ar.IsStoring())
    {
        //TODO: 在此添加存储代码
        int size = m_data.GetCount();
        ar << size;
        for (int i = 0; i < size; i ++)
        {
            DrawData* data = (DrawData* ) m_data.GetAt (i);
            ar << data -> start1.x;
            ar << data -> start1.y;
```

```
            ar << data -> finish1. x;
            ar << data -> finish1. y;
        }
    }
    else
    {
        //TODO: 在此添加存储代码
        int size;
        ar >> size;
        int i;
        m_data. RemoveAll();
        for (i =0; i <size; i ++)
        {
            DrawData * data = new DrawData;
            ar >> data -> start1. x;
            ar >> data -> start1. y;
            ar >> data -> finish1. x;
            ar >> data -> finish1. y;
            m_data. Add (data);
        }
        UpdateAllViews(NULL);
    }
}
```

在视类中需要定义一个指针“DrawData* m_drawData;”，因此头文件中需要引用头文件#include "drawdata. h"。

视类中需要用到文档类“Cmyseconddoc”，因此需要引用#include "Cmyseconddoc. h"。

在视类“CmysecondView”中需要编写“OnLButtonDown”和“OnLButtonUp”消息。

代码如下：

```
void CmysecondView::OnLButtonDown(UINT nFlags, CPoint point)
{
    //TODO: 在此添加消息处理程序代码和/或调用默认值
    Cmyseconddoc* pDoc = (Cmyseconddoc* ) GetDocument();
    m_drawData = new DrawData;
    m_drawData -> start1 = point;
    CView:: OnLButtonDown(nFlags, point);
}
void CmysecondView:: OnLButtonUp(UINT nFlags, CPoint point)
{
```

```
    //TODO: 在此添加消息处理程序代码和/或调用默认值
    Cmyseconddoc* pDoc =(Cmyseconddoc* ) GetDocument();
    m_drawData -> finish1 =point;
    CClientDC dc(this);
    CBrush* brush =CBrush::FromHandle( (HBRUSH) GetStockObject (BLACK
      _BRUSH));
    dc.SelectObject(brush);
    CRect rect (m_drawData -> start1, m_drawData -> finish1);
    switch (pDoc -> m_drawtype)
    {
    case 0:
        dc.MoveTo(m_drawData -> start1);
        dc.LineTo(m_drawData -> finish1);
        break;
    case 1:
        dc.FillRect(rect, brush);
        break;
    case 2:
        dc.Ellipse(rect);
    break;
    }
    m_drawData -> type =pDoc -> m_drawtype;
    pDoc -> m_data.Add (m_drawData);
    brush -> DeleteObject();
    Invalidate(true);
    CView:: OnLButtonUp(nFlags, point);
}
```

8. 在视类的 OnDraw 函数中添加刷新的代码

```
void CmysecondView:: OnDraw(CDC* pDC)
{
    Cmyseconddoc* pDoc =(Cmyseconddoc* ) GetDocument();
    //TODO: 在此添加绘制代码
    CBrush* brush =CBrush::FromHandle( (HBRUSH) GetStockObject (HOL-
      LOW_BRUSH));
    pDC -> SelectObject(brush);
    for (int i =0; i <pDoc -> m_data.GetCount(); i ++)
    {
        m_drawData =(DrawData* ) (pDoc -> m_data.GetAt (i));
```

```
        CRect rect (m_drawData -> start1, m_drawData -> finish1);
        switch (m_drawData -> type)
        {
        case 0:
            pDC -> MoveTo(m_drawData -> start1);
            pDC -> LineTo(m_drawData -> finish1);
            break;
        case 1:
            brush = CBrush::FromHandle((HBRUSH) GetStockObject (BLACK
              _BRUSH));
            pDC -> FillRect(rect, brush);
            break;
        case 2:
            pDC -> Ellipse(rect);
            break;
        }
    }
    brush -> DeleteObject();
}
```

调试运行。

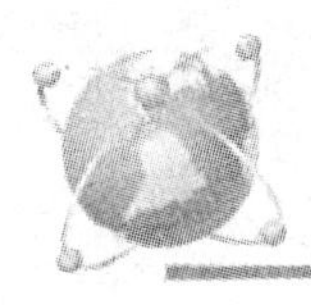

第 8 章　Windows 窗体应用程序开发

API 是应用程序编程接口（Application Program Interface）的缩写，Windows API 是 Windows 系统和 Windows 应用程序间的标准程序接口。API 为应用程序提供系统的各种特殊函数及数据结构定义。

MFC 类库集成了大量已经预先定义好的类，用户可以根据编程的需要调用相应的类，或根据需要自己定义有关的类。

. NET Framework 是 Visual Studio 2008 开发平台的核心组件，主要是由 CLR（Common Language Runtime，公用语言运行时）和 . NET Framwork 类库两个核心部分组成，CLR 提供了用户程序执行的环境，而 . NET Framwork 类库提供了在 CLR 中执行程序代码时所需的支持。

“Windows 窗体应用程序”项目是主要用于创建基于 . NET Framework 平台的 Windows 桌面应用程序。

8. 1　开发 Windows 窗体应用程序的步骤

例 8 – 1　开发一个简单的 Windows 窗体应用程序。

（1）建立第一个窗体。

启动 Visual C++. NET，选择“文件 | 新建 | 新建项目”菜单项，在新建项目页面中的项目类型选择 Visual C++，模板选择 Windows 窗体应用程序。在名称栏里添加项目名称“p501”，在位置框里写上项目的存放地址，单击“确定”按钮，如图 8 – 1 所示。建立项目后显示界面如图 8 – 2 所示。

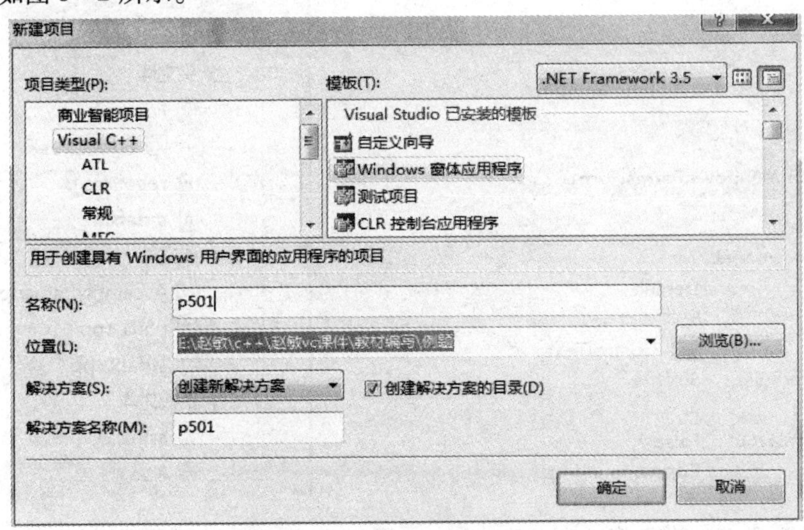

图 8 – 1　“新建项目”对话框

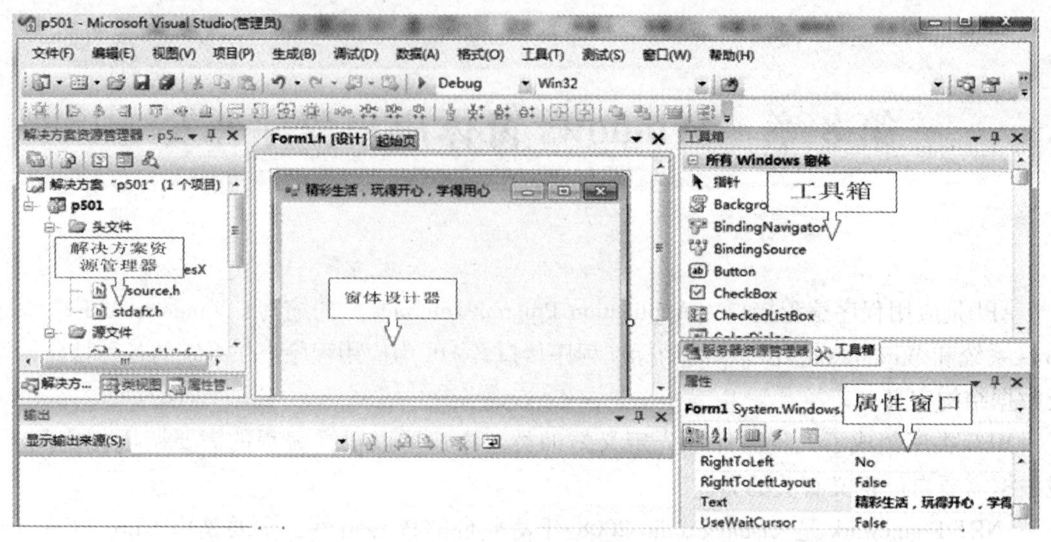

图 8－2　创建项目的窗体

（2）在图 8－2 中选中窗体设计器后，出现几个控制柄，可以用鼠标拖动控制柄，适当调整窗体的大小。或者通过设置属性窗口中的 Size 属性调节窗体的外观［调整方式参见步骤（3）、（4）］。

（3）选择“视图｜其他窗口｜属性窗口”菜单项，打开“属性”窗口，如图 8－3 所示。

（4）修改窗体的标题：在属性窗口中修改 Text 属性值为“精彩生活，玩得开心，学得用心”。

（5）在解决方案资源管理器中可以查看到多种文件类型（图 8－4），如：. cpp（C++源文件）、. h（C++头文件）、. rc（资源脚本文件）和 . resX（. NET 托管资源文件），另外在项目所在的文件夹中可以查看到 . sln（解决方案文件）。

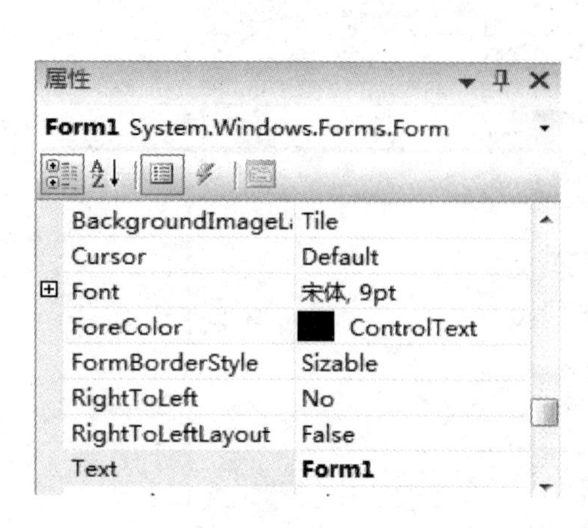

图 8－3　“属性”窗口

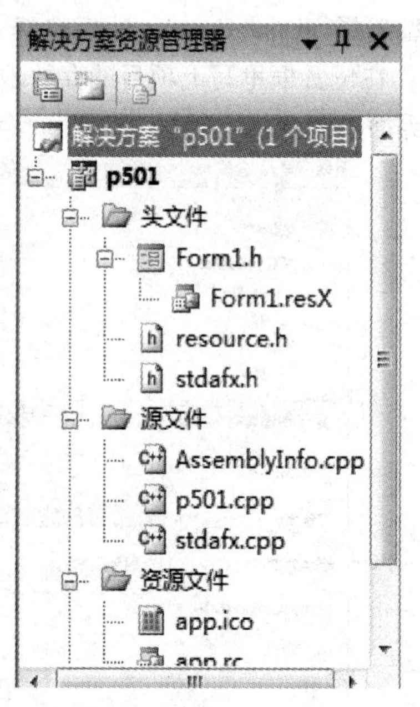

图 8－4　“解决方案资源管理器”包含的文件类型

(6) 在解决方案资源管理器中双击 p501. cpp 文件，会在代码编辑器中显示 main 函数，函数如下：

```
// p501.cpp: 主项目文件
#include "stdafx.h"
#include "Form1.h"

using namespace p501;

[STAThreadAttribute]
int main(array<System::String^>^args)
{
    // 在创建任何控件之前启用 Windows XP 可视化效果
    Application::EnableVisualStyles();
    Application::SetCompatibleTextRenderingDefault(false);

    // 创建主窗口并运行它
    Application::Run(gcnew Form1());
    return 0;
}
```

每条语句见如下注释：

```
#include "stdafx.h"//包含头文件
#include "Form1.h"
using namespace p501; //引用命名空间
Application::EnableVisualStyles (); //启用可视化样式
Application::SetCompatibleTextRenderingDefault (false);
//设置呈现格式
Application::Run (gcnew Form1 ()); //创建并运行 Form1 窗体
```

(7) 在“解决方案资源管理器”窗口中单击“源文件”文件夹，然后单击 AssemblyInfo. cpp 文件，打开 AssemblyInfo 文件。该文件用来配置 p501 应用程序的信息，内容如下：

```
[assembly: AssemblyTitleAttribute("p501")]; //设置标题
[assembly: AssemblyDescriptionAttribute("")]; //设置简介
[assembly: AssemblyConfigurationAttribute("")]; //设置配置
[assembly: AssemblyCompanyAttribute("zm.Org")]; //设置公司
[assembly: AssemblyProductAttribute("p501")]; //设置产品
[assembly: AssemblyCopyrightAttribute("Copyright(c) zm.Org 2014")];
//设置版权
[assembly: AssemblyTrademarkAttribute("")]; //设置商标
[assembly: AssemblyCultureAttribute("")]; //设置文化
```

(8) 选择“调试 | 开始执行（不调试）”菜单项，运行程序。

8.2 窗体及消息框

在 Windows 窗体应用程序中，“窗体”是向用户显示信息的可视界面。窗体作为一个容器，可以在其上添加很多控件（如文本框、按钮等），同时可以开发这些控件的用户操作的响应（如单击鼠标、拖动鼠标的响应）。窗体的常用属性、事件和方法见表 8－1、表 8－2、表 8－3。

表 8－1　窗体的常用属性

属性	含义	备注
Text	设置窗体的标题	
Size	设置窗体的大小	
BackColor	设置对象背景颜色	
BackgroundImage	设置对象背景图片	图片的路径和文件名
Cursor	设置鼠标在该对象上时的形状	单击属性值右侧的下三角按钮，在下拉列表框中选择合适的鼠标形状
Font	设置或者获取显示文字的字体	
ForColor	设置对象前景颜色	
WindowsState	设置窗体可视化状态	Minimize 为最小化，Normal 为正常，Maximize 为最大化
Icon	设置窗体的图标	
Opacity	设置窗体的透明度	值为 100% 时为不透明，为 0% 时为透明
MinimizeBox	设置窗体的最小化按钮	
MaximizeBox	设置窗体的最大化按钮	

表 8－2　窗体的常用事件

事件	含义	备注
Load	在第一次显示窗体前发生	
Click	当程序运行后用鼠标单击对象时触发的事件	
Move	移动控件时触发该事件	
Closed	关闭窗体时触发该事件	

表 8－3　窗体的常用方法

方法	含义	备注
Close( )	关闭窗体	
Refresh( )	清除窗体中生成的图形或文字	
CreateGraphics( )	创建 Graphics 对象	
Activate( )	激活窗体并获得焦点	
ResetBackColor( )	重置 BackColor 属性为默认值	

续表

方法	含义	备注
ShowDialog( )	将窗体显示为模式对话框	
Show( )	显示控件	若该控件为窗体，则表示显示窗体
Hide( )	隐藏控件	
Dispose( )	释放所使用的资源	

有些应用程序中，会借助消息框和用户进行交互。在消息框中借助包含文本、按钮和图标，提示用户该做什么。消息框是由 System::Windows 命名空间提供的 MessageBox 类。在程序中不能创建 MessageBox 类的实例，通常调用其静态 Show( ) 方法，共有如下四种重载形式。

```
Static DialogResult::Show(String^text);
Static DialogResult::Show(String^ text, String^ caption);
Static DialogResult::Show(String^ text, String^ caption, MessageBox-
  Buttons buttons);
Static DialogResult::Show(String^ text, String^ caption, MessageBox-
  Buttons buttons, MessageBoxIcon icon);
```

其中，caption 参数表示消息框中的标题；text 参数表示消息框中要显示的消息的内容；MessageBox Buttons 是一个枚举类型的参数，指定消息框中具体显示哪些按钮；MessageBoxIcon 也是一个枚举类型的参数，指定消息框中要显示哪个图标，具体介绍见表 8-4、表 8-5。

表 8-4 MessageBoxButtons 枚举成员

成员	说明
OK	“确定”按钮
OKCANCEL	“确定”“取消”按钮
YESNO	“是”“否”按钮
YESNOCANCEL	“是”“否”“取消”按钮
AbortRetryIgnore	“终止”“重试”“忽略”按钮
RetryCancel	“重试”“取消”按钮

表 8-5 MessageBoxIcon 枚举成员

成员	说明	成员	说明
None	无提示图标	Stop	
Hand		Error	

续表

成员	说明	成员	说明
Question		Warning	
Exclamation		Information	
Asterisk			

MessageBox: :Show 函数返回值为 Forms :: DialogResult 枚举类型值，指示了用户单击消息框中的哪个按钮，其返回的枚举成员见表 8 -6。

表 8 -6　DialogResult 枚举成员

成员	说明
None	没有单击消息框按钮，模式消息框继续运行
OK	单击了消息框“确定”按钮
Cancel	单击了消息框“取消”按钮
Abort	单击了消息框“终止”按钮
Retry	单击了消息框“重试”按钮
Ignore	单击了消息框“忽略”按钮
Yes	单击了消息框“是”按钮
No	单击了消息框“否”按钮

例 8 -2　使用消息框，显示相应的信息。

```
MessageBox :: Show ("顺其自然，坦然得失!","坦荡, MessageBoxButtons :: OK-
Cancel, MessageBoxIcon :: Asterisk);
```

例 8 -2 运行后弹出的消息框如图 8 -5 所示。

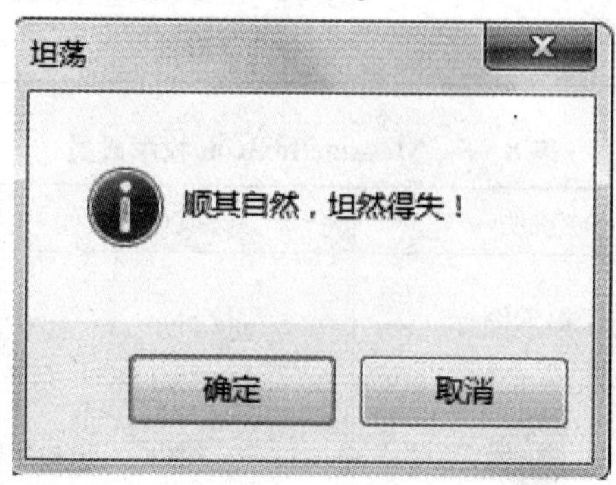

图 8 -5　例 8 -2 运行后弹出的消息框

8.3 Windows 控件使用

Windows 常用控件有标签、按钮、文本框、单选按钮、复选按钮、列表框、组合框、分组框、面板和图片框等。本节分别介绍窗体中添加控件方法及常用控件的使用。

1. 为窗体添加控件

通常使用窗体设计器向窗体中添加控件。首先在窗体设计器中打开要添加控件的窗体（在解决方案资源管理器中头文件文件夹内，双击相应窗体头文件的节点即可打开该窗体），然后打开工具箱窗口（在菜单“视图|工具箱”中即可打开）。

可使用下列几种方法向窗体中添加控件：双击工具箱中的控件，将在窗体的默认位置添加默认大小的控件；在工具箱中选中一个控件，按住鼠标左键不放，把鼠标指针移到窗体的相应位置，然后松开鼠标左键。

2. 调整控件

控件添加到窗体中之后，可以对控件进行调整，包括其位置、大小、对齐方式等。

要调整控件的摆放，首先要选中窗体中的控件（如果要选择多个控件时，可以先按下“Ctrl”键或“Shift”键，同时用鼠标单击要选择的其他控件；或者按下鼠标左键拖动鼠标，选择一个范围，该范围内的控件均被选中），然后通过格式菜单或工具栏上的格式按钮进行调整。如图 8-6 所示为调整窗体中所有的控件左对齐。

3. 设置控件的“Tab”键顺序

控件的“Tab”键顺序决定了当用户使用“Tab”键切换焦点时的顺序。默认情况下，控件的“Tab”键顺序就是控件添加到窗体的顺序。可以使用“视图”→“Tab 键顺序”菜单项把窗体设计器切换到“Tab”键顺序选择模式，单击哪个控件就是改变哪个控件的“Tab”键顺序。再次使用“视图”→“Tab 键顺序”菜单项将切换回设计模式，如图 8-7 所示。另外，也可以通过在属性窗口中设置控件的 TabIndex 属性来改变它们的“Tab”键顺序。

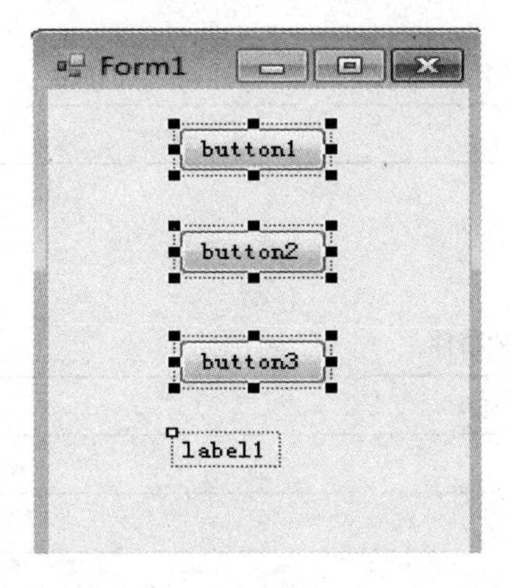

图 8-6　调整控件左对齐

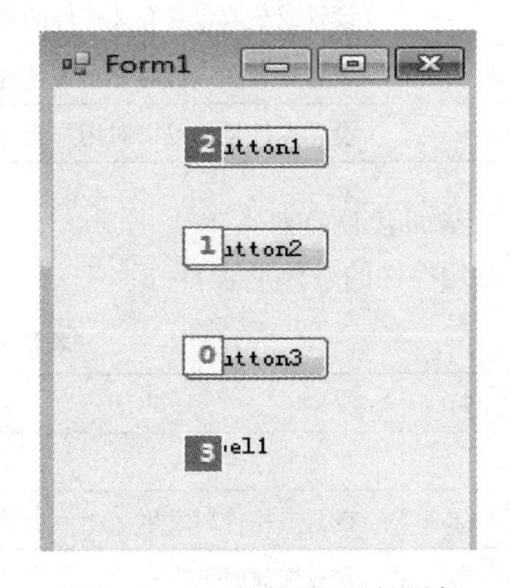

图 8-7　显示控件的 Tab 键顺序

4. 常用控件的属性

常用控件的属性见表 8-7。

表 8－7　常用控件的属性

属性	描述
Anchor	设置控件的哪个边缘锚定到其容器边缘
Dock	设置控件停靠到父容器的哪个边缘
Name	设置或获取控件的名称
Text	设置或获取与此控件关联的文本
Size	设置或获取控件的大小，如 textBox1 -> Size = System::Drawing::Size（30，25）;
Parent	设置或获取控件的父容器 textBox1 -> Text = textBox1 -> Parent -> Name;
Location	设置控件在其容器中的显示位置，如 this -> button1 -> Location = System::Drawing::Point（90，43）;
X	设置或获取控件的左边界到容器左边界的距离
Y	设置或获取控件的顶部到容器顶部的距离
Font	设置或获取控件显示文字的字体，如 textBox1 -> Font = gcnew System::Drawing::Font（"Microsoft Sans Serif", 18.0F, System::Drawing::FontStyle::Bold, System::Drawing::GraphicsUnit::Point,（（System::Byte）（0）））;
ForeColor	设置或获取控件的前景颜色
BackColor	设置或获取控件的背景颜色，如 this -> BackColor = System::Drawing::SystemColors::ActiveCaptionText;
Cursor	设置或获取当鼠标指针位于控件上时显示的光标样式
TabIndex	设置或获取控件容器上控件的“Tab”键顺序，如 this -> button1 -> TabIndex = 0;
TabStop	设置用户能否使用“Tab”键将焦点放在该控件上
Tag	设置或获取包含有关控件的数据对象
Visible	设置是否在运行时显示该控件及其所有子控件
Enable	设置控件是否可以对用户交互做出响应

5. 常用控件的事件

常用控件的事件见表 8－8。

表 8－8　常用控件的事件

事件	描述
Click	在单击控件时发生
DoubleClick	在双击控件时发生
DragDrop	完成拖放时发生
DragEnter	当被拖动的对象进入控件的边界时发生
DragLeave	当被拖动的对象离开控件的边界时发生

续表

事件	描述
MouseDown	当鼠标指针位于控件上并按下鼠标键时发生
MouseUp	当鼠标指针位于控件上并释放鼠标键时发生
MouseMove	鼠标指针移到控件上时发生
KeyPress	控件有焦点的情况下，按下任一键时发生
KeyDown	控件有焦点的情况下，按下并释放键时发生
KeyUp	控件有焦点的情况下，释放任一键时发生
GotFocus	在控件获得焦点时发生
LostFocus	当控件失去焦点时发生
Paint	在重绘控件时发生
Resize	在调整控件大小时发生
Validated	在控件完成验证时发生
Validating	在控件正在验证时发生

8.3.1 按钮控件

Button（按钮）控件，在工具箱中的图标是 ab Button，双击或者用鼠标拖动工具箱中的 Button 按钮，可将按钮添加到窗体中，窗体上的按钮，允许用户通过单击它来完成指定的操作。用户单击按钮后，会触发 Click（单击）事件处理程序。按钮控件不支持 DoubleClick（双击）事件。

例 8－3 用户单击按钮，按钮的外观会变宽。

（1）在窗体上拖放一个按钮 Button1。

（2）选中 Button1，打开属性窗口的属性标签页（单击 图标）。选择 Text 属性，为该属性赋值为“我很苗条，但脾气很坏！”。

（3）选择 Button1，打开属性窗口的事件标签页（单击 图标），双击它的单击事件（Click）右侧的空白处，就会跳转到代码编辑器，并自动生成 Button1 的单击事件的框架，代码如下：

```
private: System::Void button1_Click (System::Object^ sender, System::
 EventArgs^ e)
        {
        }
```

（4）在该事件处理程序中添加如下代码：

```
private: System::Void button1_Click (System::Object^ sender, System::
 EventArgs^ e)
        {
```

```
    button1 ->Text ="我很丑，可是我很温柔!";
    button1 ->Size =System::Drawing::Size (170, 80);
}
```

（5）运行程序后，界面如图 8 -8 所示，用鼠标单击按钮后的界面如图 8 -9 所示。

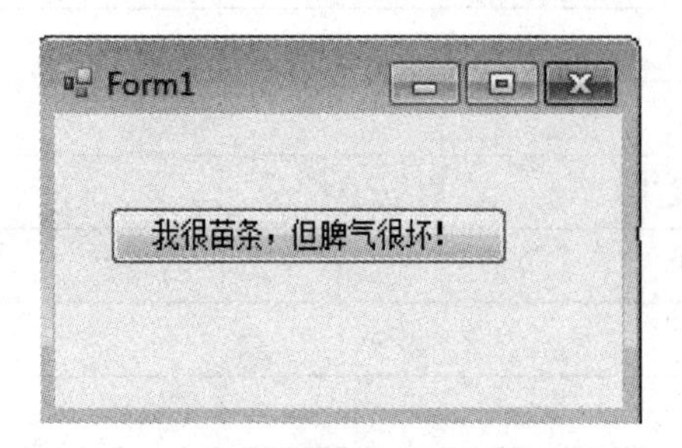

图 8 -8　单击按钮前的界面

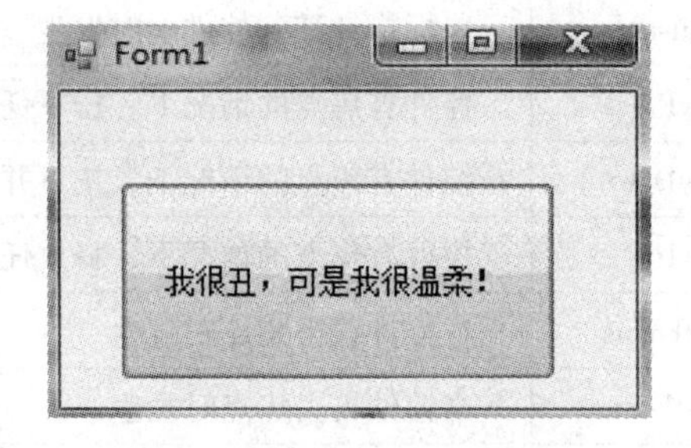

图 8 -9　单击按钮后的界面

8.3.2　文本控件

1. Label 控件

Label 控件又称为标签控件，在工具箱中的图标是 A Label，通常用来输出标题、显示处理后的结果、标识窗体上的对象或者输出文本信息等，这些信息不能被编辑，标签一般也不用于事件的触发。

标签中常用的属性如下：

Text 用于显示标签的内容，是标签控件的重要属性之一。

AutoSize 是设置控件大小是否随标签的 Text 属性的内容大小自动调整，取值为 True 或者 False，默认值为 True。

Image 是用于设置图像。选择 Label 控件，打开属性窗口，在 Image 属性右侧有一个带三个逗点的按钮（Image (无) ...）单击该按钮，显示一个打开文件页面，找到保存图像文件的相应位置，且选择该文件，并单击“打开”按钮，这样就完成了对标签控件的图像设置。

2. TextBox 控件

TextBox 控件又称为文本框控件，在工具箱中的图标是 abl TextBox，该控件可以输入信息，并且可以显示输出信息，同时还可以修改、编辑文本框的内容。

TextBox 控件的常用属性见表 8 -9。

表 8 -9　TextBox 控件的常用属性

属性	说明
MaxLength	设置文本框允许输入字符的最大长度，该属性为 0 时，其最大长度仅受内存限制
MultiLine	设置是否可以输入多行文本，当取值为 True 时，允许输入多行的文本（此时通常也把 WordWrap 设置为 True），当取值为 False 时，只能输入一行文本，超过文本框部分的文本不能显示

续表

属性	说明
PasswordChar	允许设置一个字符，程序在运行时，文本框中所有的 Text 属性的内容全部被 PasswordChar 属性所设定的值代替（MultiLine 属性设置为 True 时，PasswordChar 属性不起作用），比如向文本框中输入密码时，就可设置此属性。若 PasswordChar 属性内没有设定值，则文本框中 Text 属性的内容按原来内容显示
ReadOnly	表示只读，其值为布尔型
ScrollBars	设置滚动条模式，None 为无滚动条，Horizontal 为水平滚动条，Vertical 为垂直滚动条，Both 为水平和垂直滚动条
SelectedText	在文本框中选中的文本内容

TextBox 的常用方法见表 8－10。

表 8－10　TextBox 的常用方法

方法	说明
Clear()	清除文本框中的内容
Copy()	将文本框中选中的文本复制到剪贴板
Cut()	将文本框中选中的文本剪切到剪贴板
Paste()	将剪贴板中的内容粘贴到文本框中当前光标所在位置
Redo()	重新应用控件中上一次撤销的操作
Select()	选中文本框中的部分或者全部文本
SelectAll()	选中文本框中的全部内容
Undo()	撤销对文本框的上一个编辑操作

例 8－4　设计一段程序，完成在相应编辑框中输入姓名、性别、年龄、专业，然后单击“确定”按钮，弹出一个消息框，显示所填写的内容。

在窗体上添加四个 Label 控件，设置它们的 Text 属性，见表 8－11。

表 8－11　控件属性设置

控件	属性	取值
label1	Text	姓名:
label2	Text	性别:
label3	Text	年龄:
label4	Text	专业:
textBox1	Name	name
textBox2	Name	sex
textBox3	Name	age
textBox4	Name	major
button1	Text	显示

在 button1 的单击事件中编写如下代码:

```
private: System::Void button1_Click (System::Object^ sender, System::
 EventArgs^ e)
        {
            String^aa;
            aa ="姓名为:"+name->Text+"  "+"性别为:"+sex->Text+"年龄
              为:"+age->Text+"  "+"专业为 a:"+major->Text;;
            MessageBox::Show (aa);
        }
```

运行后，在四个编辑框中输入相应信息，界面如图 8－10 所示，单击“显示”按钮后弹出一个消息框，界面如图 8－11 所示。

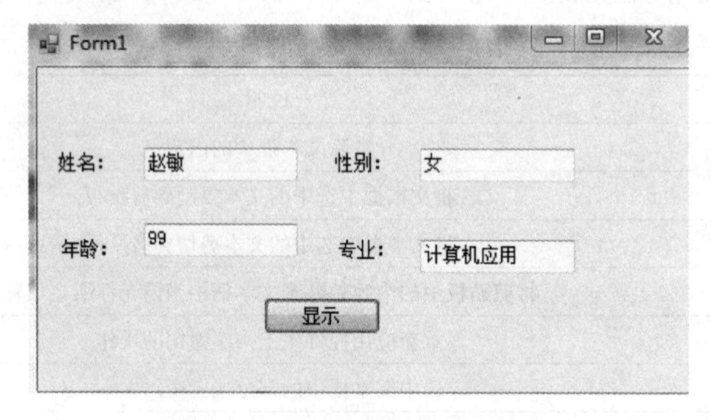

图 8－10　输入相应信息后的界面

图 8－11　单击“显示”按钮后弹出消息框的界面

3. RichTextBox 控件

RichTextBox 控件又称为富文本控件，在工具箱中的图标是 RichTextBox，该控件用于显示、输入和操作带有格式的文本，该控件提供了比 TextBox 更高级的格式设置。

RichTextBox 控件常用属性见表 8－12。

表 8－12 RichTextBox 控件常用属性

属性	说明
SelectedRtf	使用该属性可以获取或设置控件中被选中的 RTF 格式文本
SelectedText	被选中的文本会丢失所有有关格式化的信息
SelectionColor	该属性可以修改选中文本的颜色
SelectionFont	该属性可以修改选中文本的字体

例 8－5 使用 RichTextBox 控件的 SelectionColor 属性和 SelectionFont 属性对选中的文本进行颜色和字体的设置。

```
private: System::Void button1_Click(System::Object^ sender, System::
 EventArgs^ e)
        {
            richTextBox1 -> SelectionFont = gcnew System::Drawing::Font
              ("Dotum", 12, FontStyle::Italic);
            richTextBox1 -> SelectionColor = System::Drawing::Color::
              Blue;
        }
```

选中文本字体和颜色设置的运行界面如图 8－12 所示。

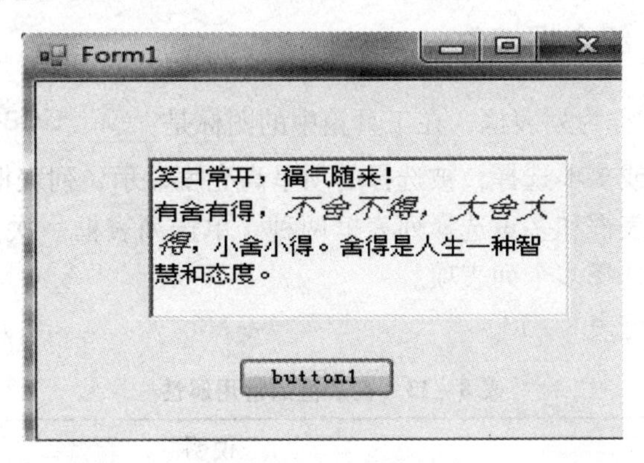

图 8－12 选中文本字体和颜色设置的运行界面

8.3.3 容器控件

（1）GroupBox 控件又称为分组框，在工具箱中的图标是 GroupBox，该控件可以为其他控件提供可识别的分组。分组框本身是一个容器类控件，根据程序设计的需要，把可归为同一组的一些控件放在一个 GroupBox 控件中，这样，GroupBox 控件就成为这些控件的父控件，在移动 GroupBox 控件时，它内部的其他控件也随之移动。当调整 GroupBox 控件内部控件的 Anchor 和 Dock 属性时，其参照的不是 Form 窗体，而是这些控件的直接父控件，即 GroupBox 控件。

（2）Panel 控件也是一个容器控件，在工具箱中的图标是 Panel，该控件没有 Text

属性，而 GroupBox 控件具有 Text 属性。Panel 控件把其他控件组合在一起，放在一个面板上，更易于管理这些控件。

8.3.4 选择控件

（1）RadioButton 控件又称为单选按钮控件，在工具箱中的图标是 RadioButton，在同一个容器中的多个 RadioButton 控件中，只能有一个 RadioButton 控件为选中状态。

Checked 属性：单选按钮是否被选中，该值为 True，表示被选中。Appearance 属性：当取值为 Normal 时，单选按钮选中状态为 radioButton2，没有选中状态为 radioButton2；当取值为 Button 时，外观看起来像标准的按钮，但工作方式类似于开关，选中状态为 radioButton1 的外观，没有选中状态为 radioButton1 的外观。

CheckedChanged 事件：当 Checked 属性值发生改变时，触发该事件。

（2）CheckBox 控件又称为复选框，在工具箱中的图标是 CheckBox，在同一个容器中的多个 CheckBox 控件中，可以有多个 CheckBox 控件为选中状态。它们之间并不互相排斥。

ThreeState 属性：若把该属性设置为 True，则复选框就有如下三个 CheckState 枚举值可选。

①Checked 属性：复选框有选中标记。

②UnChecked 属性：复选框没有选中标记。

③Indeterminate 属性：复选框为灰色显示。

8.3.5 列表框、组合框控件

（1）ListBox 控件又称为列表框，在工具箱中的图标是 ListBox，它允许用户从所列出的表项中进行单项或多项选择，被选择的项呈高亮度显示，列表框一般带有一个垂直滚动条。列表框分单选列表框和多重选择列表框两种。单选列表框一次只能选择一个列表项，而多重选择列表框可以选择多个列表项。

列表框的常用属性见表 8－13。

表 8－13 列表框的常用属性

属性	说明
Items	指定列表框中的项
Items -> Count	返回列表框中项的总数目
sorted	若为 True 表示列表框中的项是按照字母顺序排列的
SelectedIndex	指定列表框中选定项的索引号，索引值范围为 0 ~ n－1，如果没有选定任何项，则返回值为－1
SelectedIndices	获取一个集合，该集合中包含了在列表框中所有选中项的索引
MultiColumn	若为 True 表示列表框中是以多列的形式显示项
SelectionMode	指定列表框是单项选择、多项选择还是不可选择
Text	列表框中选定项的文本

向列表框中添加项目的内容。向窗体中拖放一个列表框控件，选中该列表框，然后打开属性窗口，单击 Items 属性右侧的按钮，在弹出的字符串集合编辑器中输入各个项目的内容，输入结束后，单击“确定”按钮，这样在窗体中即可看到列表框中各个项的内容，如果项目较多，会自动添加一个垂直的滚动条。列表框的 Items 属性有 ListBox::ObjectCollection 类表示。该类的主要方法见表 8-14 所示。

表 8-14 ListBox::ObjectCollection 类的常用方法

方法	说明
Add( )	向列表框中添加一项
Clear( )	从列表框中清除所有的项
Contains( )	确定指定的项是否位于集合内
Insert( )	将项插入到列表框的指定索引处
Remove( )	从列表框的集合中移除指定的对象
RemoveAt( )	移除列表框的集合中指定索引处的项

列表框的常用事件。当鼠标单击列表框中的某一项时会触发 SelectIndexChanged 事件。

例 8-6 完成向列表框中添加项、删除项，界面如图 8-13 所示。

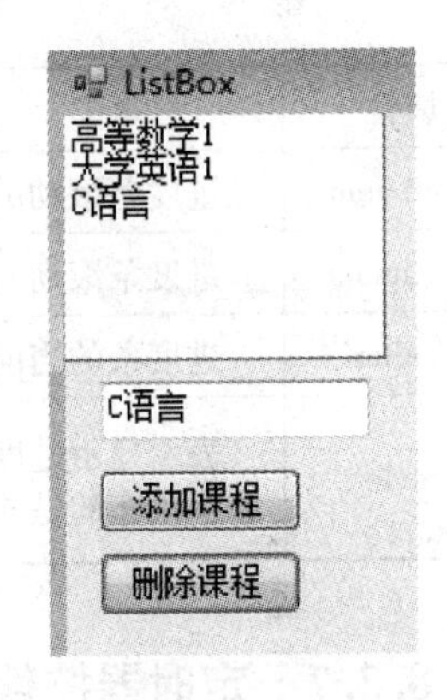

图 8-13 列表框中示例界面

添加课程的代码如下：

```
private: System::Void addsubject_Click(System
  :: Object^ sender, System::EventArgs^ e)
        {
            listBox1 -> Items -> Add(textBox1 ->
              Text);
        }
```

删除课程代码如下：

```
private: System::Void deletesubject_Click(System::Object^ sender, Sys-
   tem::EventArgs^ e)
        {
            String^ s;
            s = listBox1 -> SelectedItem -> ToString();
            listBox1 -> Items -> Remove(s);
        }
```

（2）ComboBox 控件又称为组合框，在工具箱中的图标是 ComboBox ，是文本框和列表框的组合，因此有与文本框和列表框相似的属性、方法、事件。

组合框特有的属性见表 8-15。

表 8－15　组合框特有的属性

属性	说明
DropDownStyle	确定组合框的样式： Simple 控件包括一个文本框和一个一直显示的列表框 DropDown 控件包括一个允许用户输入的文本框和一个隐藏的列表框 DropDownList 控件包括一个不允许用户输入的文本框和一个隐藏的列表框
Text	列表框中的默认值或者返回列表框中选中的项
MaxDropDownItems	下拉列表中显示的最大项数

8.3.6　进度条控件

ProgressBar 控件又叫进度条控件，在工具箱中的图标是 ProgressBar，该控件是在较长操作时间的状态下，告知用户正在进行某个操作，指示用户等待。

ProgressBar 控件常用属性见表 8－16。

表 8－16　ProgressBar 控件常用属性

属性	说明
Minimum	进度条滚动的下限
Maximum	进度条滚动的上限
Value	进度条的当前值
Style	表示显示进度条的样式，值为 Blocks 表示从左向右分布递增的分段块，值为 Continuous 表示填充的是连续块，值为 Marquee 表示以字幕方式显示在进度条中滚动块的样式

8.3.7　定时器控件

Timer 控件也叫定时器控件，在工具箱中的图标是 Timer，按一定时间间隔周期性地自动触发事件的控件。

定时器的重要属性：Interval 设置定时器触发事件的间隔时间，单位是毫秒。

定时器的常用方法：Start( ) 方法是启动定时器；Stop( ) 方法是停止定时器。

定时器的常用事件：Tick 事件。Interval 属性设置后，启动定时器，每经过 Interval 指定时间一次便会触发一次 Tick 事件。

8.3.8　PictureBox 控件

PictureBox 控件用于显示图像，在工具箱中的图标是 PictureBox。

PictureBox 控件常用属性见表 8－17。

Refresh( ) 方法：强制控件的工作区无效并立即重绘。

Paint 事件：在重绘时触发该事件。

表 8 – 17 PictureBox 控件常用属性

属性	取值	说明
Image		用于显示的图像文件
SizeMode	AutoSize	调整控件的大小适合图像
	CenterImage	表示图像在控件内居中显示
	StretchImage	将图像的大小调整到控件大小
	Normal	图像被放置在控件的左上角

在窗口中使用 PictureBox 控件，单击该控件打开一个图像文件并在该控件中加载显示该图片，代码如下：

```
private: System::Void pictureBox1_Click(System::Object^ sender, System::EventArgs^ e)
        {
            OpenFileDialog^ ofd = gcnew OpenFileDialog;
            ofd -> Filter = L"Bmp |*.bmp | jpg |*.jpg";
            if
(ofd -> ShowDialog() == System:: Windows:: Forms:: DialogResult:: OK &&
  ofd -> FileName -> Length > 0)
            {
                pictureBox1 -> Load(ofd -> FileName);
            }
        }
```

8.3.9 通用对话框

1. 打开文件对话框

OpenFileDialog 控件提供了一个 Windows 标准的打开文件对话框，在工具箱中的图标是 OpenFileDialog，用户可以使用打开文件对话框浏览计算机中的文件，并选择打开一个或多个文件。

OpenFileDialog 控件的常用属性见表 8 – 18。

表 8 – 18 OpenFileDialog 控件的常用属性

属性	说明
AddExtension	当用户省略扩展名时，对话框是否自动在文件名中加扩展名
CheckFileExists	用户指定不存在的文件时，对话框是否实现警告
CheckPathExists	用户指定不存在的路径时，对话框是否实现警告
DefaultExt	默认文件扩展名
FileName	设置或者获取选定文件名的字符串

续表

属性	说明
FileNames	所有选定的文件的文件名
Filter	对话框中的“文件类型”文本框中的内容
FilterIndex	设置对话框中“筛选器”的索引
InitialDirectory	对话框中的初始目录
Multiselect	指示对话框是否可以选择多个文件
ReadOnlyChecked	指示是否选定只读复选框
RestoreDirectory	指示对话框在关闭前是否还原当前目录
ShowHelp	指示对话框中是否实现“帮助”按钮
Title	对话框的标题

OpenFileDialog 控件的常用方法见表 8 – 19。

表 8 – 19　OpenFileDialog 控件的常用方法

方法	说明
Dispose()	释放由控件占用的资源
OpenFileDialog()	打开用户选定的文件，该文件由 FileName 属性指定
ShowDialog()	运行通用对话框

OpenFileDialog 控件的常用事件见表 8 – 20。

表 8 – 20　OpenFileDialog 控件的常用事件

事件	说明
Disposed	添加事件处理程序以侦听控件上的“Disposed”事件
FileOk	当用户单击对话框中的“打开”按钮时触发该事件
HelpRequest	当用户单击通用对话框中的“帮助”按钮时触发该事件

2. 保存文件对话框

SaveFileDialog 控件用于保存文件的对话框，在工具箱中的图标是 SaveFileDialog，常用的属性和 OpenFileDialog 控件大致相同。

3. 颜色对话框

ColorDialog 控件，用于显示可使用的颜色和用户自定义的颜色，在工具箱中的图标是 ColorDialog，其常用属性见表 8 – 21。

4. 字体对话框

FontDialog 控件，用于选择本地计算机上安装的一种字体，在工具箱中的图标是 FontDialog，其常用属性见表 8 – 22。

表 8-21 ColorDialog 控件的常用属性

属性	说明
AllowFullOpen	用户是否可以使用对话框中的自定义颜色
AnyColor	设置一个指示对话框是否显示基本颜色集中可用的所有颜色
Color	获取或设置用户选定的颜色
SolidColorOnly	获取或设置一个值，该值指示对话框是否限制用户只选纯色

表 8-22 FontDialog 控件的常用属性

属性	说明
AllowVectorFont	设置对话框是否允许选择矢量字体
AllowVerticalFont	设置对话框是既显示垂直字体又显示水平字体，还是只显示水平字体
ShowColor	设置对话框是否显示颜色选择
Color	选定字体的颜色
Font	所选定的字体
MaxSize	设置用户对字符可设置的最大磅值
MinSize	设置用户对字符可设置的最小磅值

例 8-7 在窗体中通过使用通用对话框控件来控制富文本框中的内容及字体。

(1) 在窗体的头文件中添加如下代码：

```
using namespace System:: IO;
```

(2) 单击“打开”按钮，会打开指定的文件，运行界面如图 8-14 所示，具体代码如下：

```
private: System::Void button1_Click(System::Object^ sender, System::
 EventArgs^ e)
        {
            openFileDialog1 ->InitialDirectory ="f: \\vcexample\\";
            openFileDialog1 ->Filter ="文本文件(*.txt)|*.txt";
if (openFileDialog1 ->ShowDialog() ==Windows::Forms::DialogResult::
  OK)
            {
                StreamReader^str = File::OpenText(openFileDialog1 ->
                  FileName);
               richTextBox1 ->Text =str ->ReadToEnd();
               str ->Close();
            }
        }
```

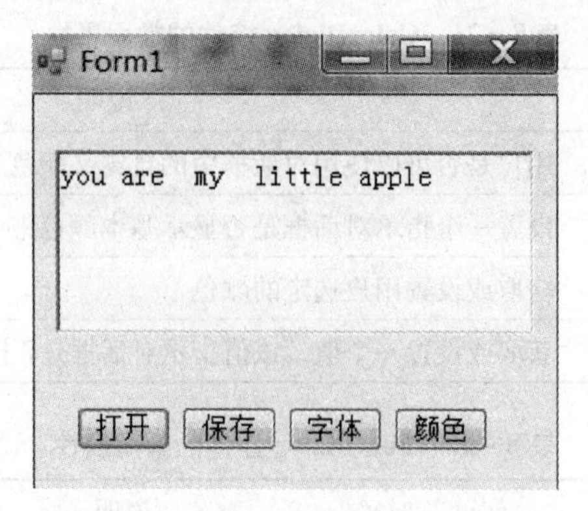

图 8－14　富文本框显示文件内容界面

（3）单击“保存”按钮，会将富文本框中的内容保存为指定的文件，代码如下：

```
private: System::Void button2_Click(System::Object^ sender, System::
  EventArgs^ e)
        {
if (saveFileDialog1 -> ShowDialog() == Windows::Forms::DialogResult::
  OK)
            {
                StreamWriter^str = File::CreateText(saveFileDialog1 ->
                  FileName);
                str -> Write(richTextBox1 -> Text);
                str -> Close();
            }
        }
```

（4）单击“字体”按钮，改变富文本框的字体和颜色，运行界面如图 8－15、图 8－16 所示，具体代码如下：

```
private: System::Void button3_Click(System::Object^ sender, System::
 EventArgs^ e)
        {
            fontDialog1 -> ShowColor = true; //是否显示颜色选择
               if (fontDialog1 -> ShowDialog() == Windows::Forms::Dia-
                 logResult::OK)
                {
                    richTextBox1 -> Font = fontDialog1 -> Font;
                    richTextBox1 -> ForeColor = fontDialog1 -> Color;
                }
        }
```

（5）单击“确定”按钮时，其返回值为 Windows::Forms::DialogResult::OK，单击“取消”按钮时其返回值为 Windows::Forms::DialogResult::Cancel。

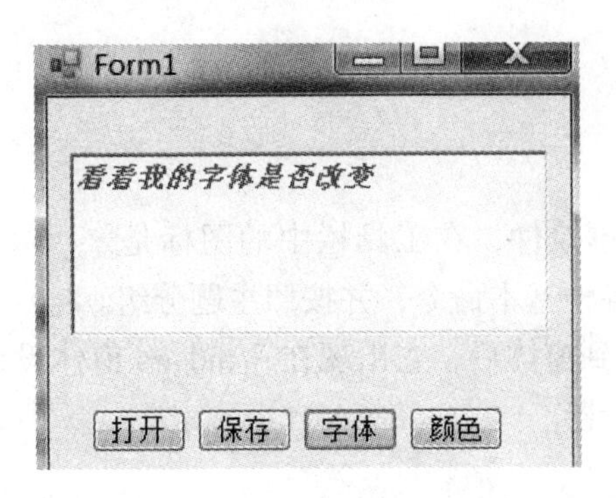

图 8-15　改变富文本框字体界面

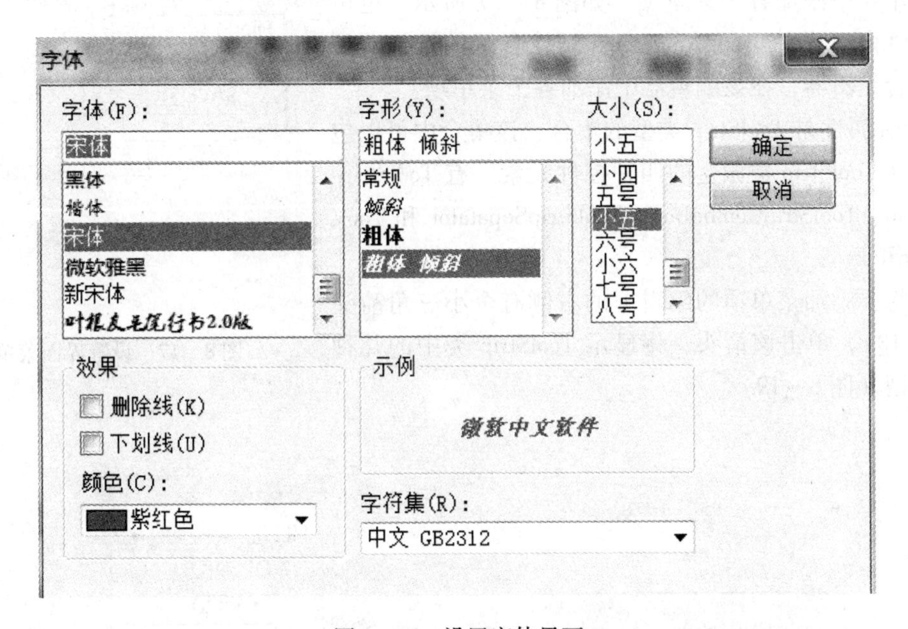

图 8-16　设置字体界面

(6) 单击“颜色”按钮，只会改变富文本框中文本的颜色，具体代码如下：

```
private: System::Void button4_Click(System::Object^ sender, System::
 EventArgs^ e)
      {
          if (colorDialog1 -> ShowDialog() == Windows::Forms::Dia-
            logResult::OK)
            {
                richTextBox1 -> ForeColor = colorDialog1 -> Color;
            }
      }
```

8.3.10 菜单

1. 菜单控件

MenuStrip 控件也叫菜单控件，在工具栏中的图标是 MenuStrip。Windows 应用程序通常提供菜单，菜单包括各种基本命令，并按照主题分组。

将 MenuStrip 控件添加到窗体后，它出现在 Windows 窗体设计器底部的栏中，同时在窗体的顶部将出现主菜单设计器。

2. 菜单项的设计

当菜单控件添加到窗体中以后，可以直接在标题栏下的菜单项中添加各个菜单项，如图 8－17 所示。也可以在属性窗口中单击菜单的 Items 属性右侧的按钮，打开项集合编辑器，在该编辑器中添加各个菜单项。

图 8－17 设置界面菜单项

Items 属性是 ToolStrip 类型的集合，该集合中可以包含所有从 ToolStrip 类派生的四种控件元素，有 ToolStripMenuItem、ToolStripComboBox、ToolStripSepatator 和 ToolStripTextBox。

在将要添加菜单项的编辑框的右侧有个小三角箭头（图 8－18），单击该箭头，将显示 ToolStrip 类中的几种控件类型（图 8－19）。

图 8－18 菜单下拉箭头显示界面

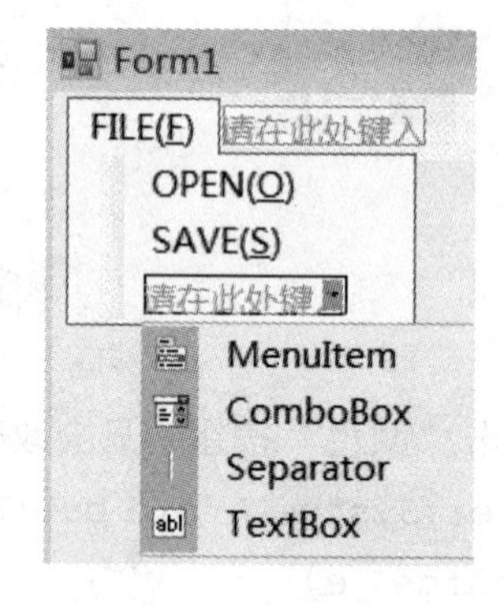

图 8－19 下级菜单设置界面

3. 分隔条

当二级菜单中选项较多时，可以使用分隔条将其分组，使得菜单结构更加清晰。

在将输入的菜单项上输入一个“－”可以在选项的上面添加一个分隔条，如图 8－20 和图 8－21 所示。

4. 访问键和快捷键

访问键（Access key）：访问键是菜单项文字后面的括号中带下划线的字符，它是在菜单设计时定义的。在菜单项的标题文字后面加上一个由“&”引导的字母，即可完成访问键的设定。定义访问键后，运行时按下“Alt +”访问键，就相当于用鼠标单击了一下该菜单项。

图 8 – 20 分隔条设置界面

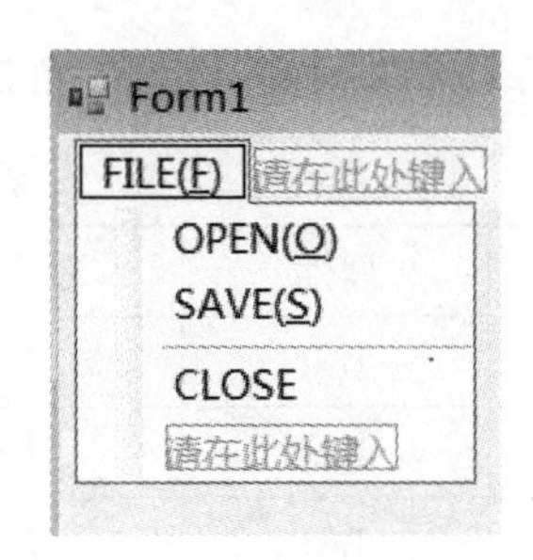

图 8 – 21 分隔条效果图

快捷键（ShortCut key）：设置每个菜单项时，在属性窗口“ShortCutKeys”属性右端，单击下拉箭头，就可在列表中选择一个合适的快捷键。

例 8 – 8 创建一个菜单驱动，能实现最简单文字编辑功能的富文本程序。

（1）从工具箱中拖放一个菜单控件到窗体，编辑各个菜单项如图 8 – 22 和图 8 – 23 所示。

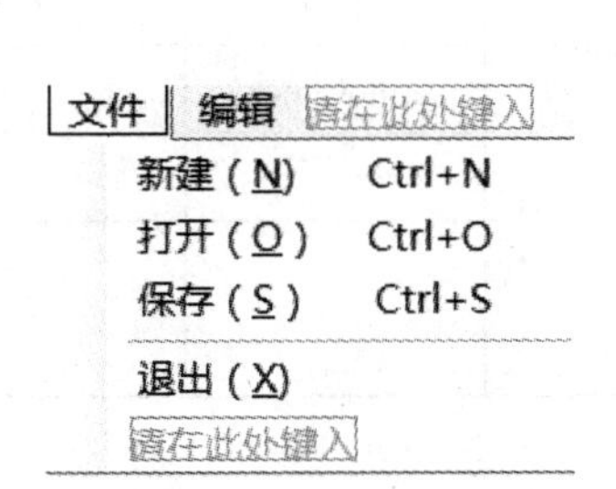

图 8 – 22 文件显示菜单

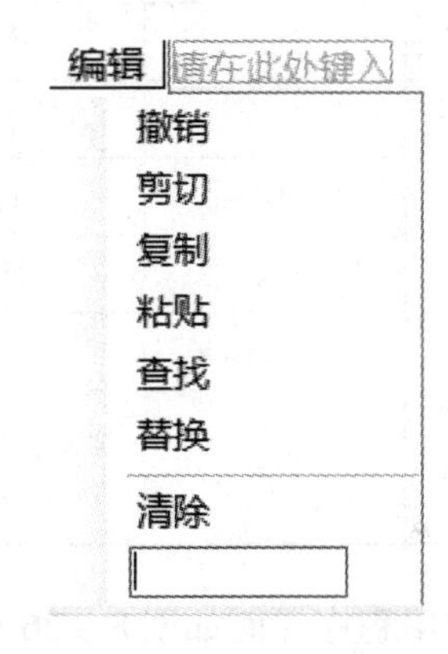

图 8 – 23 编辑菜单

（2）在菜单项的标题文字后面加上一个由“&”引导的字母，即可完成访问键的设定。图 8 – 24 所示为新建菜单项添加了访问键，其标题为“新建（&N）”，定义访问键后，运行时先单击文件菜单，再按下“Alt + N”键就相当于单击了新建菜单。

（3）快捷键的设定，选中相应的菜单项，然后设置该菜单项的“ShowShortcutKeys”属性为“True”，表示显示快捷键，然后在属性窗口“ShortCutKeys”属性右端，单击下三角箭头，就可在列表中选择一个合适的快捷键，如图 8 – 25 所示。

图 8 – 24 访问键设置方法

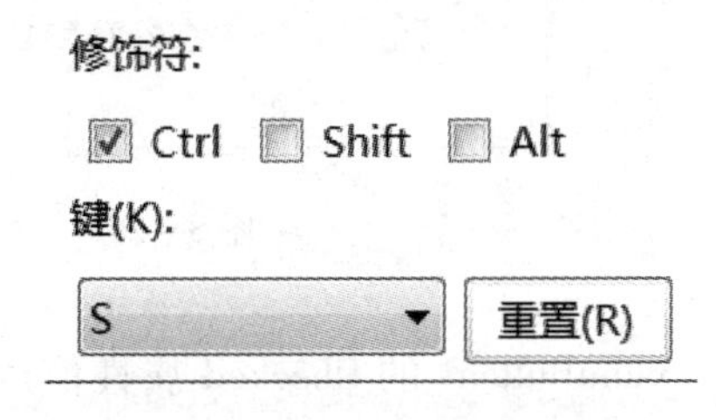

图 8 – 25 快捷键设置方法

（4）向窗体中添加控件，各个控件的属性见表 8－23。

表 8－23　各个控件的属性

控件	属性	值/含义	控件	属性	值
Label1	Text	姓名：	listBox1	Items	网络工程 计算机应用 电子信息 电子信息科学与技术 通信工程
Label2	Text	性别：			
Label3	Text	简介：			
Label4	Text	专业：			
textBox1	Text	含义：输入姓名	checkBox1	Text	游泳
comboBox1	Text	男或女	checkBox2	Text	旅游
	Items	男 女			
groupBox1	Text	学位：	checkBox3	Text	打羽毛球
groupBox2	Text	爱好：			
radioButton1	Text	本科	Form1	Text	个人信息
	AutoCheck	True	radioButton2	Text	硕士
radioButton3	Text	博士		AutoCheck	True
	AutoCheck	True			
richTextBox1	Text	含义：显示个人信息内容			

（5）应用程序界面如图 8－26 所示。

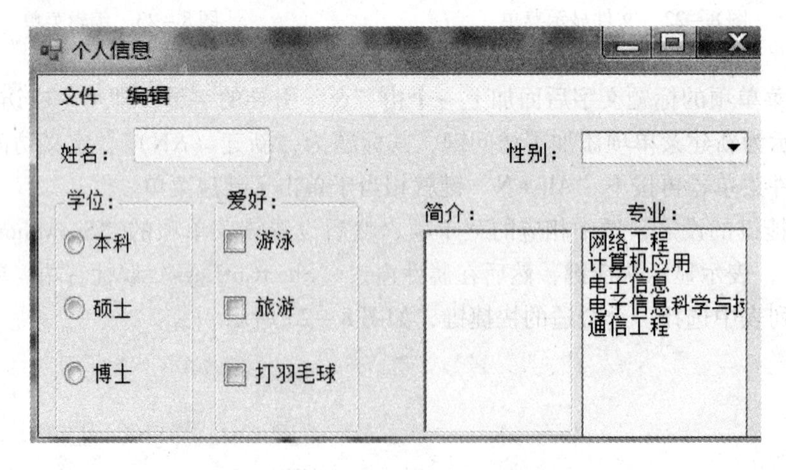

图 8－26　“个人信息”应用程序界面

（6）radioButton1 的 Checked 属性值改变时触发 radioButton1_CheckedChanged 事件，代码如下：

```
private: System::Void radioButton1_CheckedChanged (System::Object ^
```

```
  sender, System::EventArgs^ e)
       {
           if (radioButton1 ->Checked ==true)
             richTextBox1 ->Text +="学位:" + radioButton1 ->Text +"\n";
       }
private: System::Void radioButton2_CheckedChanged(System::Object^
  sender, System::EventArgs^ e)
       {
           if (radioButton2 ->Checked ==true)
             richTextBox1 ->Text +="学位:" + radioButton2 ->Text +"
             \n";
       }
private: System::Void radioButton3_CheckedChanged(System::Object^
  sender, System::EventArgs^ e)
       {
           if(radioButton3 ->Checked ==true)
             richTextBox1 ->Text +="学位:" + radioButton3 ->Text +"\n";
       }
****************************************
textBox1 中有键按下时触发 textBox1_KeyPress 事件
****************************************
private: System::Void textBox1_KeyPress (System::Object^ sender, Sys-
  tem::Windows::Forms::KeyPressEventArgs^ e)
       {
           if (e ->KeyChar ==13)
//如果键入回车键则向 richTextBox1 中添加姓名
           richTextBox1 ->Text +="姓名:" + textBox1 ->Text +"\n";
       }
//通常初始化在 Form1_Load 事件中完成
private: System::Void Form1_Load (System::Object^ sender, System::
  EventArgs^ e)
       {
           richTextBox1 ->Clear();
       }
//编辑菜单下的清除菜单项的单击事件完成对富文本框的清除功能
private: System::Void 清除 ToolStripMenuItem_Click (System::Object^
  sender, System::EventArgs^ e)
       {
           richTextBox1 ->Clear();
```

```
        }
//comboBox1 中有键按下触发 cKeyPress 事件
private: System::Void comboBox1_KeyPress (System::Object^ sender,
  System::Windows::Forms::KeyPressEventArgs^ e)
        {
            if ((e->KeyChar==13) &&comboBox1->Text!="")
              richTextBox1->Text+="性别:"+comboBox1->Text+"\n";
        }
//checkBox1 的 Checked 属性改变会触发它的 CheckedChanged 事件
private: System::Void checkBox1_CheckedChanged (System::Object^ send-
  er, System::EventArgs^ e)
        {
            if (checkBox1->Checked==true)
              richTextBox1->Text+="爱好:"+checkBox1->Text+"\n";
        }
private: System::Void checkBox2_CheckedChanged (System::Object^ send-
  er, System::EventArgs^ e)
        {
            if (checkBox2->Checked==true)
              richTextBox1->Text+="爱好:"+checkBox2->Text+"\n";
        }
private: System::Void checkBox3_CheckedChanged (System::Object^ send-
  er, System::EventArgs^ e)
        {
            if (checkBox3->Checked==true)
              richTextBox1->Text+="爱好:"+checkBox3->Text+"\n";
        }
//listBox1 中的选项发生改变时触发它的 SelectedIndexChanged 事件
private: System::Void listBox1_SelectedIndexChanged (System::Object^
  sender, System::EventArgs^ e)
        {
            richTextBox1->Text+="专业:"+listBox1->SelectedItem+"
              \n";
        }
//comboBox1 中的选项发生改变时触发它的 SelectedIndexChanged 事件
private: System::Void comboBox1_SelectedIndexChanged (System::Object^
  sender, System::EventArgs^ e)
        {
            richTextBox1->Text+="性别:"+comboBox1->Text+"\n";
```

```
        }
```

编写文件菜单下的保存菜单项和打开菜单项的单击事件，注意在编写该事件前先添加 SaveFileDialog、OpenFileDialog 两个通用对话框控件

在 Form1.h 中引用命名空间 using namespace System::IO;

```
private: System::Void 保存 SToolStripMenuItem_Click (System::Object^
  sender, System::EventArgs^ e)
        {
if (saveFileDialog1 -> ShowDialog() == Windows::Forms::DialogResult:
  :OK)
            {
                StreamWriter^ str = File::CreateText (saveFileDialog1 ->
                  FileName);
                str -> Write (richTextBox1 -> Text);
                   str -> Close();
            }
        }
```

(7) 另外一种保存方式，代码如下：

```
private: System::Void 保存 SToolStripMenuItem_Click (System::Object^
  sender, System::EventArgs^ e)
        {
            if (saveFileDialog1 -> ShowDialog() == Windows::Forms::Dia-
              logResult::OK && saveFileDialog1 -> FileName -> Length > 0)
              {
richTextBox1 -> SaveFile (saveFileDialog1 -> FileName, RichTextBox-
  StreamType::PlainText);
              }
        }
private: System::Void 打开 OToolStripMenuItem_Click (System::Object^
  sender, System::EventArgs^ e)
        {
            openFileDialog1 -> InitialDirectory = "f: \\vcexample \\";
             openFileDialog1 -> Filter = "文本文件 (*.txt)|*.txt";
if (openFileDialog1 -> ShowDialog() == Windows::Forms::DialogResult::
  OK)
              {
                  StreamReader ^ str = File::OpenText (openFileDialog1 ->
                    FileName);
richTextBox1 -> Text = str -> ReadToEnd();
                 str -> Close();
```

```
            }
        }
```

(8) 另外一种打开文件方式，代码如下：

```
private: System::Void 打开 OToolStripMenuItem_Click (System::Object^
  sender, System::EventArgs^ e)
        {
            openFileDialog1 -> InitialDirectory = "f:\\vcexample\\";
              openFileDialog1 -> Filter = "文本文件 (*.txt)|*.txt";
if (openFileDialog1 -> ShowDialog() == Windows::Forms::DialogResult::OK
   &&openFileDialog1 -> FileName -> Length > 0)
            {
richTextBox1 -> LoadFile (openFileDialog1 -> FileName, RichTextBox-
  StreamType::PlainText);
            }
        }
```

(9) 退出菜单项的单击事件处理程序，代码如下：

```
private: System::Void 退出 ToolStripMenuItem_Click (System::Object^
  sender, System::EventArgs^ e)
        {
            this -> Close();
        }
```

(10) 新建菜单项的单击事件处理程序，代码如下：

```
private: System::Void 新建 NToolStripMenuItem_Click (System::Object^
  sender, System::EventArgs^ e)
        {
            richTextBox1 -> Clear();
            textBox1 -> Clear();
            comboBox1 -> Text = "";
        }
```

(11) 编辑菜单下的各个菜单项的单击事件处理程序，代码如下：

```
private: System::Void 复制 ToolStripMenuItem_Click (System::Object^
  sender, System::EventArgs^ e)
        {
            richTextBox1 -> Copy();
        }
private: System::Void 粘贴 ToolStripMenuItem_Click (System::Object^
  sender, System::EventArgs^ e)
        {
            richTextBox1 -> Paste();
```

```
        }
private: System::Void 剪切 ToolStripMenuItem_Click (System::Object^
  sender, System::EventArgs^ e)
        {
            richTextBox1 -> Cut();
        }
```

撤销菜单的单击事件是指用键盘对富文本框进行操作后，可以撤销刚刚的操作结果，代码如下：

```
private: System::Void 撤销 ToolStripMenuItem_Click (System::Object^
  sender, System::EventArgs^ e)
        {
            richTextBox1 -> Undo();
        }
private: System::Void 查找 ToolStripMenuItem_Click (System::Object^
  sender, System::EventArgs^ e)
        {
            int position = richTextBox1 -> Text -> IndexOf ("爱好:");
              if (position >= 0)
                richTextBox1 -> Select(position, 2);
        }
```

（12）查找还可以使用 RichTextBox -> Find( ) 方法来实现，查找时富文本框要获得焦点，代码如下：

```
private: System::Void 查找 ToolStripMenuItem_Click (System::Object^
  sender, System::EventArgs^ e)
        {
            int position = richTextBox1 -> Find ("爱好");
              if (position >= 0)
              richTextBox1 -> Select(position, 2);
        }
private: System::Void 替换 ToolStripMenuItem_Click (System::Object^
  sender, System::EventArgs^ e)
        {
            String^ str1 = richTextBox1 -> SelectedText;
            //选中的文本给 str1
        richTextBox1 -> SelectedText = str1 -> Replace ("爱好","擅长");
        //在 str1 中查找“爱好”，如果存在则用“擅长”替换之
        }
```

5. ContextMenuStrip 控件

使用 ContextMenuStrip 控件可以建立快捷菜单，也称为上下文菜单，在工具箱中的图标是 ContextMenuStrip。快捷菜单是当鼠标在某控件上单击鼠标右键时弹出的菜单。因此 ContextMenuStrip 控件可以和其他控件（窗体、文本框等控件）相关联。设置某个控件的 ContextMenuStrip 属性，这样就把该特定控件和该上下文菜单联系起来，当用户在右击该控件时，就可显示该上下文菜单的各菜单项。选中其中一个菜单项，即可执行该菜单项的 Click 事件。

接例 8-8，拖放一个上下文菜单控件到窗体，可以观察到窗体设计区的下方组件托盘上会出现一个上下文菜单图标，其名称为“contextMeneStrip1”。在菜单编辑器中填入各个菜单项，如图 8-27 所示。

为 textBox1 控件设置 ContextMeneStrip 属性，选中该文本框，打开属性窗口，单击 ContextMeneStrip 属性右侧的下三角箭头，选中“contextMeneStrip1”上下文菜单（图 8-28），这样就把文本框和上下文菜单关联起来了。

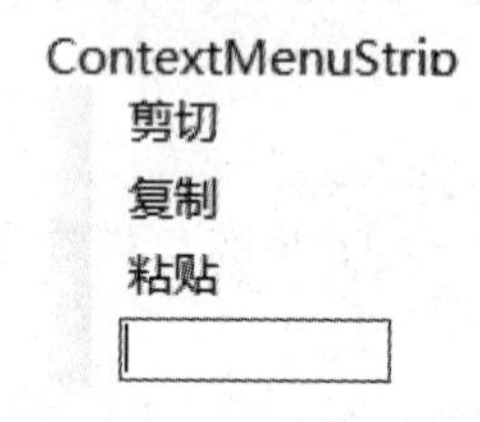

图 8-27　上下文菜单设置

图 8-28　文本框和菜单关联设置

6. 给上下文菜单的每个菜单项编写事件处理程序

（1）在上下文菜单中选中“剪切”菜单项，在属性窗口中选择事件页面，双击 Click 事件右侧的空白处，自动在 Form1. h 文件中生成该菜单项的单击事件处理程序的框架，代码如下：

```
private: System::Void 剪切 ToolStripMenuItem1_Click (System::Object^
  sender, System::EventArgs^ e)
      {
         richTextBox1 -> Cut();
      }
```

（2）在上下文菜单中编写“复制”菜单项的单击事件处理程序：首先选中上下文菜单的“复制”菜单项，在属性窗口中选择事件页面，单击 Click 事件右侧的下三角箭头，会显示已经存在的一些函数，如图 8-29 所示，因为该上下文菜单的“复制”菜单项与 MeneStrip 中的“复制”菜单项处理同一任务，所以可以调用同一个函数，选中已经存在的“复制 ToolStripMenuItem_Click”处理程序。这样就不用再重复编写上下文菜单中的菜单项，只需调用 MenuStrip 控件的菜单项处理程序即可。

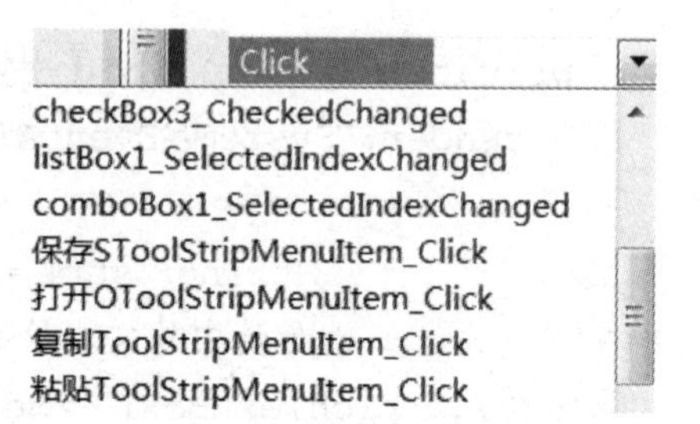

图 8-29　菜单函数复用

8.3.11 工具栏和状态栏

1. 工具栏

工具栏是 ToolStrip 控件，在工具箱中的图标是 ToolStrip，工具栏能够实现菜单栏中部分常用菜单项的功能，它以直观快捷的方式执行菜单命令。ToolStrip 控件放在窗体中，可以显示一个或者多个 ToolStripItem 对象，ToolStrip 控件的属性 Items 是对象集，在该对象集内可以向 ToolStrip 控件内添加以下选项（Button、Label、SplitButton、DropDownButton、Separator、ComboBox、TextBox、ProgressBar）。单击 ToolStrip 控件的属性 Items 右侧的按钮 Items (集合) ...，打开项集合编辑器，单击“选择项并添加到以下列表”组合框右侧的箭头，如图 8－30 所示，可以查看向工具栏内添加哪些项。

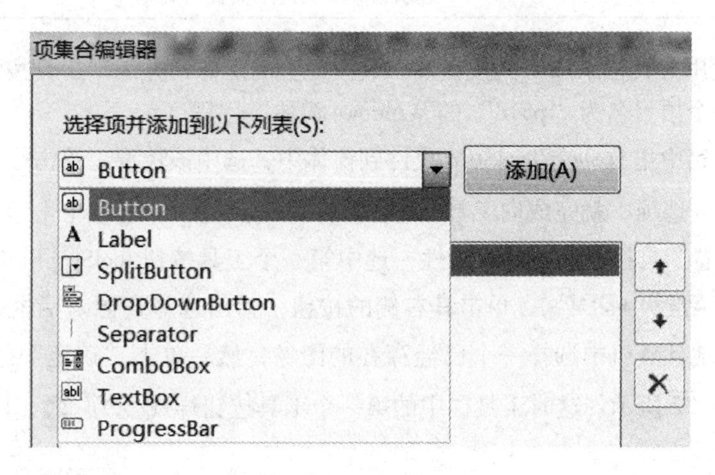

图 8－30 工具栏设置方法一

或者可以在所添加工具栏控件的窗体中选中工具栏，单击工具栏中的下三角箭头，可以弹出一个下拉列表框，如图 8－31 所示。

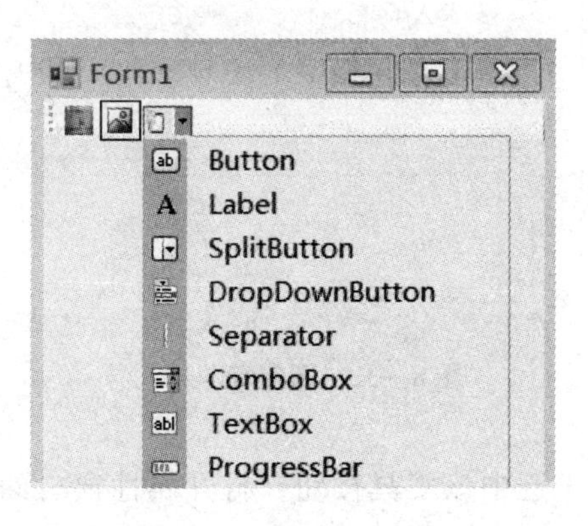

图 8－31 工具栏设置方法二

通常选择 Button 选项，在工具栏中就可以添加一系列待编辑的按钮，如 toolStripButton1，toolStripButton2……打开属性窗口对这些按钮的属性进行设置。

ToolStripButton 类常用的属性见表 8 - 24。

表 8 - 24　ToolStripButton 类常用的属性

属性	说明
Image	用于指定在该工具按钮上的图像
Text	表示该工具按钮的文本
DisplayStyle	按钮的显示方式，默认为 Image，仅显示图像
TextImageRelation	按钮上的文本和图像的相对位置
ShortcutKeys	快捷键
ToolTipText	表示该菜单项的工具提示文本

例 8 - 9　使用工具栏添加工具按钮及工具按钮上的图像，并编辑工具按钮的单击事件。

（1）创建一个项目名为“p518”的 Windows 窗体应用程序。

（2）从工具箱中拖放一个 ToolStrip 控件到窗体中，选中该控件，单击右侧的下三角箭头，选中 Button 选项，就完成向工具栏中添加一个工具按钮，继续单击向工具栏中添加工具按钮。设置工具按钮的 Image 属性，选中第一个工具按钮 toolStripButton1 的 Image 属性 Image System.Dra ...，单击其右侧的按钮，弹出选择资源对话框，单击“导入”按钮，可以在本地计算机中选择一个已经存在的图像，然后单击“确定”按钮，完成图像的导入，如图 8 - 32 所示。这时工具栏中的第一个工具按钮样式变为，图像是刚刚导入的图像。

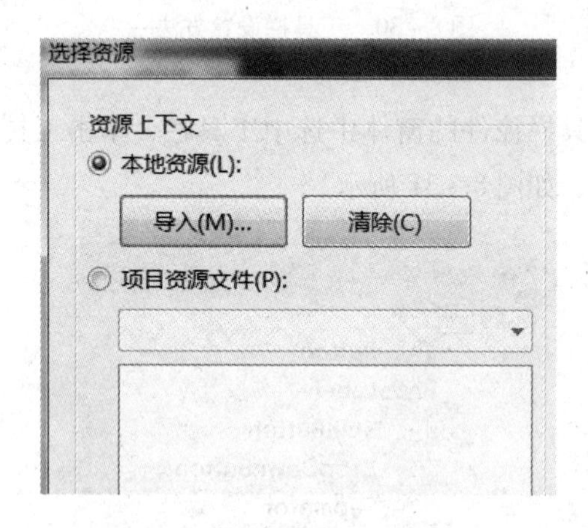

图 8 - 32　图像资源导入

（3）单击 toolStripButton1 选中该工具按钮，打开属性窗口的事件页面（单击属性窗口的图标）编辑该工具按钮的单击事件，代码如下。

```
private: System::Void toolStripButton1_Click (System::Object^ sender,
  System::EventArgs^ e)
    {
```

```
        MessageBox::Show (L"淡泊宁静是一种超脱的生活态度!");
    }
```

(4) 程序运行后单击工具栏中的工具按钮，界面如图 8－33 所示。

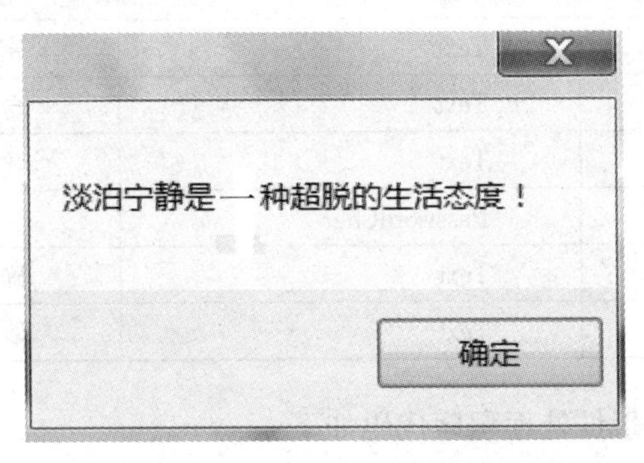

图 8－33 例 8－9 运行结果

2. 状态栏

状态栏是 StatusStrip 控件，在工具箱中的图标是 StatusStrip，该控件可以显示正在窗体中处理的对象的相关信息，例如当前打开的文件、当前的日期时间等。

StatusStrip 控件的属性 Items 是对象集，在该对象集内可以向控件内添加以下选项（StatusLabel、ProgressBar、DropDownButton、SplitButton）。单击 StatusStrip 控件的属性 Items 右侧的按钮 Items (集合) ...，打开项集合编辑器，单击“选择项并添加到以下列表”组合框右侧的下三角箭头，如图 8－34 所示，查看可以向状态栏内添加哪些项。

例 8－10 创建两个窗体，在第一个窗体登录后，显示第二个窗体，使用状态栏，在状态栏中显示当前的时间、日期和登录的用户名。

(1) 创建一个项目名为“p519”的 Windows 窗体应用程序。

(2) 向窗体 Form1 中添加控件，界面如图 8－35 所示。

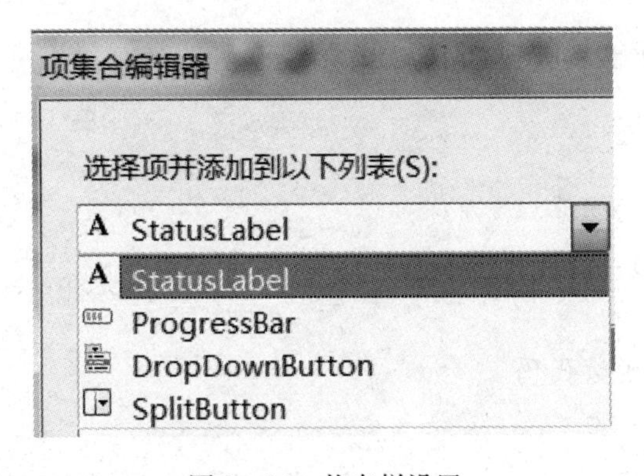

图 8－34 状态栏设置

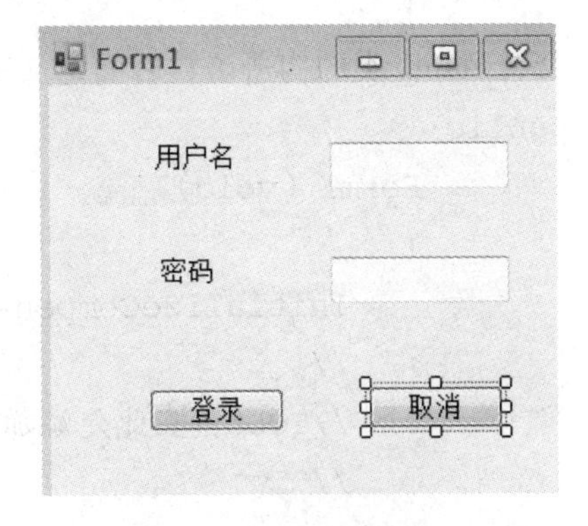

图 8－35 登录界面设计

(3) 继续创建第二个窗体为 form2 类。在 stdafx. h 文件中添加包含指令#include" form2. h"。

登录界面各控件属性具体见表 8－25。

表 8-25　登录界面各控件属性设置

控件	属性	值/含义
label1	Text	用户名
label2	Text	密码
textBox1	Text	含义：输入用户名
textBox2	Text	含义：输入密码
	PasswordChar	*
button1	Text	确定
button2	Text	取消

（4）取消按钮的单击事件处理程序代码如下：

```
private: System::Void button2_Click (System::Object^ sender, System::
 EventArgs^ e)
        {
            this ->Close();
        } //取消按钮的单击事件处理程序
```

（5）为确定按钮的单击事件处理程序代码如下：

```
private: System::Void button1_Click (System::Object^ sender, System::
 EventArgs^ e)
        {
            if (textBox1 ->Text =="mimi"&& textBox2 ->Text =="321")
              {f2 =gcnew form2();
                f2 ->s =textBox1 ->Text;
//s 是 form2 构造函数后面定义的成员变量
                f2 ->Show();}
        }
```

（6）Form1 类的构造函数后面定义 form2^ f2；代码如下：

```
public:
        Form1 (void)
        {
            InitializeComponent();
            //
            //TODO: 在此处添加构造函数代码
            //
        }
form2^ f2; //在构造函数后面所定义的 f2
```

（7）用户输入用户名为“mimi”，密码为“321”后，单击“登录”按钮（图 8-36），显示第二个窗体，并在状态栏内显示当前的日期、时间和登录的用户名，运行界面如图 8-37 所示。

图 8-36 登录界面运行效果

图 8-37 第二个窗体运行效果

（8）在第二个窗体中添加状态栏和定时器控件，在状态栏中添加 toolStripStatusLabel1、toolStripStatusLabel2、toolStripStatusLabel3 三个对象，分别显示表示当前的日期、时间、用户名。

（9）在第二个窗体的头文件 form2.h 中的构造函数中添加启动定时器的代码，在窗体 form2 的构造函数后面定义一个变量 s，代码如下：

```
public:
        form2 (void)
        {
            InitializeComponent();
            //
            //TODO: 在此处添加构造函数代码
            //
            timer1 -> Start(); //启动定时器
        }
String^ s;
```

（10）在定时器的 Tick 事件中取出当前日期、时间。

```
private: System::Void timer1_Tick (System::Object^ sender, System::
 EventArgs^ e)
        {
            DateTime tm1 = DateTime::Now; //取出当前日期、时间
            toolStripStatusLabel1 -> Text ="日期:" + tm1.Year.ToString()
               +"年" + tm1.Month.ToString ( ) +"月" + tm1.Day.ToString ( )
               +"日";
            toolStripStatusLabel2 -> Text ="时间:" + tm1.Hour.ToString() +
              "时" + tm1.Minute.ToString ( ) +"分" + tm1.Second.ToString ( )
               +"秒";
            toolStripStatusLabel3 -> Text ="用户名:" + s;
        }
```

8.3.12 媒体播放器控件

该控件不在默认的工具箱中，需要进行添加，单击“工具|选择工具箱”菜单项，弹出“选择工具箱项”页面，单击“COM 组件”标签页，勾选“Windows Media Player”前面的复选框，单击“确定”按钮，就把该控件添加到工具箱中，该控件在工具箱中的图标是 Windows Media Player。该控件可以通过选择的路径播放媒体文件，支持 MP3、WMA、WMV、AVI、RM、RMVB、FLV、MP4 等格式。

Windows Media Player 控件的常用属性见表 8-26。

表 8-26 Windows Media Player 控件的常用属性

属性	说明
URL	指定媒体位置
uiMode	播放器界面模式，可取值为 Full，Mini，None，Invisible
playState	播放状态 1 = 停止，2 = 暂停，3 = 播放，6 = 正在缓冲，9 = 正在连接，10 = 准备就绪
fullScreen	是否全屏显示
Ctlcontrols	IWMPControls 接口，提供播放器的基本控制

Windows Media Player 控件的常用方法见表 8-27。

表 8-27 Windows Media Player 控件的常用方法

方法	说明
Ctlcontrols -> play()	播放
Ctlcontrols -> pause()	暂停
Ctlcontrols -> stop()	停止
Ctlcontrols -> fastForward()	快进
Ctlcontrols -> fastReverse()	快退
Ctlcontrols -> netx()	下一曲
Ctlcontrols -> previous()	上一曲

例 8-11 设计一个简单的媒体播放器应用程序。

（1）创建一个 Windows 窗体应用程序，项目名称为 p520，向窗体中拖放菜单控件 menuStrip1，媒体播放器（Windows Media Player）控件 axWindowsMediaPlayer1 及打开文件对话框 openFileDialog1。

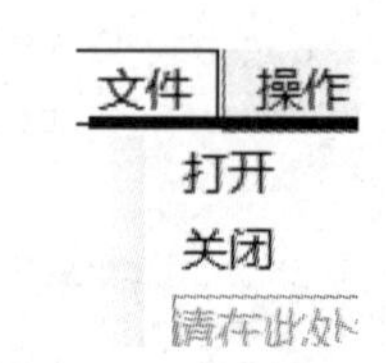

图 8-38 文件菜单设置

（2）为 menuStrip1 添加菜单项，文件菜单项下有“打开”“关闭”子菜单（图 8-38），操作菜单项下有“播放”“停止”“暂停”“上一个”“下一个”“添加文件”子菜单，设置如图 8-39 所示。

（3）在菜单中添加一个 toolStripComboBox1 组合框，操作方法是单击菜单设计方框中的下三角按钮弹出 MenuItem、ComboBox、TextBox 三个选项，如图 8-40 所示，选中 ComboBox，这样就在菜单中添加了一个名为 toolStripComboBox1 的组合框。

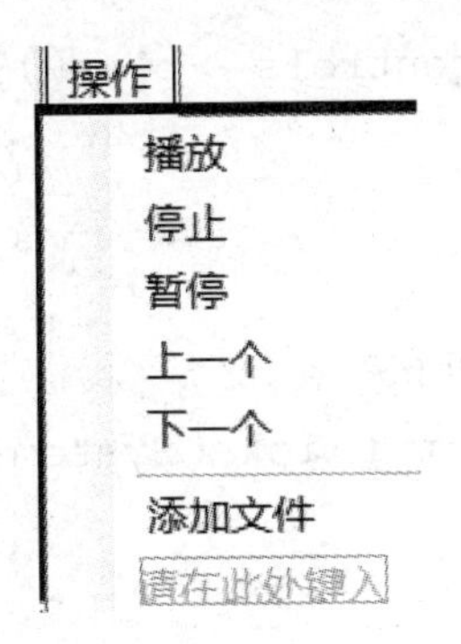

图 8-39 操作菜单设置

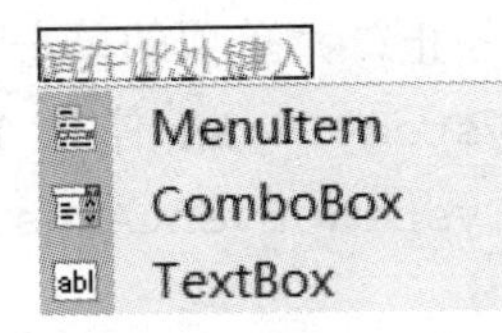

图 8-40 toolStripComboBox1 组合框设置

(4) 定义一些所需的变量:

```
bool isPause; //是否暂停的标志
String^ nowFile; //存放当前播放的文件
static int i; //当前在组合框中选中的项的索引号
```

(5) "文件 | 打开" 菜单项的单击事件处理程序代码如下:

```
private: System::Void openOToolStripMenuItem_Click (System::Object^
  sender, System::EventArgs^ e)
      {
          openFileDialog1 -> Filter ="Media Files | *.mpg; *.avi; *
            .mov; *.wma; *.flv; *.rmvb; *.asf; *.wav; *.mp3, *
            .rm | All File | *.*";
          openFileDialog1 -> FileName ="";
if (openFileDialog1 -> ShowDialog() == System::Windows::Forms::DialogRe-
  sult::OK)
      {
          axWindowsMediaPlayer1 -> URL = openFileDialog1 -> FileName;
      }
}
```

(6) "操作 | 播放" 菜单项的单击事件处理程序代码如下:

```
private: System::Void playToolStripMenuItem_Click (System::Object^
  sender, System::EventArgs^ e)
      {
          if (isPause)
          {
              axWindowsMediaPlayer1 -> URL = nowFile;
              axWindowsMediaPlayer1 -> Ctlcontrols -> play();
          }
          else
```

```
        {
            axWindowsMediaPlayer1 ->Ctlcontrols ->play();
            isPause = false;
        }
    }
```

(7)“操作 | 停止”菜单项的单击事件处理程序代码如下:

```
private: System::Void 停止 ToolStripMenuItem_Click (System::Object^
  sender, System::EventArgs^ e)
    {
        axWindowsMediaPlayer1 ->Ctlcontrols ->stop();
}
```

(8)“操作 | 暂停”菜单项的单击事件处理程序代码如下:

```
private: System::Void 暂停 ToolStripMenuItem_Click (System::Object^
  sender, System::EventArgs^ e)
    {   isPause = ! isPause; //为 isPause 变量赋值
        if (! isPause)
        axWindowsMediaPlayer1 ->Ctlcontrols ->pause();
        else
axWindowsMediaPlayer1 ->Ctlcontrols ->play();
        nowFile = openFileDialog1 ->FileName; //为 nowFile 赋值
    }
```

(9)“操作 | 添加文件”菜单项的单击事件处理程序代码如下:

```
private: System::Void 添加文件 ToolStripMenuItem_Click (System::Object^
  sender, System::EventArgs^ e)
    {
        openFileDialog1 -> Filter ="Media Files | *.mpg; *.avi; *
          .mov; *.wma; *.flv; *.rmvb; *.asf; *.wav; *.mp3, *
          .rm | All File | *.*";
        openFileDialog1 ->FileName ="";
if (openFileDialog1 ->ShowDialog() == System::Windows::Forms::DialogRe-
  sult::OK)
        {
            String^ path = this ->openFileDialog1 ->FileName;
            toolStripComboBox1 ->Text = path;
            this ->toolStripComboBox1 ->Items ->Add(path);
        }
    }
```

(10)组合框文本改变时触发的事件处理程序代码如下:

```
private: System::Void toolStripComboBox1_TextChanged (System::Object^
```

```
  sender, System::EventArgs^ e)
        {
            i =toolStripComboBox1 ->SelectedIndex; //为 i 变量赋值
            if (i >0)
{axWindowsMediaPlayer1 ->URL = toolStripComboBox1 -> Items[i] ->ToS-
  tring();
            axWindowsMediaPlayer1 ->Ctlcontrols ->play();}
        }
```

(11) “操作|上一个”菜单项的单击事件处理程序代码如下：

```
private: System::Void 上一个 ToolStripMenuItem_Click (System::Object^
  sender, System::EventArgs^ e)
        {
            i --;
            if (i > -1 && i <toolStripComboBox1 ->Items ->Count)
                {
axWindowsMediaPlayer1 -> URL = toolStripComboBox1 -> Items[i] -> ToS-
  tring();
                axWindowsMediaPlayer1 ->Ctlcontrols ->play();
            }
        }
```

(12) “操作|下一个”菜单项的单击事件处理程序代码如下：

```
private: System::Void 下一个 ToolStripMenuItem_Click (System::Object^
  sender, System::EventArgs^ e)
        {
            i ++;
            if (i > -1 && i <toolStripComboBox1 ->Items ->Count)
            {
axWindowsMediaPlayer1 ->URL =toolStripComboBox1 ->Items[i] ->
  ToString();
                axWindowsMediaPlayer1 ->Ctlcontrols ->play();
            }
        }
```

第 9 章　数据库应用编程

Visual C++ 也因其强大的功能和高度的灵活性等特点深受广大程序员的喜爱。本章旨在介绍使用 Visual C++ 开发基于数据库应用程序的方法，内容如下：

◇ 数据库概述；
◇ ADO. NET 概述；
◇ Connection 对象；
◇ Command 对象；
◇ DataReader 对象；
◇ DataGridView 对象；
◇ DataSet 对象；
◇ DataAdapter 对象；
◇ 数据绑定。

9.1　数据库概述

许多应用程序需要处理大量的数据，数据库就是对这些大量数据进行管理、存储。

目前具有多种数据库管理系统（DBMS），比如 Access、SQL Server、Oracle、Sysbase、Visual Foxpro 等。数据库是按照一定组织方式存储的相关数据的集合，可以分为关系、层次和网状三种模型，其中关系数据库模型较为流行。

9.1.1　关系数据库模型

关系数据库是以关系模型来组织的。关系模型中数据的逻辑结构是一张二维表，由行和列组成，如表 9 - 1 的学生表由 5 列、5 行组成，关系数据库模型中使用字段、记录、候选码、域、关键字等术语。

表 9 - 1　学生表

SNO	SNAME	SEX	AGE	SDEPT
12041401	丽丽	0	18	计算机系
12041501	丹丹	0	17	信息工程系
12042101	芳芳	1	18	通信工程系
13041402	晴晴	0	17	电子系
14041403	豆豆	1	19	电子系

（1）字段：二维表中的每一列用于描述关系的属性特征。如表 9－1 所示的 SNAME、SEX、AGE 等。

（2）记录：也称元组，二维表中每一行数据称为一条记录。

（3）候选码：在一个关系中，某个属性或属性组的值能唯一标识该关系的元组，而其真子集不能再标识，则该属性或属性组称为候选码。若一个关系有多个候选码，则选定其中一个为主码。主码也称主关键字，或主键。

（4）域：字段的取值范围。

（5）关系数据库一般由多个表组成，表与表之间可以以不同的方式相互关联。设 F 是基本关系 R 的一个或一组属性，但不是关系 R 的主码（或候选码）。如果 F 与基本关系 S 的主码相对应，则称 F 是 R 的外码（或者叫外键），并称 R 为参照关系，S 为被参照关系或目标关系。

例如，“基层单位数据库”中有“职工”和“部门”两个关系，其关系模式如下：

职工（职工号，姓名，工资，性别，*部门号*）；

部门（部门号，名称，*领导人号*）；

其中主码用下划线标出，外码用斜体标出。

表 9－2 和表 9－3 为课程表和选课表，它们之间存在参照与被参照的关系。课程号在关系课程表中是主码，在选课表中是外码。

表 9－2　课程表

课程号	课程名	先行课
D1	语文	< NULL >
D2	英语	< NULL >
D3	高等数学	< NULL >
C1	计算机引论	< NULL >
C2	PASCAL 语言	C1
C3	数据结构	C2
C4	数据库	C3
C5	软件工程	C4

表 9－3　选课表

学号	课程号	成绩
12041501	C1	88
12041401	C2	79
13041406	D1	69
12042103	D2	76
12041501	D3	69
12041501	C3	86

续表

学号	课程号	成绩
12041401	C4	90
12041406	C5	86
13041505	C1	85

9.1.2 结构化查询语言（SQL）

结构化查询语言 SQL（Structured Query Language），是一种功能齐全的数据库语言。目前，各种数据库管理系统几乎都支持 SQL。各种数据库系统有了共同的数据存取语言和标准接口，为更广泛的数据共享开创了广阔的前景。

SQL 语言具有语言简洁、易学、易用的特点。完成核心功能的语句只用了 9 个动词，SQL 的核心动词见表 9－4。

表 9－4　SQL 的核心动词

功能	动词
数据库查询	SELECT
数据定义	CREATE，DROP，ALTER
数据操作	INSERT，UPDATE，DELECT
数据控制	GRANT，REVOKE

1. 表的创建功能

定义基本表语句的一般格式为

CREATE TABLE [〈库名〉]〈表名〉(

〈列名〉〈数据类型〉[〈列级完整性约束条件〉] [，〈列名〉〈数据类型〉[〈列级完整性约束条件〉]] [，…n] [，〈表级完整性约束条件〉] [，…n]);

例 9－1　创建三个基本表，表名及表中的字段分别是：学生（学号，姓名，年龄，性别，所在系）；课程（课程号，课程名，先行课）；选课（学号，课程号，成绩）。

(1) 创建学生表，在学生表中性别只能是“male”或“female”（设置性别的 CHECK 约束），学号是不为空（NOT NULL）的唯一索引（UNIQUE），年龄的默认值是 19 岁。

```
CREATE TABLE 学生 (学号 CHAR(5) NOT NULL UNIQUE,
                  姓名 CHAR(8) NOT NULL,
                  年龄 SMALLINT CONSTRAINT C1 DEFAULT 19,
                  性别 CHAR(6),
                  所在系 CHAR(20),
                  CONSTRAINT C2 CHECK (性别 IN ('male','female')));
```

(2) 创建课程表，设置课程号为主键：

```
CREATE TABLE 课程 (课程号 CHAR(8) PRIMARY KEY, 课程名 CHAR(20), 先行课
CHAR(8));
```

（3）创建选课表，学号和课程号设为主键，成绩在0～100，同时建立选课表与学生表、课程表之间的主外键联系。

```
CREATE TABLE 选课(学号 CHAR(5), 课程号 CHAR(8), 成绩 SMALLINT
CONSTRAINT C3 CHECK(成绩 BETWEEN 0 AND 100),
CONSTRAINT C4 PRIMARY KEY(学号, 课程号),
CONSTRAINT C5 FOREIGN KEY(学号) REFERENCES 学生(学号),
CONSTRAINT C6 FOREIGN KEY(课程号) REFERENCES 课程(课程号));
```

2. 表的删除功能

删除表的格式为：DROP TABLE <表名>;

例9－2 删除已存在的表table1。

```
DROP TABLE table1;
```

3. 表的修改功能

修改表，向表中添加新的列名或删除某完整性约束，格式如下：

```
ALTER TABLE〈表名〉
    [ADD (〈新列名〉〈数据类型〉[完整性约束][,…n])]
    [DROP〈完整性约束名〉]
ALTER COLUMN 列名  类型 [NULL | NOT NULL] [, 列名  类型 [NULL | NOT NULL]]
…);
```

例9－3 向课程表中增加“学时”字段。

```
ALTER TABLE 课程 ADD 学时 SMALLINT
```

例9－4

（1）建立通信录表：通信录（学号，姓名，录入时间），其中录入事件的默认值取当前时间。

（2）再修改姓名数据类型为varchar（8），不允许为空。

（3）最后录入时间字段上的约束。

```
CREATE TABLE 通信录 (学号 INT NOT NULL, 姓名 varchar(6) NULL, 录入时间 da-
tetime CONSTRAINT ys1 DEFAULT getdate())
GO
ALTER TABLE 通信录 ALTER COLUMN 姓名 char(8) NOT NULL
GO
ALTER TABLE 通信录 DROP CONSTRAINT ys1
```

4. SQL的数据查询功能

SELECT语句的语法如下：

```
SELECT〈目标列组〉FROM〈数据源〉[WHERE〈元组选择条件〉]
    [GROUP BY〈分列组〉[HAVING〈组选择条件〉]]
    [ORDER BY〈排序列1〉〈排序要求1〉[,…n]];
```

（1）SELECT字段名列表：包含查询结果要显示的字段清单，字段之间用逗号分隔。

（2）FROM表名：指明数据源。表间用“,”分隔。数据源不在当前数据库中，使用“〈数据库名〉.〈表名〉”表示。一表多用，用别名标识。定义表的别名格式为：〈表名〉

〈别名〉。

(3) WHERE 查询条件：元组选择条件。

(4) GROUP BY 分组字段：结果集分组。若目标列中有统计函数，则统计为分组统计；否则为对整个结果集统计。子句后带上 HAVING 子句表示组选择条件（带函数的表达式）。

(5) ORDER BY 字段【ASC | DESC】：排序。排序要求为 ASC 是升序排序；排序要求为 DESC 是降序排列。

(6) 两个常用函数：

函数 year( ) 表示取时间的年份。

getdate( ) 表示取当前时间。

例 9-5 在学生表中查询学生姓名、系名和年龄，同时消除结果集中重复的行。

```
SELECT DISTINCT 姓名，所在系，年龄 FROM 学生
```

例 9-6 在学生表中查询 1995 年出生的电子系和计算机系的学生，要求这些学生的电子邮件包含“@ qq. com”字符串。

(1) 先写出基本表的定义。

```
CREATE TABLE 学生 (SNO CHAR(8) PRIMARY KEY, SNAME CHAR(8),
SEX CHAR(6), birthday datetime, DEPT CHAR(20), email char(30));
```

(2) 再写出符合条件的查询语句：

```
SELECT * FROM 学号 Where birthday Between'1995-01-01'and'1995-12-31'
and dept IN ('计算机系','电子系') and email like'% @ qq. com'
```

其中 Between…and…指定运算值的范围。

like 为模式比较，用来测试字段值是否与给定的字符模式匹配。在给定字符的前后通常加上通配符。

(3) SQL Server 的通配符有以下几个：

①%：代表任意多个字符。

②_（下划线）：代表单个字符。

③ [ ]：代表在指定范围内的单个字符，[ ] 中可以是单个字符（如 [nbgcxy]），也可以是字符范围（如 [a-h]）。

④ [^]：代表不在指定范围内的单个字符，[^] 中可以是单个字符（如 [^nbgcxy]），也可以是字符范围（如 [^a-h]）。

例 9-7 在选课表中查询成绩非空的选课记录，结果集要求按成绩的升序排列。

```
SELECT * FROM 选课 WHERE 成绩 IS NOT NULL ORDER BY 成绩 ASC
```

IS NULL 表示某字段的值为空，IS NOT NULL 表示某字段的值不为空；

ORDER BY 是排序，其中 ASC 是升序排序，DESC 是降序排序。

SQL Server 提供以下集合函数（或者叫聚合函数，通常与 GROUP BY 子句一起使用）：

(1) MIN( )：求特定字段的最小值；

(2) MAX( )：求特定字段的最大值；

(3) COUNT( )：计算选定结果的行数；

(4) SUM( )：计算特定字段值的总和；

(5) AVG( )：计算特定字段中值的平均值。

例9-8 在学生和选课表中，按学号分组查询每个学生选课成绩的总分和平均分，并按每个学生选课成绩的平均分降序排列。

```
SELECT s. 学号 as 学号，s. 姓名 as 姓名，sum（sc. 成绩）as 总分，avg（sc. 成绩）as 平均分 FROM 学生 s，选课 sc WHERE s. 学号 =sc. 学号 GROUP BY s. 学号，s. 姓名 ORDER BY 平均分 DESC
```

此处 as ** 表示为某个表的字段或者计算字段取别名。

例9-9 查询每个学生的情况及他（她）所选修的课程。

```
SELECT 学生．*，选课．* FROM 学生，选课 WHERE 学生．学号 =选课．学号；
```

例9-10 求学生的学号、姓名、选修的课程名及成绩。

```
SELECT 学生．学号，姓名，课程名，成绩 FROM 学生，课程，选课
WHERE 学生．学号 =选课．学号 AND 课程．课程号 =选课．课程号；
```

例9-11 求选修C1课程且成绩为80分以上的学生学号、姓名及成绩。

```
SELECT 学生．学号，姓名，成绩 FROM 学生，选课 WHERE 学生．学号 =选课．学号 AND 课程号 ='C1'AND 成绩 >80；
```

5. SQL的数据插入功能

使用常量插入单个元组格式为

```
INSERT INTO〈表名〉[（〈属性列1〉[，〈属性列2〉…)]
VALUES（〈常量1〉[，〈常量2〉] …)；
```

例9-12 将一个新学生记录（学号:'12041501'，姓名:'赵航'，年龄：18，所在系:'计算机系'）插入到学生表中。

```
INSERT INTO 学生 VALUES（'12041501','赵航'，18,'计算机系')；
```

6. SQL的数据修改功能

SQL的数据修改功能格式为

```
UPDATE〈表名〉SET〈列名〉=〈表达式〉[，〈列名〉=〈表达式〉] [，…n] [WHERE〈条件〉]；
```

例9-13 将学生表中全部学生的年龄加上1岁。

```
UPDATE 学生 SET 年龄 =年龄 +1；
```

7. SQL的数据删除功能

SQL的数据删除功能格式为：

```
DELETE FROM〈表名〉[WHERE〈条件〉]；
```

例9-14 删除法律系的学生记录及选课记录。

```
DELETE FROM 选课 WHERE 学号 IN（SELECT 学号 FROM 学生 WHERE 所在系 ='法律系')；
DELETE FROM 学生 WHERE 所在系 ='法律系'；
```

9.1.3 使用图形用户界面的方法建立数据库、创建表

（1）安装好Microsoft SQL Server 2008后，打开SQL Server Management Studio：单击“开始| 所有程序”菜单，找到Microsoft SQL Server 2008下面的SQL Server Management Studio并双击，如图9-1所示。

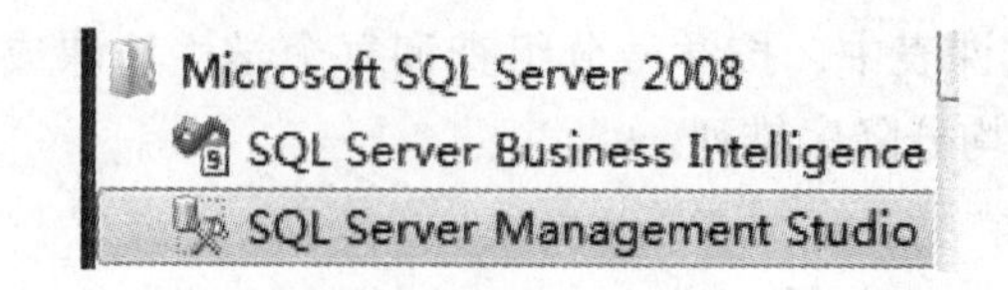

图 9－1　SQL Server Management Studio 选项界面

显示连接到服务器界面，如图 9－2 所示。

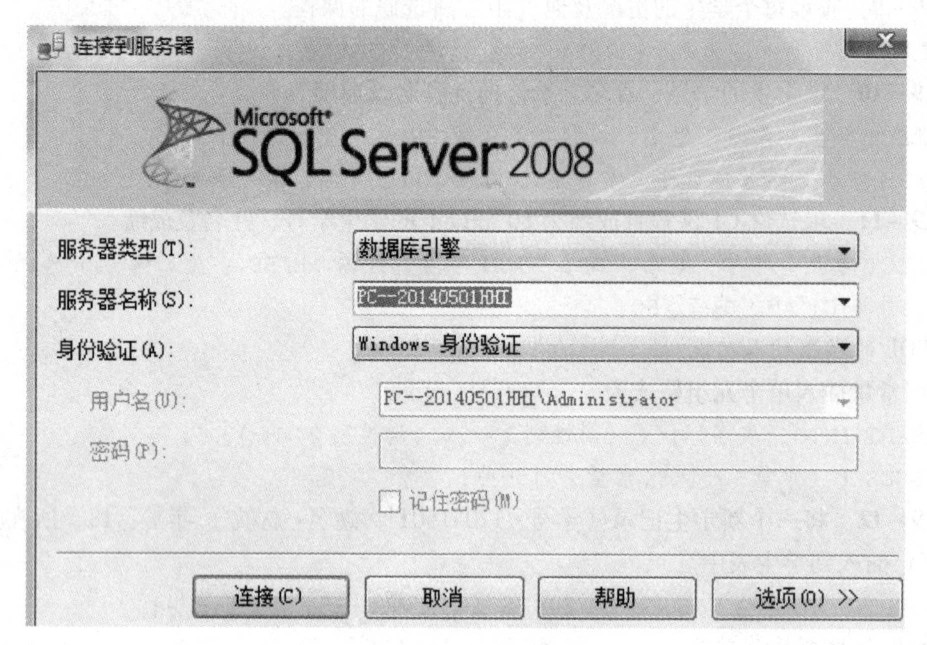

图 9－2　连接到服务器界面

（2）服务器类型选择“数据库引擎”，单击服务器名称右侧的下三角箭头，然后选择“浏览更多”选项，弹出“查找服务器”页面，选中“本地服务器”页面，单击“数据库引擎”前面的“＋”按钮，会显示本地的所有服务器名称，选择其中的一项后，单击“确定”按钮。依据 SQL Server 所设置的身份验证，可以选“Windows 身份验证”或者“SQL Server 身份验证”，单击“连接”按钮。这样就打开了 SQL Server Management Studio。

（3）创建数据库：单击“视图｜对象资源管理器”菜单项，打开对象资源管理器窗口，右击“数据库”文件夹，单击“新建数据库”菜单项，弹出“新建数据库”页面，在数据库名称文本框中输入将要建立的数据库的名称，本例的数据库名称为“通信录库”（数据库名称(N): 通信录库）。单击“确定”按钮。此时在“对象资源管理器”中，单击“数据库”前面的“＋”按钮，可以看到刚刚建立的“通信录库”这个数据库。

（4）创建表：单击“通信录库”前面的“＋”按钮，此时该“＋”按钮变为“－”按钮（⊟ 通信录库 ⊞ 数据库关系图 ⊞ 表），并显示该数据库中的所有项，右击“表”，弹出快捷菜单，并选择

"新建表"选项。

该表为一个二维表，所设定的字段有"序号、姓名、手机、座机、生日、地址、备注"等字段。其中序号不为空，并设为主键，如图 9－3 所示的表结构设计窗口。

PC--20140501HHI.通信录库 - dbo.Table_1*

	列名	数据类型	允许 Null 值
🔑	序号	nchar(10)	☐
	姓名	nchar(10)	☑
	手机	nchar(12)	☑
	座机	nchar(15)	☑
	生日	datetime	☑
	地址	nchar(50)	☑
▶	备注	nchar(50)	☑

图 9－3 表结构设计窗口

（5）在表结构设计窗口保存该表名为"通信录表"。向表中输入记录：打开"通信录库"下面的表文件夹，可以看到刚刚建立的"通信录表"，选中并右击，弹出快捷菜单，选择"编辑前 200 行（E）"（编辑前 200 行(E)）选项，就可以录入多条记录了，输入完记录并退出，数据将自动保存在表中。

9.2 ADO.NET 概述

在.NET 中数据库的访问是通过 ADO.NET（ActiveX Data Objects.NET）完成的。通过 ADO.NET，在应用程序中可以访问关系数据模型，还可以访问非关系数据模型。ADO.NET 只在必要的时候对数据库进行链接，当处理完毕后将及时关闭链接，保证了数据库服务器资源的可用性，可以为更多的用户服务，更适合网络应用。

ADO.NET 体系结构分为数据提供者和数据集（DataSet），数据提供者包含以下核心类：Connection、Command、DataReader、DataAdapter、Transaction、Exception、Parameter 等。

在.NET 框架（.NET Framework）中常用的有以下 4 组数据提供程序：

（1）.NET Data Provider For SQL Server 为 SQL Server 数据库提供服务。

（2）.NET Data Provider For OLEDB 支持通过 OLEDB 接口来访问如 dBase、FoxPro、Excel、Access、Oracle 及 SQL Server 等各类型数据源。

（3）.NET Data Provider For ODBC 支持通过 ODBC 接口来访问如 dBase、FoxPro、Excel、Access、Oracle 及 SQL Server 等各类型数据源。

（4）.NET Data Provider For Oracle 支持通过 Oracle 接口访问 Oracle 数据源。

对于不同的数据源，ADO.NET 分别提供了相应的数据提供程序，从而引用不同的命名空间。

（1）.NET Data Provider For SQL Server 需要引用 System::Data::SqlClient 命名空间。

（2）.NET Data Provider For OLEDB 需要引用 System::Data::OleDb 命名空间。

(3). NET Data Provider For ODBC 需要引用 System: : Data: : Odbc 命名空间。

(4). NET Data Provider For Oracle 需要引用 System: : Data: : OracleClient 命名空间。

这几种数据提供程序屏蔽了底层数据库的差异，从用户的角度看，它们的差别仅体现在命名上。

对于不同的数据源，ADO. NET 分别提供了相应的数据提供程序，从而引用不同的命名空间，数据库的数据提供程序见表 9 - 5。

表 9 - 5　数据库的数据提供程序

类名	OLEDB 数据提供者	SQL Server 数据提供者	ODBC 数据提供者	Oracle 数据提供者
Connection 类	OleDbConnection	SqlConnection	OdbcConnection	OracleConnection
Command 类	OleDbCommand	SqlCommand	OdbcCommand	OracleCommand
DataReader 类	OleDbDataReader	SqlDataReader	OdbcDataReader	OracleDataReader
DataAdapter 类	OleDbDataAdapter	SqlDataAdapter	OdbcDataAdapter	OracleDataAdapter
命名空间	System: : Data: : OleDb	System: : Data: : SqlClient	System: : Data: : Odbc	System: : Data: : OracleClient

9. 3　Connection 对象

在 ADO. NET 中数据库链接是通过 Connection 对象来管理的，对于任何数据源的操作都需要建立一个链接对象（生成一个 Connection 对象），由于有不同的数据提供者，因此有不同的 Connection 对象与之对应，见表 9 - 5。Connection 对象常用属性和方法见表 9 - 6、表 9 - 7。

表 9 - 6　Connection 对象常用属性

Connection 属性	描述
ConnectionString	当前 Connection 对象用于打开数据库的链接字符串
ConnectionTimeout	指示在尝试建立链接时终止尝试并生成错误之前所等待的时间
Database	指示当前数据库或链接打开后要使用的数据库的名称
DataSource	指示数据源的服务器名或文件名
Provider	指示在链接字符串的“Provider =”子句中指定的 OLE DB 提供程序的名称
State	指示链接的当前状态

表 9 - 7　Connection 对象常用方法

方法	说明
Open( ) 方法	使用 ConnectionString 所指定的属性设置打开数据库链接
Close( ) 方法	关闭与数据库的链接。这是关闭任何打开链接的首选方法
BeginTransaction( ) 方法	开始一个数据库事务，返回新的事务对象
ChangeDatabase( ) 方法	为打开的 Connection 更改当前数据库

1. SqlConnection 类

在使用 Sql Server 类型的数据源时使用 SqlConnection 类的对象进行对数据库的链接，由于该类是在 System::Data::SqlClient 命名空间中定义的，因此在使用该类前首先要先引用该命名空间。

下面就以一个具体的实例来演示该类的使用。

例 9－15 使用 SqlConnection 控件对 Sql Server 类型的数据源进行链接。

（1）工具箱中添加控件：创建一个 Windows 窗体应用程序的项目命名为 p901，选择“工具|选择工具箱项”菜单项，显示“选择工具箱项”页面，打开“.NET Framework 组件”标签页，把 SqlConnection、SqlDataAdapter、SqlCommand 控件前的复选框设置为勾选状态，单击“确定”按钮，工具箱中就添加了这些控件。

（2）从工具箱中拖放一个 SqlConnection 控件到窗体中，可以看到在托盘中有一个 sqlConnection1 的控件，选中它并打开属性窗口，设置它的 ConnectionString 属性。鼠标单击 ConnectionString 右侧的下三角按钮，选择“新建链接”选项，打开“添加链接”页面，在服务器的编辑框中输入服务器名；在本例中选中“以 Windows 身份验证”登录到服务器；选择或者输入一个数据库名的编辑框中选择前面建好的“通信录库”数据库；单击“测试链接”按钮，会弹出一个“测试链接成功”的消息框，关闭消息框后，单击“添加连接”的“确定”按钮，这样就和数据库链接好了。

（3）继续向窗体中添加一个按钮控件，设置它的 Text 属性值为“链接”，编辑按钮的单击事件处理程序，代码如下：

```
private: System::Void button1_Click (System::Object^ sender, System::
 EventArgs^ e)
        {
            sqlConnection1 ->Open();
            if (sqlConnection1 ->State ==ConnectionState::Open)
               MessageBox::Show ("链接成功!");
            else
               MessageBox::Show ("链接失败!");
        }
```

例 9－16 使用自定义 SqlConnection 类的对象完成对数据库的链接。

（1）创建一个 Windows 窗体应用程序的项目命名为“p901a”，在窗体中添加一个按钮，其 Text 属性值为“链接”。

（2）在窗体的头文件中引用 System::Data::SqlClient 命名空间后，才可以使用该命名空间内定义的如 SqlConnection 等类的对象。因此需要在窗体的头文件中添加如下语句：

```
using namespace System::Data::SqlClient;
```

（3）编辑按钮的单击事件处理程序，代码如下：

```
private: System::Void button1_Click (System::Object^ sender, System::
 EventArgs^ e)
        {
            SqlConnection^ con =gcnew SqlConnection();
```

```
        con -> ConnectionString = L"Data Source = PC -- 20140501HHI;
          Initial Catalog=通信录库; Integrated Security=True";
        try
        {
            con -> Open();
              if (con -> State == ConnectionState::Open)
                MessageBox::Show ("链接成功!");
        }
        catch (Exception^ ex)
        {MessageBox::Show ("链接失败!" + ex);}
        finally
        {
            con -> Close();
        }
    }
```

其中 Data Source 表示要链接的 SQL Server 实例名称（服务器名称）或者网络地址。

Initial Catalog 表示数据库的名称。

Integrated Security = True 表示链接登录身份验证，使用 Windows 身份验证。默认是 Integrated Security = False，表示使用 SQL Server 身份验证登录。

2. OleDbConnection 类

OleDbConnection 类表示到 OLEDB 数据源的链接，它位于命名空间 System::Data::OleDb 中。

使用方法与 SqlConnection 类的使用方法类似。

9.4　Command 对象

当通过 Connection 对象与数据源建立链接后，从数据源中返回查询结果集或者对数据源进行插入、删除、更新等操作，可以使用 Command 对象，其常用属性、方法分别见表 9 - 8、表 9 - 9。

表 9 - 8　Command 对象的常用属性

属性或方法	描述
CommandText	设置或获取对数据源执行的 SQL 语句、存储过程或者表名
CommandTimeout	超时等待时间
CommandType	设置或获取 CommandText 属性中的语句是 SQL 语句、存储过程，还是数据表名
Connection	设置或获取 SqlCommand 的实例用 SqlConnection，设置或获取 OleDbCommand 的实例用 OleDbConnection
Parameters	用来设置 SQL 查询语句或存储过程等的参数

表 9-9 Command 对象的常用方法

属性或方法	描述
OleDbCommand( ) 方法 SqlCommand( ) 方法	用来构造 OleDbCommand 对象的构造函数，有多种重载形式 用来构造 SqlCommand 对象的构造函数，有多种重载形式
ExecuteNonQuery( ) 方法	用来执行 Insert、Update、Delete 等 SQL 语句，不返回结果集，若目标记录不存在返回 0，出错返回 1
ExecuteScalar( ) 方法	用来执行包含 Count、Sum 等聚合函数的 SQL 语句
ExecuteReader( ) 方法	执行 SQL 查询语句后的结果集，返回一个 DataReader 对象

例 9-17 使用 SqlCommand 类向通信录表中添加记录、删除记录的功能，同时完成查询通信录表中有多少条记录。

（1）创建项目名为 p902 的 Windows 窗体应用程序，在窗体中添加菜单控件、标签控件、编辑框控件、组合框控件。各个控件的属性及其属性值见表 9-10。

表 9-10 例 9-17 各个控件的属性设置

控件名	属性	属性值/含义
label1	Text	序号：
label2	Text	姓名：
label3	Text	手机：
label4	Text	座机：
label5	Text	生日：
label6	Text	地址：
label7	Text	备注：
label8	Text	按条件：
label9	Text	含义：显示表中记录的总数
Label10	Text	Text 属性为"值:"
textBox1	Text	含义：获取或设置当前记录的序号信息
textBox2	Text	含义：获取或设置当前记录的姓名信息
textBox3	Text	含义：获取或设置当前记录的手机信息
textBox4	Text	含义：获取或设置当前记录的座机信息
textBox5	Text	含义：获取或设置当前记录的生日信息
textBox6	Text	含义：获取或设置当前记录的地址信息
textBox7	Text	含义：获取或设置当前记录的备注信息
textBox8	Text	含义：输入要查询的条件的值，或者要删除记录的条件的值
comboBox1	Items	序号 姓名 手机 座机 生日 地址

（2）菜单控件的菜单项设置如图 9－4 所示。

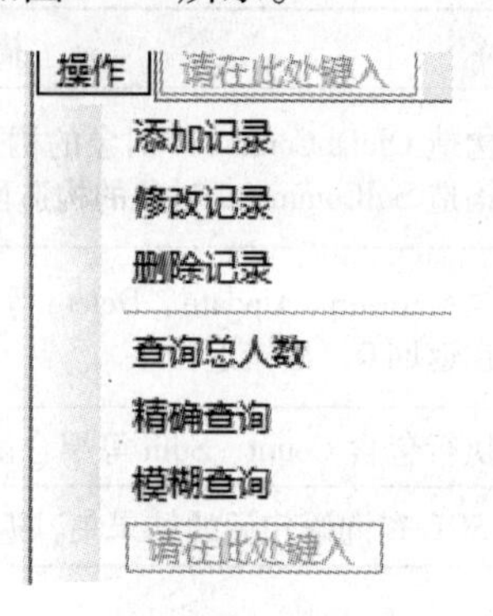

图 9－4　菜单项设置

（3）设计界面如图 9－5 所示。

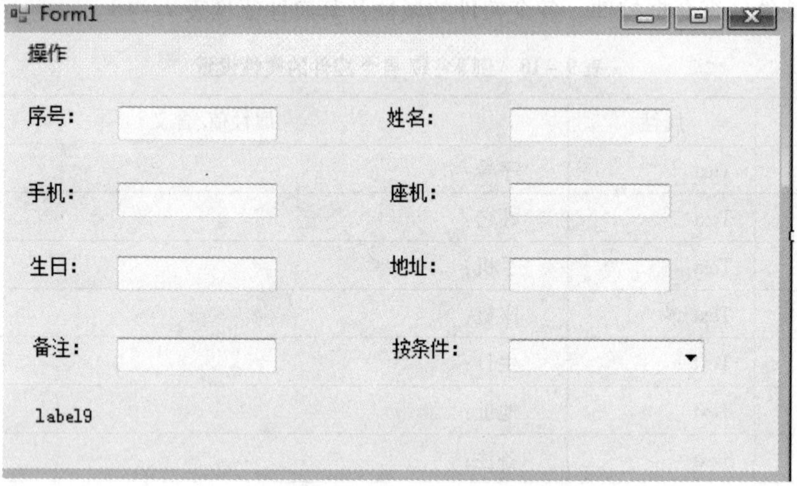

图 9－5　例 9－17 设计界面

（4）在窗体的头文件中添加引用命名空间。

```
using namespace System::Data::SqlClient;
```

（5）在窗体类中要定义一个 SqlConnection^类型的对象 con，并在 Form1 类的构造函数中进行初始化。代码如下：

```
public ref class Form1: public System::Windows::Forms::Form
    {
    public:
        Form1 (void)
        {
            InitializeComponent();
            //
            //TODO: 在此处添加构造函数代码
```

```
            //
            con = gcnew SqlConnection(); //在窗体的构造函数中对 con 做初
              始化
            con -> ConnectionString = L"Data Source = PC --20140501HHI; In-
              itial Catalog = 通信录库; Integrated Security = True";
        }
SqlConnection^con; //在窗体的头文件中定义一个 con
......
}
```

(6)"查询总人数"菜单项的单击事件处理程序。

```
private: System::Void 查询总人数 ToolStripMenuItem_Click (System::Ob-
  ject^ sender, System::EventArgs^ e)
   {
       try
            {con -> Open();;
            if (con -> State == ConnectionState::Open)
            {
               String^ sql ="select count( * ) from 通信录表";
             SqlCommand^ cmd = gcnew SqlCommand (sql, con);
             String^ myinformation ="表中记录的总数是:" + cmd -> ExecuteS-
               calar() -> ToString() +"条";
                 label9 -> Text = myinformation;
             }
            }
            catch (SqlException^ ex)
             {MessageBox::Show ("数据的异常信息是:" + ex -> Errors,"提示
               信息");}
            finally
            {
            if (con -> State == ConnectionState::Open)
            con -> Close();
            }
   }
```

(7)"添加记录"菜单项的单击事件处理程序。

```
private: System::Void 添加记录 ToolStripMenuItem_Click (System::Ob-
  ject^ sender, System::EventArgs^ e)
   {
       try
            {con -> Open();;
```

```
if (con -> State == ConnectionState::Open)
    {
        String^ sql ="insert into 通信录表 (序号, 姓名, 手机, 座
          机, 生日, 地址, 备注) values ('" + textBox1 -> Text + "','"
          + textBox2 -> Text + "','" + textBox3 -> Text + "','" + text-
          Box4 -> Text + "'," + textBox5 -> Text + ",'" + textBox6 ->
          Text + "','" + textBox7 -> Text + "')";
        MessageBox::Show(sql);
      SqlCommand^ cmd = gcnew SqlCommand(sql, con);
    cmd -> ExecuteNonQuery();
    MessageBox::Show ("成功添加记录!");
      }
    }
    catch (SqlException^ ex)
    {MessageBox::Show ("数据的异常信息是:" + ex -> Message,"提示
      信息");}
    finally
    {
      if (con -> State == ConnectionState::Open)
      con -> Close();
    }
}
```

由于生日是日期时间型，在 textBox5 -> Text 属性值的两侧不需要像字符串类型那样用单引号括起来。

MessageBox::Show (sql)；该语句是查看所写的 Sql 语句是否正确。

(8) 运行界面如图 9 – 6 所示。

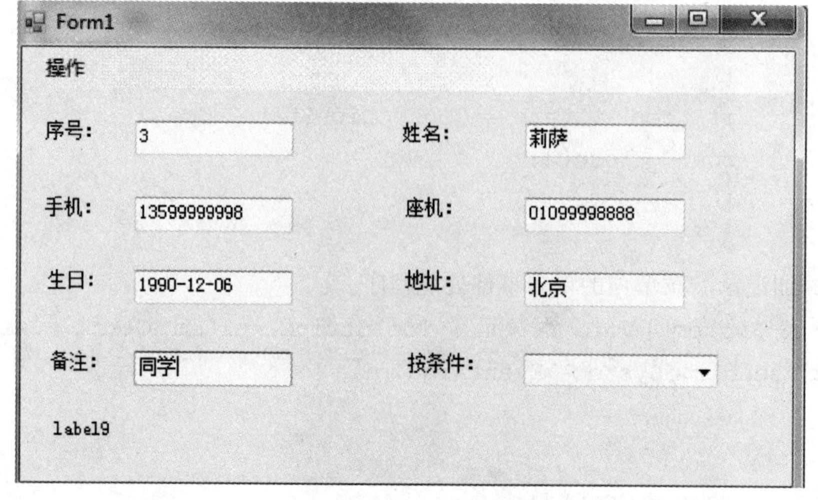

图 9 – 6　例 9 – 17 运行界面

(9)“删除记录”菜单项的单击事件处理程序。

```
private: System::Void 删除记录ToolStripMenuItem_Click (System::Object^ sender, System::EventArgs^ e)
  {
  if (comboBox1->Text =="" ||textBox8->Text =="")
    {
      MessageBox::Show ("删除对象的内容不能为空");
      return;
    }
    if (Windows::Forms::DialogResult::OK!=MessageBox::Show ("确定要删除记录吗?","删除", MessageBoxButtons::OKCancel))
    {
      return;
    }
    try
      {con->Open();;
      if (con->State ==ConnectionState::Open)
      {
        String^ sql ="delete from 通信录表 where" + comboBox1->Text +"='" + textBox8->Text + "'";
        MessageBox::Show(sql);
      SqlCommand^cmd=gcnew SqlCommand(sql, con);
      cmd->ExecuteNonQuery();
        MessageBox::Show ("您已经成功删除" + comboBox1->Text +"='" + textBox8->Text + "'" +"的记录");
        }
      }
      catch (SqlException^ ex)
       {MessageBox:: Show ("数据的异常信息是:" + ex->Message,"提示信息");}
      finally
      {
      if (con->State ==ConnectionState::Open)
      con->Close();
      }
  }
```

以某条件删除记录，若条件中所包含的字段为空或者字段值为空则返回，不执行后续的删除记录的操作。

显示消息框问“是否真的确定删除记录”，若选择“确定”则删除记录，若选择“取消”则退出程序，并不删除记录。

9.5 DataReader 对象

在使用 Command 对象的 ExecuteReader() 方法执行有返回结果集，且没有聚合函数的查询语句时，将返回一个包含检索结果的 DataReader 类的对象。对于 DataReader 类的对象提供了一种只读、只向前的方式的快速读取数据库数据的方式，该对象仅与数据库建立一个只读的且仅向前的数据流，并在当前内存中每次仅存放一条记录，所以 DataReader 对象可用于只需读取一次的数据，即可用于一次性地滚动读取数据库数据。因此使用 DataReader 对象可提高应用程序的性能，并减少系统开销。

DataReader 对象不能直接实例化，需要通过 Command 对象的 ExecuteReader() 方法生成。调用 DataReader 对象的 Read() 方法遍历记录集时，数据库需要是连接并且保持打开的状态，当不再读取数据时需要调用 Close() 方法关闭记录集。

例 9-18 接着例 9-17，完成对通信录表的精确查询和修改记录的功能。在本例中只修改手机号码，修改其他字段值与此类似。

(1)“精确查询”菜单项的单击事件处理程序，代码如下：

```
private: System::Void 精确查询ToolStripMenuItem_Click(System::Object^ sender, System::EventArgs^ e)
  {
      if (comboBox1->Text == "" ||textBox8->Text == "")
      {
          MessageBox::Show("查询对象的内容不能为空");
          return;
      }
      SqlDataReader^ rd;
      try
          {con->Open();;
          if (con->State == ConnectionState::Open)
          {
              String^ sql ="select * from 通信录表 where" + comboBox1->
                Text + "='" + textBox8->Text + "'";
              MessageBox::Show(sql);
            SqlCommand^ cmd = gcnew SqlCommand(sql, con);
            rd = cmd->ExecuteReader();
              if (rd->Read())
              {
                  textBox1->Text = rd["序号"]->ToString();
                  textBox2->Text = rd["姓名"]->ToString();
                  textBox3->Text = rd["手机"]->ToString();
```

```
                textBox4 -> Text = rd ["座机"] -> ToString();
                textBox5 -> Text = rd ["生日"] -> ToString();
                textBox6 -> Text = rd ["地址"] -> ToString();
                textBox7 -> Text = rd ["备注] -> ToString();
            }
          }
        }
        catch (SqlException^ ex)
        {MessageBox::Show ("数据的异常信息是:" + ex -> Message,"提示
          信息");}
        finally
        {
          rd -> Close();
        if (con -> State == ConnectionState::Open)
        con -> Close();
        }
```

完成修改记录前，需要先查询是否有此记录，因此修改记录菜单项在描述完查询记录之后来描述。

(2) “修改记录”菜单项的单击事件处理程序代码如下：

```
private: System::Void 修改记录 ToolStripMenuItem_Click (System::Ob-
  ject^ sender, System::EventArgs^ e)
   {
      if (comboBox1 -> Text == "" ||textBox8 -> Text == "")
      {
         MessageBox::Show ("修改对象的内容不能为空");
         return;
      }
      if (Windows::Forms::DialogResult::OK! = MessageBox::Show ("确定
        要修改记录吗?","修改", MessageBoxButtons::OKCancel))
      {
         return;
      }
      try
         {con -> Open();;
         if (con -> State == ConnectionState: :Open)
         {
            String^ sql = "update 通信录表 set" + comboBox1 -> Text + "
              ='" + textBox8 -> Text +"'where 手机 ='" + textBox3 ->
              Text +"'";
```

```
                MessageBox::Show(sql);
              SqlCommand^ cmd = gcnew SqlCommand(sql, con);
              cmd -> ExecuteNonQuery();
                  MessageBox::Show ("您已经成功修改" + comboBox1 -> Text + "
                     = '" + textBox8 -> Text + "'" + "的记录");
          }
        }
        catch (SqlException^ ex)
        {MessageBox::Show ("数据的异常信息是:" + ex -> Message,"提示
           信息");}
        finally
        {
        if (con -> State == ConnectionState::Open)
        con -> Close();
        }
}
```

9.6 DataGridView 对象

DataGridView 控件在工具箱中的图标是 DataGridView，它可以绑定多种数据源，通过 DatgridView 对象的相关属性引用查询结果集的行和列或者表的行与列。其常用属性见表 9-11。

表 9-11 DataGridView 常用属性

属性	说明
AllowUserToAddRows	设置是否向用户显示添加行的选项
BackgroundColor	设置 DataGridView 中行列的背景色
BackgroundImage	设置在控件中显示的背景图像
BorderStyle	设置边框样式
ColumnCount	DataGridView 控件中显示的列数
ColumnHeadersBorderStyle	获取应用于列标题的边框模式
Columns	获取一个包含控件中所有列的集合
DataSource	设置所显示数据的数据源
GridColor	设置网格线的颜色
RowCount	设置显示的行数
Rows	获取一个包含控件中所有行的集合

DataGridView 对象的常用方法见表 9－12。

表 9－12 DataGridView 对象的常用方法

方法	说明
BeginEdit	将当前的单元格置于编辑模式
CommitEdit	将当前单元格中的更改提交到数据缓存，但不结束编辑模式
Dispose	释放控件使用的所有资源
EndEdit	提交对当前单元格进行的编辑并结束编辑操作

9.7 DataSet 对象

DataSet 对象也叫数据集对象，在工具箱中的图标是 DataSet，是 ADO.NET 的核心，支持断开、分布式数据方案，在 DataSet 对象中修改数据将不会直接影响到数据源，DataSet 对象独立于数据源，若要对数据源进行修改需要通过 DataAdapter 对象方可实现。

一个数据集对象中有一个 Tables 集合属性，该属性是 DataTableCollection 类型，每个成员都是一个 DataTable 对象，可以使用如下方式访问每个 DataTable 对象（若 Ds 为 DataSet 类型的指针）。如：

```
Ds -> Tables ["ak"]      访问指定的 DataTable 对象，ak 为表的名字
Ds -> Tables [0]    0 表示序号，访问 Ds 中的第一个 DataTable 对象
```

每个 DataTable 对象都有 Columns、Rows 属性，其中 Rows 是 DataRowCollection 类型，是 DataRow 对象的集合。Columns 是 DataColumnCollection 类型，是 DataColumn 对象的集合。

调用 DataAdapter 对象的 Fill() 方法填充数据集，它将自动地在数据集中创建数据表，并设置它的结构、向其中填充数据。

DataTable 的结构是通过 DataColumn 表示的。DataColumn 对象的常用属性见表 9－13。

表 9－13 DataColumn 对象的常用属性

属性	描述
AllowDBNull	是否允许当前列为空
Caption	设置或获取列的标题
ColumnName	列的名字
DataType	列的数据类型
DefaultValue	列的默认值
Ordinal	获取列在 DataColumnCollection 集合中的位置序号
Unique	指示某列的值是否为唯一

例 9－19 了解 DataSet、DataTable、Rows、Columns、DataColumn、DataRow 的使用。

```
private: System::Void button1_Click (System::Object^ sender, System::
  EventArgs^ e)
```

```
{
    try
    {
    DataSet^ myds = gcnew DataSet();
    DataTable^ mydt;
    mydt = myds -> Tables -> Add ("学生表");
  //向表中添加列
  DataColumn^ mycolumn = gcnew DataColumn();
  mycolumn -> DataType = Type::GetType (L"System.String");
  //该列的数据类型
  mycolumn -> AllowDBNull = true; //该列允许为空
  mycolumn -> Unique = false; //是否唯一
  mycolumn -> ReadOnly = false; //是否只读，其值为 false 表示可以修改
  mycolumn -> Caption = "学号"; //标题，绑定在控件中显示
  mycolumn -> ColumnName = "sno"; //列名
  mydt -> Columns -> Add (mycolumn); //向 DataTable 的对象 mydt 添加列
  //以另外一种方式向表中添加字段，并给出了字段名和字段类型
  mydt -> Columns -> Add (L" sname", Type :: GetType (L" System.
    String"));
  mydt -> Rows -> Add (L"1001", L"张三");
  mydt -> Rows -> Add (L"1002","张四");
  DataRow^row1 = mydt -> NewRow(); //以另一种形式添加一条记录
  row1 ["sno"] =1003;
  row1 ["sname"] ="张五";
  mydt -> Rows -> Add (row1);
  dataGridView1 -> DataSource = mydt;
    }
    catch (Exception^ e)
    {
        MessageBox::Show ("数据异常信息是:" + e -> Message);
    }
}
```

9.8 DataAdapter 对象

DataAdapter 对象又称数据适配器，在工具箱中的图标为 SqlDataAdapter，是用来充当数据集对象和数据源之间桥梁的对象，可以通过该对象从数据库中获取数据，并将这些数据存储到数据集中，或者将数据集中修改的数据通过数据适配器提交给数据库，这样数据

库中的数据就可以得到更新。

DataAdapter 对象使用 Connection 对象连接数据源，使用 Command 对象从数据源中取出数据，并通过 Fill( ) 方法将数据送到数据集的 DataTable 中去，或者将数据集中更改的数据保存到数据源中。

DataAdapter 对象的属性见表 9－14。

表 9－14　DataAdapter 对象的属性

属性	说明
DeleteCommand	设置或获取一个语句或存储过程，用于在数据源中删除记录
InsertCommand	设置或获取一个语句或存储过程，用于在数据源中添加记录
SelectCommand	设置或获取一个语句或存储过程，用于在数据源中查询记录
UpdateCommand	设置或获取一个语句或存储过程，用于更新数据源中的记录

DataAdapter 对象的方法见表 9－15。

表 9－15　DataAdapter 对象的方法

方法	说明
Dispose( ) 方法	释放该对象
Fill( ) 方法	将数据源中数据填充到 DataSet 或 DataTable 中，填充后完成自动断开连接
Update( ) 方法	把 DataSet 或 DataTable 中的处理结果更新到数据源中

例 9－20　利用 SqlDataAdapter 对象和 DataGridView 等对象实现对数据库通信录库中的通信表内容的显示和交互式更新。

（1）设计时向窗体中添加 MenuStrip 控件和 DataGridView 控件。运行时单击“查看所有记录”菜单项，对于 DataGridView 对象查看表中所有记录的内容，单击“精确查询”“模糊查询”菜单项，可以按照条件进行精确查询和模糊查询，选择“添加记录”“修改记录”“删除记录”选项可对表中内容进行添加、修改、删除等操作，单击“保存修改”菜单项，就能将更新结果保存到数据源中。

（2）在窗体的头文件中添加包含文件，代码如下：

```
using namespace System::Data::SqlClient;
```

（3）并且在窗体类中要定义一个 SqlConnection^类型的对象 con，并在 Form1 类的构造函数中进行初始化，代码如下：

```
public:
    Form1 (void)
    {
        InitializeComponent();
        //
        //TODO: 在此处添加构造函数代码
        //
```

```
    con = gcnew SqlConnection (); //在窗体的构造函数中对 con 进行初始化
        con -> ConnectionString = L"Data Source = PC -- 20140501HHI; Initial Catalog = 通信录库; Integrated Security = True";
    }
SqlConnection^ con; //在窗体的头文件中定义一个 con
```

(4) “查看所有记录”菜单项的单击事件处理程序代码如下：

```
private: System::Void 查看所有记录 ToolStripMenuItem_Click (System::Object^ sender, System::EventArgs^ e)
    {
        String^ sql ="select * from 通信录表";
            MessageBox::Show (sql);
            DataSet^ ds = gcnew DataSet();
            SqlDataAdapter^ourda = gcnew SqlDataAdapter (sql, con);
            try
            {
                ourda -> Fill (ds,"TXL");
                //把数据适配器的内容添加到数据集内
                    this -> dataGridView1 -> DataSource = ds -> Tables["TXL"];
            }
            catch (System::Data::SqlClient::SqlException^ ex)
            {MessageBox::Show ("数据的异常信息是:" + ex -> Errors,"提示信息");}
    }
```

“查看所有记录”菜单项界面如图 9 - 7 所示。

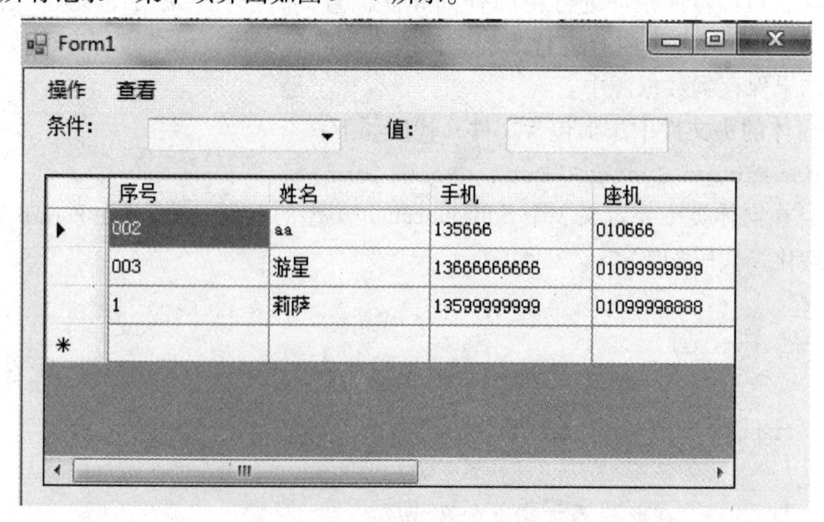

图 9 - 7 查看记录运行界面

(5)“精确查询”菜单项的单击事件处理程序代码如下:

```
private: System::Void 精确查询ToolStripMenuItem_Click (System::Ob-
  ject^ sender, System::EventArgs^ e)
   {
       String^sql ="select * from 通信录表 where" + comboBox1 -> Text +"
         ='" + textBox1 -> Text +"'";
          MessageBox::Show (sql);
          DataTable^ ourtable = gcnew DataTable();
        SqlDataAdapter^ ourda = gcnew SqlDataAdapter(sql, con);
          try
          {
              ourda -> Fill(ourtable);
              this -> dataGridView1 -> DataSource = ourtable;
          }
          catch (System::Data::SqlClient::SqlException^ ex)
           {MessageBox:: Show ("数据异常信息是:" + ex -> Errors,"提示
              信息");}
}
```

(6)“模糊查询”菜单项单击事件处理程序代码如下:

```
private: System::Void 模糊查询ToolStripMenuItem_Click (System::Ob-
  ject^ sender, System::EventArgs^ e)
   {
       String^ sql ="select * from 通信录表 where" + comboBox1 -> Text +"
         like'% " + textBox1 -> Text +"% '";
          MessageBox::Show (sql);
          DataTable^ ourtable = gcnew DataTable();
        SqlDataAdapter^ ourda = gcnew SqlDataAdapter(sql, con);
          try
          {
              ourda -> Fill(ourtable);
                  this -> dataGridView1 -> DataSource = ourtable;
          }
          catch (System::Data::SqlClient::SqlException^ ex)
           {MessageBox:: Show ("数据异常信息是:" + ex -> Errors,"提示
              信息");}
   }
```

(7)单击“添加记录”菜单项时,需要跳转到 Form2 窗体中,在 Form2 中各个编辑框中填好信息后单击“确定”按钮,完成表中记录的添加,并且关闭 Form2 窗体。因为在窗体 Form1 中要用到窗体 Form2,因此需要在标准系统包含文件的包含文件 stdafx. h 中包含

Form2. h 这个头文件：

```
#include"Form2.h";
```

另外需要在窗体 Form1 的构造函数后面定义一个 Form2^的对象 f2，代码如下：

```
public ref class Form1: public System::Windows::Forms::Form
    {
    public:
        Form1(void)
        {
            InitializeComponent();
            //
            //TODO: 在此处添加构造函数代码
            //
        con=gcnew SqlConnection(); //在窗体的构造函数中对 con 进行初始化
            con->ConnectionString=L"Data Source=PC--20140501HHI;
                Initial Catalog=通信录库; Integrated Security=True";
        }
SqlConnection^ con; //在窗体的头文件中定义一个 con
Form2^ f2; //定义的 f2
  }
```

（8）“添加记录”菜单项的单击事件处理程序，代码如下：

```
private: System::Void 添加记录 ToolStripMenuItem_Click (System::Ob-
  ject^ sender, System::EventArgs^ e)
    {
        f2=gcnew Form2();
        f2->Show();
    }
```

（9）在 Form2 窗体中按钮的单击事件处理程序代码如下：

```
private: System::Void button1_Click (System::Object^ sender, System::
 EventArgs^ e)
    {
        con1=gcnew SqlConnection(); //在窗体的构造函数中对 con 做初始化
      con1->ConnectionString=L"Data Source=PC--20140501HHI; Ini-
        tial Catalog=通信录库; Integrated Security=True";
        String^ sql="insert into 通信录表 (序号, 姓名, 手机, 座机, 生日,
          地址, 备注)
    values ('"+textBox1->Text+"','"+textBox2->Text+"','"+textBox3
      ->Text+"','"+textBox4->Text+"',"+textBox5->Text+",'"+text-
    Box6 ->Text+"','"+textBox7->Text+"')";
        MessageBox::Show(sql);
```

```
        DataTable^ ourtable = gcnew DataTable();
    SqlDataAdapter^ ourda = gcnew SqlDataAdapter(sql, con1);
        try
        {
            ourda -> Fill(ourtable);
        }
        catch (System::Data::SqlClient::SqlException^ ex)
        {MessageBox:: Show ("数据的异常信息是:" + ex -> Message,"提示
            信息");}
        this -> Close();
    }
```

通信录插入界面如图 9－8 所示。

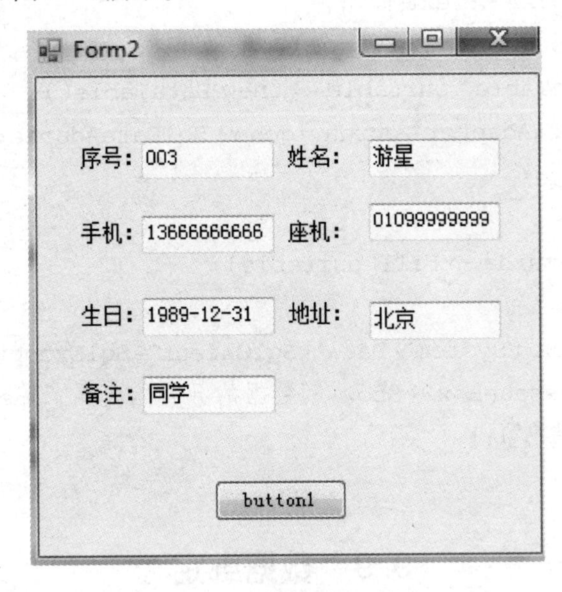

图 9－8　通信录插入界面

(10)“修改记录”菜单项的单击事件处理程序，代码如下：

```
private: System::Void 修改记录ToolStripMenuItem_Click (System::Ob-
    ject^ sender, System::EventArgs^ e)
    {String^ sql ="update 通信录表 set" + comboBox2 -> Text +" ='" + text-
        Box2 -> Text +"' where" + comboBox1 -> Text +" ='" + textBox1 ->
        Text +"'";
        MessageBox::Show(sql);
        DataTable^ ourtable = gcnew DataTable();
    SqlDataAdapter^ ourda = gcnew SqlDataAdapter(sql, con);
        try
        {
```

```
            ourda -> Fill(ourtable);
        }
        catch (System::Data::SqlClient::SqlException^ ex)
        {MessageBox:: Show ("数据的异常信息是:" + ex -> Message,"提示
          信息");}
    }
```

(11)"删除记录"菜单单击事件处理程序，代码如下：

```
private: System::Void 删除记录ToolStripMenuItem_Click (System::Ob-
  ject^ sender, System::EventArgs^ e)
    {
        String^ sql ="delete 通信录表 where" + comboBox1 -> Text +" ='" +
          textBox1 -> Text +"'";;
          MessageBox::Show(sql);
          DataTable^ ourtable = gcnew DataTable();
        SqlDataAdapter^ ourda = gcnew SqlDataAdapter(sql, con);
          try
          {
              ourda -> Fill(ourtable);
          }
          catch (System::Data::SqlClient::SqlException^ ex)
          {MessageBox:: Show ("数据的异常信息是:" + ex -> Message,"提示
            信息");}
    }
```

9.9 数据绑定

BindingNavigator 控件可以为用户提供简单的数据导航。该控件在工具箱中的图标是 BindingNavigator，该控件上带有定位到数据集中第一条、最后一条、下一条和上一条记录的按钮，而且还有用于添加和删除记录的按钮，该控件通常和 BindingSource 组件一起使用。BindingSource 组件在工具箱中的图标是 BindingSource。

向窗体中拖放 BindingNavigator 控件 bindingNavigator1 和 BindingSource 组件 bindingSource1，在窗体的 Load 事件中添加如下代码：

```
private: System::Void Form1_Load (System::Object^ sender, System::
  EventArgs^ e)
      {
          this -> bindingNavigator1 -> BindingSource = this -> binding-
            Source1;
      con -> Open();
```

```
//Execute the query.
 SqlCommand^ command = gcnew SqlCommand ("Select * From 通信录表",
   con);
  SqlDataReader^ reader = command -> ExecuteReader();
  //Load the Customers result set into the DataSet.
DataSet^ ds = gcnew DataSet ("通信录");
ds  -> Load (reader, LoadOption::OverwriteChanges, gcnew array <
   String^ > {"通信录"});
this -> bindingSource1 -> DataSource = ds -> Tables[0];
//将各个字段绑定到相应的控件上
this -> textBox1 -> DataBindings -> Add(gcnew Binding ("Text", this -
  > bindingSource1,"序号", true));
    this -> textBox2 -> DataBindings -> Add(gcnew Binding ("Text",
      this -> bindingSource1,"姓名", true));
    this -> textBox3 -> DataBindings -> Add(gcnew Binding ("Text",
      this -> bindingSource1,"手机", true));
    this -> textBox4 -> DataBindings -> Add(gcnew Binding ("Text",
      this -> bindingSource1,"座机", true));
    this -> textBox5 -> DataBindings -> Add(gcnew Binding ("Text",
      this -> bindingSource1,"生日", true));
    this -> textBox6 -> DataBindings -> Add(gcnew Binding ("Text",
      this -> bindingSource1,"地址", true));
    this -> textBox7 -> DataBindings -> Add(gcnew Binding ("Text",
      this -> bindingSource1,"备注, true));
  }
```

通信录数据导航界面如图 9－9 所示。

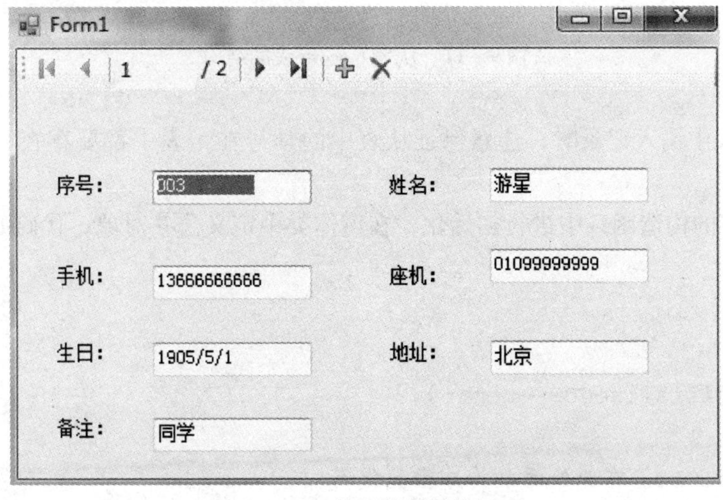

图 9－9 通信录数据导航界面

9.10 应用实例

（1）先建立学生成绩数据库，并在该库中建立学生表（t_student）和选课表（t_score），在窗体中拖放 dataGridView1，dataGridView2 两个控件，在 dataGridView1 中显示所有的学生表（t_student）中的内容，在 dataGridView2 中显示所有选课表（t_score）中的内容，如果单击 dataGridView1 中的某个学生的学号，则在 dataGridView2 中会显示该学生所选的所有课程及其成绩。

主表 t_student 表的结构如图 9－10 所示。

PC--20140501HHI...库 - dbo.t_student

列名	数据类型	允许 Null 值
sid	nvarchar(10)	☐
sname	nvarchar(10)	☐
sex	nvarchar(2)	☐
dept	nvarchar(50)	☑
birth	datetime	☑
class	nvarchar(50)	☑

图 9－10　主表 t_student 表的结构

从表 t_score 表的结构如图 9－11 所示。

PC--20140501HHI...数据库 - dbo.t_score

列名	数据类型	允许 Null 值
sid	nvarchar(10)	☐
cid	nvarchar(10)	☐
score	int	☑
		☐

图 9－11　从表 t_score 表的结构

（2）在向表中输入记录时，注意保证从表中的学号在主表中都要存在，否则不能建立关系。

同样在窗体的构造函数中进行初始化，在窗体类中定义公共对象，代码如下：

```
public:
    Form1(void)
    {
        InitializeComponent();
        //
        //TODO: 在此处添加构造函数代码
        //
```

```
    con = gcnew SqlConnection(); //在窗体的构造函数中对 con 进行初始化
      con -> ConnectionString = L"Data Source = PC -- 20140501HHI; Ini-
        tial Catalog = 学生成绩数据库; Integrated Security = True";
    }
SqlConnection^ con; //在窗体的头文件中定义一个 con
DataSet^ ds;
```

(3) 通常把先要执行的任务的代码放在窗体的 Load 事件中完成，代码如下：

```
private: System::Void Form1_Load (System::Object^ sender, System::
 EventArgs^ e)
    {
      try
      {
        ds = gcnew DataSet();
        String^ sql1 = "select * from t_score";
        String^ sql2 = "select * from t_student";
        MessageBox::Show(sql1);
        MessageBox::Show(sql2);
//scda 是学生选课适配器对象
      SqlDataAdapter^ scda = gcnew SqlDataAdapter (sql1, con);
//sda 是学生适配器对象
      SqlDataAdapter^sda = gcnew SqlDataAdapter (sql2, con);
     sda -> Fill (ds,"t_student1");
      scda -> Fill (ds,"t_score1");
       DataColumn ^ PColumn = ds -> Tables ["t_student1"] -> Columns
         ["sid"]; //主表中的主键
       DataColumn ^ CColumn = ds -> Tables ["t_score1"] -> Columns
         ["sid"]; //从表中的外键
       DataRelation ^ rs = gcnew Data::DataRelation ("sc", PColumn,
         CColumn);
      ds -> Relations -> Add(rs);
      dataGridView1 -> DataSource = ds -> Tables ["t_student1"];
      dataGridView2 -> DataSource = ds -> Tables ["t_score1"];
      }
      catch (Exception^ ex)
      {MessageBox::Show ("数据异常信息是:" + ex -> Message,"提示信息");}
    }
```

(4) 当在 dataGridView1 中单击某个学生的学号时，要在 dataGridView2 中显示该学号所选的课程，这个任务要在 DataGridView 的 CellContentClick 事件中完成。

```
dataGridView1 -> Rows [e -> RowIndex] -> Cells [e -> ColumnIndex] -> Val-
```

ue -> ToString();

该语句是把 dataGridView1 的当前行 Rows [e -> RowIndex] 的当前列 Cells [e -> ColumnIndex] 的值 Value 转换成字符串 ToString()。注意 dsjb 要设置成局部对象，这个事件执行完，该局部对象的生命周期就结束了，这样保证每次单击 dataGridView1 的某个学号时，dataGridView2 的内容都是当前的学生的选课情况，而不至于把以前的内容累加进来。代码如下：

```
private: System::Void dataGridView1_CellContentClick (System::Object^
  sender, System::Windows::Forms::DataGridViewCellEventArgs^ e)
   {
        DataSet^dsjb = gcnew DataSet();
//设定一个局部数据集对象 dsjb，可以每次单击 dataGridView1 的内容，
//在 dataGridView2 中显示该学生所选课的信息
//否则用全局的数据集对象 ds，会把以前的内容叠加到全局数据集对象 ds 中 String^
  s ="select * from t_score where sid =" + dataGridView1 -> Rows [e -> Row-
  Index] -> Cells [e -> ColumnIndex] -> Value -> ToString() +"";
        MessageBox::Show(s);
        SqlDataAdapter^da1 = gcnew SqlDataAdapter(s, con);
        da1 -> Fill(dsjb,"scnew");
        dataGridView2 -> DataSource = dsjb -> Tables ["scnew"];
   }
```

主从表显示界面如图 9－12 所示。

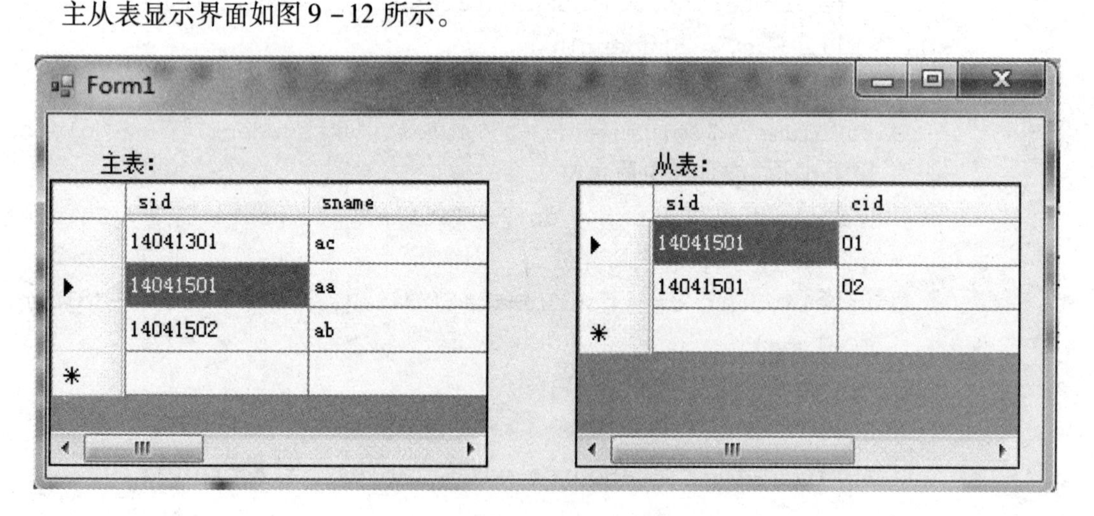

图 9－12　主从表显示界面

第 10 章　GDI+ 编程基础

图形、图像处理是依靠计算机对图形、图像进行加工处理，满足人们对不同应用的需要。本章通过介绍 GDI+（Graphical Device Interface Plus）技术来实现对图形、图像的处理，内容如下：

◇ 基本概念；

◇ GDI+ 相关的命名空间；

◇ Graphics 对象；

◇ 画笔；

◇ 画刷；

◇ Color 结构；

◇ GDI+ 绘制文本；

◇ 绘图板设计；

◇ 图像处理应用。

10.1　基本概念

（1）GDI+：是图像图形设备接口的扩展版，GDI+ 与它的前身 GDI 相比，它引入了 2D 图形的反锯齿、渐变画刷、基数样条、浮点数坐标，以及 Alpha 混合支持，并支持多种图像格式等。

（2）图形：一般指用计算机绘制的画面，如直线的、圆、圆弧、任意曲线和图表等。

（3）图像：是指由输入设备捕捉的实际场景画面或以数字化形式存储的任意画面，是由像素点阵构成的。

（4）坐标系：坐标系是绘图的基础，所有图形、图像所在位置都处在一个相对坐标系中。

（5）GDI+ 使用三种坐标系的概念：世界坐标系、页面坐标系和设备坐标系。

“世界坐标系”是应用程序用来进行图形输入输出所使用的一种与设备无关的笛卡儿坐标系。GDI+ 使用“世界坐标系”的概念，使图形图像通过坐标系变换，达到不同的显示效果。通常，我们可以根据自己的需要和方便定义一个自己的世界坐标系，这个坐标系称为用户坐标系，默认使用像素为单位。

计算机绘制图形、图像通常在页面坐标系中，通常某个对象以它所在容器的左上角作为原点（0，0）。横坐标为 X 轴，水平向右方向为 X 轴的正方向。纵坐标为 Y 轴，垂直向下方向为 Y 轴的正方向。

“设备坐标系”是指显示设备或打印设备坐标系下的坐标，它的特点是以设备上的像素点为单位。对于窗口中的视图而言，设备坐标的原点在客户区的左上角，x 坐标从左向右递增，y 坐标自上而下递增。由于设备的分辨率不同，相同坐标值的物理位置可能不同。如对于边长为 100 的正方形，当显示器为 640×480 和 800×600 时的大小是不一样的。

10.2 GDI+相关的命名空间

由于 GDI+ 扩展了许多功能，为开发人员进行图形图像编程构建了一整套类和结构。这些类和结构大多分布在由 Visual C++、.Net 所提供的与 GDI+ 相关的命名空间中，这些命名空间包括 System::Drawing、System::Drawing::Drawing2D、System::Drawing::Imaging 和 System::Drawing::Text 等命名空间。使用这些命名空间下的类和结构，能够满足大多数图形、图像编程的需要，见表 10-1。

表 10-1 GDI+ 的命名空间

命名空间	描述
System::Drawing	提供对 GDI+ 有关基本绘图功能
System::Drawing::Drawing2D	提供高级二维图形和向量图形功能的复杂的绘图类，如渐变画笔、Matrix、GraphicsPath 类
System::Drawing::Imaging	包含图像处理的各种类

10.3 Graphics 对象

System::Drawing 命名空间中的 Graphics 类具有强大的绘图功能，提供了一系列与图形、图像有关的处理方法，可以绘制圆弧、Bezier 曲线、椭圆、图像、线条、矩形和文本等。

表 10-2 列出了该类的常用方法。

表 10-2 Graphics 类的常用方法

方法	描述
Clear()	用于清除绘图表面 gobj->Clear（Color::Blue），gobj 为指向图形对象的指针
DrawArc()	用于绘制圆弧
DrawBezier()	绘制贝塞尔曲线
DrawEllipse()	用于绘制由矩形约束的椭圆
DrawImage()	绘制指定的 Image 图像
DrawLine()	在两点之间绘制线条
DrawLines()	绘制一系列连接着的线条
DrawPie()	用于绘制扇形或饼图
DrawPolygon()	用于绘制多边形，多边形的定点由一个点数组指定

续表

方法	描述
DrawRectangle( )	用于绘制矩形，由一个点标记矩形的起点，height 和 width 参数用于定义矩形的高和宽
DrawString( )	GDI+ 的排版功能，使用该方法可以绘制带有填充和轮廓效果的文本
FillPie( )	用于填充饼形
FillPolygon( )	用于填充多边形
FillRectangle( )	用于填充矩形
FillEllipse( )	填充椭圆内部
RotateTransform( )	可以使用 1°~360°中的一个角度翻转图像
ScaleTransform( )	可以缩放显示在输出设备上的图形

1. 绘制矩形

在绘制矩形过程中需要用到 Graphics 对象的 DrawRectangle( ) 方法，而该方法需要用到 Rectangle 结构，矩形 Rectangle 结构有以下几种重载格式：

Rectangle (Point p, Size size); //Point 结构表示点的坐标值 (X, Y), p 表示矩形的左上角的坐标点。Size 结构表示矩形的宽度和高度 (Width, Height), 所有参数都是整数

Rectangle (int x, int y, int width, int height); x, y 表示矩形的左上角的坐标点, width, height 表示矩形的宽度和高度, 所有参数都是整数

RectangleF (Point p, SizeF size); //所有参数表示浮点型

RectangleF (float x, float y, float width, float height); //所有参数都是浮点型

DrawRectangle( ) 方法有如下几种重载形式：

```
DrawRectangle (Pen^ pen, Rectangle rect);
DrawRectangle (Pen^ pen, int x, int y, int width, int height);
DrawRectangle (Pen^ pen, float x, float y, float width, float height);
```

Graphics 实例可以调用绘图对象的 CreateGraphics( ) 方法，也可以利用控件的重绘事件 (Paint 函数) 中的 PaintEventArgs^类型的参数 e 的 Graphics 属性传递绘图对象。

例 10-1 利用窗体的 CreateGraphics( ) 方法绘制一个红色的矩形图形，运行界面如图 10-1 所示。

```
private: System::Void button1_Click (System::Object^ sender, System::
 EventArgs^ e)
   {
      //建立 Graphics 对象，调用窗体的 CreateGraphics() 方法
      Graphics^ g = this -> CreateGraphics(); //窗体作为绘图对象
      //窗体的客户区的左上角为坐标原点，而不是在屏幕的左上角为坐标原点
      g -> DrawRectangle (gcnew Pen(Color::Red, 8), 20, 20, 90, 100);
```

}

2. 绘制直线

绘制直线需要用到 Graphics 对象的 DrawLine( ) 方法，一条直线由起点坐标和终点坐标决定，重载格式如下：

DrawLine (Pen^ pen, Point pt1, Point pt2); //pt1, pt2 分别表示直线的起点和终点

DrawLine (Pen^ pen, PointF pt1, PointF pt2); //pt1, pt2 为浮点数，分别表示直线的起点和终点

DrawLine (Pen^ pen, int x1, int y1, int x2, int y2); //坐标 (x1, y1)、(x2, y2) 分别表示直线的起点和终点

DrawLine (Pen ^ pen, float x1, float y1, float x2, float y2); //坐标 (x1, y1)、(x2, y2) 分别表示直线的起点和终点

DrawLines (Pen^ pen, array < Point >^ points); //points 是指 Point 结构的数组

DrawLines (Pen^ pen, array < PointF >^ points); //points 是指 Point 结构的数组，点的坐标值为浮点数

例 10-2 利用窗体的 Paint 事件函数在窗体上绘制一条蓝色的直线，如图 10-2 所示。

```
private: System::Void Form1_Paint (System::Object ^ sender, System::
 Windows::Forms::PaintEventArgs^ e)
    {
        Pen^ pen1 =gcnew Pen(Color::Blue, 8);
        e ->Graphics ->DrawLine(pen1, 0, 0, 60, 80);
        //注意它的坐标原点为窗体的左上角
    }
```

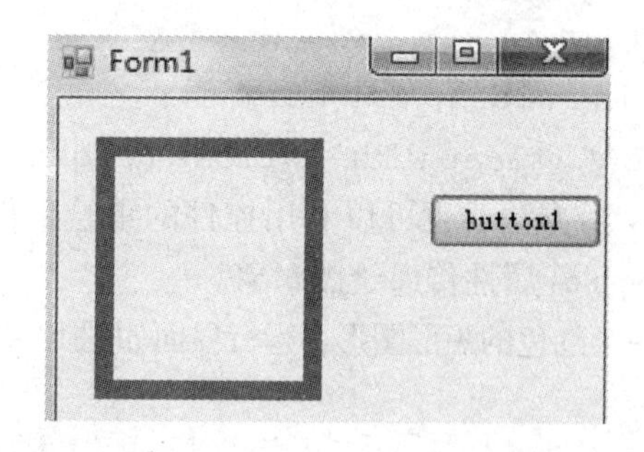

图 10-1 绘制矩形界面

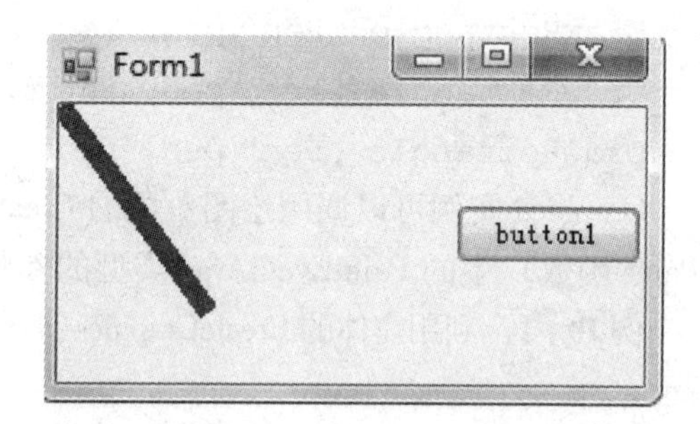

图 10-2 绘制直线界面

绘制多边形时，需要用 Graphics 对象的 DrawLines( ) 方法来绘制多条线段，该方法需要一个元素为 Point 结构的数组作为参数，重载格式如下：

DrawLines (Pen^ pen, array < Point > ^ points);

DrawLines (Pen^ pen, array < PointF > ^ points);

在绘制多条线时，每对相邻的两个点构成多边形的一条边，并且第一个点和最后一个点

不会连接为一条直线。

例10-3 绘制多条直线，运行界面如图10-3所示。

```
private: System::Void button1_Click (System::
 Object^ sender, System::EventArgs^ e)
   {
       Graphics^ g = this -> CreateGraphics();
       Point p1 = Point(20, 20);
       Point p2 = Point(30, 30);
       Point p3 = Point(30, 40);
       Point p4 = Point(20, 50);
       Point p5 = Point(10, 30);
       array < Point >^ points = {p1, p2, p3, p4, p5};
       g -> DrawLines (gcnew Pen(Color::Red, 8), points);
   }
```

图10-3 绘制多条直线界面

3. 绘制多边形

绘制多边形时，需要用Graphics对象的DrawPolygon()方法，该方法需要一个元素为Point结构的数组作为参数，重载格式如下：

```
DrawPolygon (Pen^ pen, array < Point > ^ points);
DrawPolygon (Pen^ pen, array < PointF > ^ points);
```

在绘制多边形时，每对相邻的两个点构成多边形的一条边，并且第一个点和最后一个点也会连接为一条直线。

例10-4 绘制多边形，运行界面如图10-4所示。

```
private: System::Void button1_Click (System::
 Object^ sender, System::EventArgs^ e)
   {
       Graphics^ g = this -> CreateGraphics();
       Point p1 = Point(20, 20);
       Point p2 = Point(30, 30);
       Point p3 = Point(30, 40);
       Point p4 = Point(20, 50);
       Point p5 = Point(10, 30);
       array < Point > ^ points = {p1, p2, p3, p4, p5};
       g -> DrawPolygon (gcnew Pen (Color::Red, 8), points);
   }
```

图10-4 绘制多边形界面

4. 绘制圆和椭圆

绘制椭圆使用Graphics对象的DrawEllipse()方法，圆是椭圆的特殊形式，椭圆是由一个矩形确定的，一个椭圆只有一个外切矩形，矩形确定了，该椭圆就确定了，因此在绘制椭圆时有一个矩形的参数。绘制椭圆有以下重载方法：

```
DrawEllipse (Pen^ pen, Rectangle rect);
```

```
DrawEllipse (Pen^ pen, RectangleF rect);
```

例 10－5 绘制椭圆，运行界面如图 10－5 所示。

```
private: System::Void button1_Click (System::
Object^ sender, System::EventArgs^ e)
      {
          Graphics^ g = this -> CreateGraphics();
          Pen^ pen = gcnew Pen (Color::Green, 6);
           Rectangle rect = Rectangle(10, 10, 80,
             90);
          g -> DrawEllipse (pen, rect);
      }
```

图 10－5 绘制椭圆界面

5. 绘制弧线

弧线是椭圆的一部分，使用 Graphics 对象的 DrawArc( ) 方法可绘制弧线。该方法除了需要由一个矩形确定一个椭圆外，还需要确定弧线在椭圆的起始角和扫描角，其中起始角为弧线开始时的角度，以椭圆的右半径为 0°，按顺时针方向增大，扫描角以起始角为起点，按顺时针方向增大角度。若这两个角度为负值则表示按逆时针方向扫描。DrawArc( ) 方法有以下几种重载格式：

```
DrawArc (Pen^ pen, Rectangle rect, float startAngle, float sweepAngle);
DrawArc (Pen^ pen, RectangleF rect, float startAngle, float sweepAngle);
DrawArc (Pen^ pen, int x, int y, int width, int height, float startAngle, float sweepAngle);
DrawArc (Pen^ pen, float x, float y, float width, float height, float startAngle, float sweepAngle);
```

例 10－6 绘制弧线，运行界面如图 10－6 所示。

```
private: System::Void button1_Click (System::
 Object^ sender, System::EventArgs^ e)
      {
          Graphics^ g = this -> CreateGraphics();
          Pen^ pen = gcnew Pen (Color::Green, 6);
          Rectangle rect = Rectangle(10, 10, 80, 90);
          float startAngle = 60;
          float sweepAngle = 90;
          g -> DrawArc (pen, rect, startAngle, sweepAngle);
      }
```

图 10－6 绘制弧线界面

6. 绘制扇形

扇形是由一段弧线和连接弧线两个端点的半径组成的，使用 Graphics 对象的 DrawPie( ) 方法可绘制扇形。该扇形由椭圆的一段弧线和两条与该弧线的终结点相交的射线定义的。该椭圆由边框定义。扇形由两条射线（由 startAngleT 和 sweeAngle 参数定义）和这些射线与椭圆的交点之间的弧线组成。

DrawPie( ) 方法有以下几种重载格式：

```
DrawPie( Pen^ pen, Rectangle rect, float startAngle, float sweepAngle);
DrawPie( Pen^ pen, RectangleF rect, float startAngle, float sweepAngle);
DrawPie(Pen^ pen, int x, int y, int width, int height, float startAngle, float sweepAngle);
DrawPie( Pen^ pen, float x, float y, float width, float height, float startAngle, float sweepAngle);
```

例 10 -7 绘制扇形，运行界面如图 10 -7 所示。

```
private: System::Void button1_Click (System::Object^ sender, System::EventArgs^ e)
  {
      Graphics^ g = this ->CreateGraphics();
      Pen^ pen = gcnew Pen (Color::Green, 6);
        Rectangle rect = Rectangle(10, 10, 80,
          90);
      float startAngle = 60;
      float sweepAngle = 90;
      g ->DrawPie (pen, rect, startAngle, sweepAngle);
  }
```

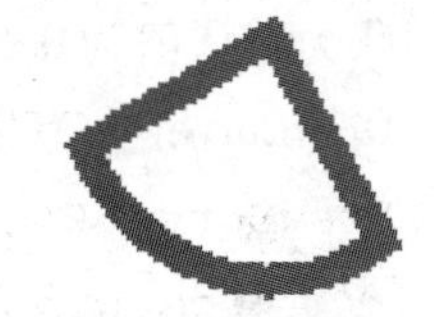

图 10 -7 绘制扇形界面

7. 绘制贝塞尔曲线

贝塞尔曲线是使用一组二元三次参数方程来表示的一条平滑的矢量曲线，使用 Graphics 对象的 DrawBezier( ) 方法可绘制贝塞尔曲线。该曲线由两个端点和两个控制点来定义，控制点影响曲线从一个端点到另一个端点的方向和弯曲程度。通过描述这四个点就能绘制该曲线，其中第一和第四个点是端点，第二和第三个点是控制点。DrawBezier 有以下几种重载格式：

```
DrawBezier (Pen^ pen, Point p1, Point p2, Point p3, Point p4);
DrawBezier (Pen^ pen, float x1, float y1, float x2, float y2, float x3, floaty3, float x4, float y4);
```

例 10 -8 绘制一条贝塞尔曲线，运行界面如图 10 -8 所示。

```
private: System::Void button1_Click (System::Object^ sender, System::EventArgs^ e)
  {
      Graphics^ g = this ->CreateGraphics();
```

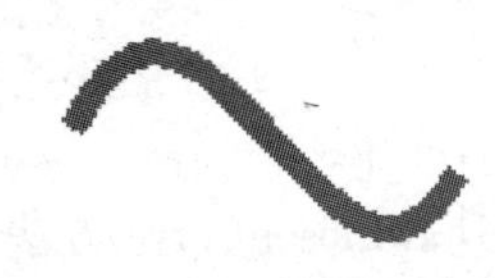

图 10 -8 绘制贝塞尔曲线界面

```
        Point p1 = Point(30, 80);
        Point p2 = Point(60, 20);
        Point p3 = Point(90, 140);
        Point p4 = Point(120, 90);
        Pen^ pen = gcnew Pen(Color::Green, 6);
        g -> DrawBezier(pen, p1, p2, p3, p4);
    }
```

8. 绘制基数样条曲线

基数样条曲线是平滑地通过一组给定点的曲线，由一系列点和张力参数定义，使用 DrawCurve( ) 方法可绘制基数样条曲线。可将此曲线比作一条金属条，将张力比作作用在金属条上的力，张力越大，曲线越弯曲，当张力小于 0 或远远大于 1 时，通常会产生封闭的环。张力默认值为 0.5，当张力为 0 时表示以直线段连接各点。

DrawCurve( ) 有以下几种重载格式：

```
DrawCurve(Pen^ pen, array<Point>^ points);
//其中 points 是 Point 结构数组，用于定义线条的一组定点
DrawCurve(Pen^ pen, array<Point>^ points, float tension);
//tension 表示曲线的张力
```

例 10－9 绘制基数样条曲线，运行界面如图 10－9 所示。

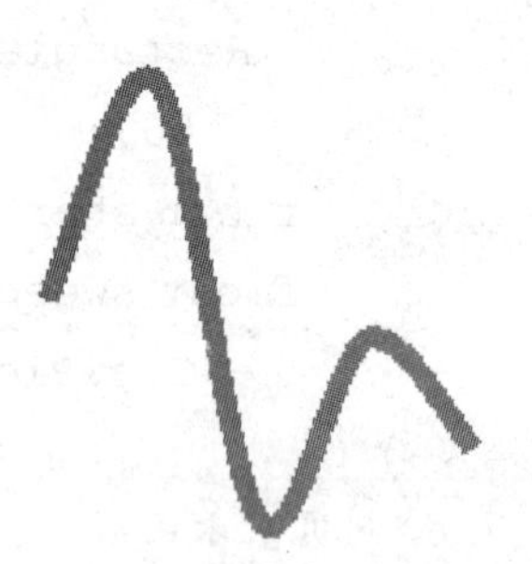

图 10－9 绘制基数样条曲线界面

```
private: System::Void button1_Click (System::Object^ sender, System::EventArgs^ e)
    {
        Graphics^ g = this -> CreateGraphics();
        Point p1 = Point(30, 80);
        Point p2 = Point(60, 20);
        Point p3 = Point(90, 140);
        Point p4 = Point(120, 90);
        Point p5 = Point(150, 120);
        array<Point>^ points = {p1, p2, p3, p4, p5};
        Pen^ pen = gcnew Pen (Color::Green, 6);
        g -> DrawCurve(pen, points);
    }
```

DrawClosedCurve 方法用来绘制闭合的基数样条，曲线连续通过序列中最后一个点，并与序列中第一个点连接。

10.4 画 笔

用 Pen 类可以创建画笔对象，它是用来画线的基本对象，可以画出图形的边框。画笔具有宽度、样式、颜色三种重要属性。画笔的样式可以确定所绘制图形的线型，画笔属性见表 10－3。

表 10－3 画笔属性

属性	描述
Color	设置或获取此 Pen 对象的颜色
DashStyle 位于 System::Drawing::Drawing2D::DashStyle 命名空间	设置或获取此 Pen 对象绘制的线条的样式，取值如下： Custom：指定用户定义的自定义划线段样式； Dash：指定由划线段组成的直线； DashDot：指定由重复的划线点图案构成的直线； DashDotDot：指定由重复的划线点点图案构成的直线； Dot：指定由点构成的直线； Solid：指定实线
EndCap 位于 System::Drawing::Drawing2D::LineCap 命名空间	设置或获取此 Pen 对象绘制的直线终点的帽样式，取值如下： AnchorMask：指定用于检查线帽是否为锚头帽的掩码； ArrowAnchor：指定箭头状锚头帽； Custom：指定自定义线帽； DiamondAnchor：指定菱形锚头帽； Flat：指定平线帽； NoAnchor：指定没有锚； Round：指定圆线帽； RoundAnchor：指定圆锚头帽； Square：指定方线帽； SquareAnchor：指定方形锚头帽； Triangle：指定三角线帽
StartCap 位于 System::Drawing::Drawing2D::LineCap 命名空间	设置或获取此 Pen 对象绘制的直线起点的帽样式
Width	设置或获取此 Pen 对象的宽度

例 10－10 画红、绿、蓝三条直线，其中红色为由线段构成的虚线；蓝色直线的起点为圆锚头帽样式，终点为箭头状锚头帽样式；指定由重复的划线点图案构成的直线。

```
private: System::Void button1_Click (System::Object^ sender, System::
  EventArgs^ e)
    {
        Graphics^ gobj = this -> CreateGraphics();
        Pen^ redPen = gcnew Pen(Color::Red);
```

```
        Pen^ bluePen = gcnew Pen(Color::Blue, 8);
        Pen^ greenPen = gcnew Pen(Color::Green, 3);
        Point p1 = Point(40, 30);
        Point p2 = Point(150, 30);
        //设置画笔样式为虚线
greenPen -> DashStyle = System::Drawing::Drawing2D::DashStyle::
 DashDotDot;
        redPen -> DashStyle = System::Drawing::Drawing2D::DashStyle::
         Dash;
        redPen -> Width = 5; //设置画笔宽度
        gobj -> DrawLine(redPen, 20, 20, 20, 150);
//设置画笔起点样式
bluePen -> StartCap = System::Drawing::Drawing2D::LineCap::RoundAn-
  chor;
//设置画笔终点样式
bluePen -> EndCap = System::Drawing::Drawing2D::LineCap::ArrowAnchor;
    gobj -> DrawLine(bluePen, p1, p2);
        gobj -> DrawLine(greenPen, 40, 50, 150, 150);
        }
```

运行界面如图 10 - 10 所示。

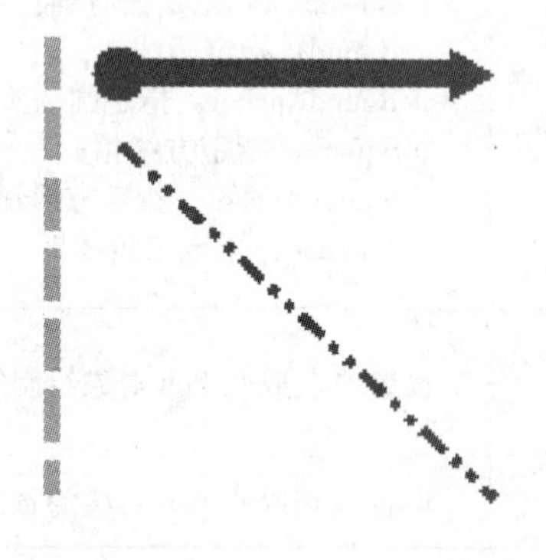

图 10 - 10　画红、绿、蓝三条直线界面

10.5　画　刷

用 Brush 类创建画刷对象，用于填充绘制封闭图形以及绘制文字，如在绘制矩形、椭圆、扇形、多边形等时需要使用画笔，而要填充这些封闭图形时就需要使用画刷。在 GDI+ 中，抽象基类 Brush 封装了画刷的基本功能，它不能进行实例化。实际编程中使用 Brush 类

的派生类来创建画刷对象。位于 System::Drawing::Drawing2D 命名空间的画刷类常见的有三种：HatchBrush（用阴影样式、前景色和背景色定义矩形画刷）、LinearGradientBrush（使用线性渐变封装画刷）和 PathGradientBrush（通过渐变填充 GraphicsPath 对象的内部）。位于 System::Drawing 命名空间中的画刷类常见的有两种：SolidBrush（定义单色画刷）和 TextureBrush（使用图像来填充形状的内部）。

1. SolidBrush 类画刷

SolidBrush 类表示一个实心画刷，用纯色来填充图形。

例 10－11 使用 SolidBrush 画刷绘制出紫色和绿色的矩形填充图，运行界面如图 10－11 所示。

```
private: System::Void button1_Click (System::Object^ sender, System::
 EventArgs^ e)
    {
        SolidBrush^ myBrush1 = gcnew SolidBrush(Color::Purple);
        Graphics^ g = this -> CreateGraphics();
        g -> FillRectangle(myBrush1, 20, 20, 90, 100);
        myBrush1 -> Color = Color::FromArgb (126, 0, 255, 0);
        g -> FillRectangle(myBrush1, 120, 20, 90, 100);
    }
```

图 10－11 绘制紫色矩形和绿色矩形填充界面

例 10－12 使用 SolidBrush 画刷绘制出紫色的多边形填充图，运行界面如图 10－12 所示。

图 10－12 绘制紫色多边形填充图界面

```
private: System::Void button1_Click
  (System::Object ^ sender, System::
 EventArgs^ e)
    {
        SolidBrush^ myBrush1 = gcnew
          SolidBrush(Color::Purple);
       Graphics^ g = this -> CreateGraphics();
       Point p1 = Point(20, 20);
       Point p2 = Point(30, 30);
       Point p3 = Point(30, 40);
```

```
        Point p4 = Point(20, 50);
        Point p5 = Point(10, 30);
        array < Point > ^ points = {p1, p2, p3, p4, p5};
        g -> FillPolygon(myBrush1, points);
    }
```

2. TextureBrush 类画刷

图像画刷可以使用图像来填充图形区域，图像文件可以是 bmp、jpg、ico、gif 等格式的文件。常用构造函数如下：

```
TextureBrush (Image^ image);
TextureBrush (Image^ image, WrapMode::wrapMode);
```

枚举类型 WrapMode 包含在 System::Drawing::Drawing2D 命名空间中，用于指定当纹理或者渐变小于所填充的区域时是平铺的样式。WrapMode 枚举中的平铺样式见表 10-4。

表 10-4 WrapMode 枚举中的平铺样式

成员名称	描述
Clamp	将纹理或倾斜度固定在边界上，纹理或者渐变没有平铺
Tile	平铺渐变或纹理
TileFlipX	水平反转纹理或渐变，然后平铺该纹理或渐变
TileFlipXY	水平和垂直反转纹理或渐变，然后平铺该纹理或渐变
TileFlipY	垂直反转纹理或渐变，然后平铺该纹理或渐变

例 10-13 使用 TextureBrush 画刷填充图形区域，运行界面如图 10-13 所示。

图 10-13 图像填充效果图画刷

```
private: System::Void button1_Click (System::
 Object^ sender, System::EventArgs^ e)
    {
        Graphics^ g = this -> CreateGraphics();
        Image^ image = Image::FromFile("E:
          \\Rose1.jpg");
        TextureBrush^ myBrush = gcnew Texture-
          Brush(image, System::Drawing::Draw-
          ing2D::WrapMode::Clamp);
        g -> FillRectangle(myBrush, 20, 20, 200, 200);
    }
```

3. HatchBrush 类

HatchBrush 类画刷是用阴影样式、前景色和背景色定义矩形的画刷，构造函数如下：

```
public HatchBrush(HatchStyle::hatchstyle, Color::foreColor)
```

```
public HatchBrush(HatchStyle::hatchstyle, Color::ForeColor, Color::backColor)
```

枚举类型 HatchStyle 用于指定阴影样式，阴影样式及说明见表 10－5。

表 10－5 枚举类型 HatchStyle 阴影样式及说明

阴影样式	说明
Horizontal	水平线的图案
Vertical	垂直线的图案
ForwardDiagonal	从左上到右下的对角线的线条图案
BackwardDiagonal	从右上到左下的对角线的线条图案
Cross	指定交叉的水平线和垂直线
DiagonalCross	交叉对角线的图案
ZigZag	指定由 Z 字形构成的水平线
Wave	指定由代字号“~”构成的水平线
DiagonalBrick	指定具有分层砖块外观的阴影，它从顶点到底点向左倾斜
HorizontalBrick	指定具有水平分层砖块外观的阴影
Weave	指定具有织物外观的阴影
Plaid	指定具有格子花呢材料外观的阴影
Divot	指定具有草皮层外观的阴影
SolidDiamond	指定具有对角放置的棋盘外观的阴影
LightDownwardDiagonal	指定从顶点到底点向右倾斜的对角线，其两边夹角比 ForwardDiagonal 小 50%，但这些直线不是锯齿消除的
LightUpwardDiagonal	指定从顶点到底点向左倾斜的对角线，其两边夹角比 BackwardDiagonal 小 50%，但这些直线不是锯齿消除的
DarkDownwardDiagonal	指定从顶点到底点向右倾斜的对角线，其两边夹角比 ForwardDiagonal 小 50%，宽度是其两倍。此阴影图案不是锯齿消除的
DarkUpwardDiagonal	指定从顶点到底点向左倾斜的对角线，其两边夹角比 BackwardDiagonal 小 50%，宽度是其两倍，但这些直线不是锯齿消除的
WideDownwardDiagonal	指定从顶点到底点向右倾斜的对角线，其间距与阴影样式 ForwardDiagonal 相同，宽度是其三倍，但这些直线不是锯齿消除的
WideUpwardDiagonal	指定从顶点到底点向左倾斜的对角线，其间距与阴影样式 BackwardDiagonal 相同，宽度是其三倍，但这些直线不是锯齿消除的
LightVertical	指定垂直线，其两边夹角比 Vertical 小 50%
LightHorizontal	指定水平线，其两边夹角比 Horizontal 小 50%
NarrowVertical	指定垂直线的两边夹角比阴影样式 Vertical 小 75%（或者比 LightVertical 小 25%）
NarrowHorizontal	指定水平线的两边夹角比阴影样式 Horizontal 小 75%（或者比 LightHorizontal 小 25%）

续表

阴影样式	说明
DarkVertical	指定垂直线的两边夹角比 Vertical 小 50% 并且宽度是其两倍
DarkHorizontal	指定水平线的两边夹角比 Horizontal 小 50% 并且宽度是 Horizontal 的两倍
DashedDownwardDiagonal	指定虚线对角线，这些对角线从顶点到底点向右倾斜
DashedUpwardDiagonal	指定虚线对角线，这些对角线从顶点到底点向左倾斜

例 10－14 使用 HatchBrush 画刷设置阴影样式，运行界面如图 10－14 所示。

```
private: System::Void button1_Click (System::
 Object^ sender, System::EventArgs^ e)
    {
        Graphics^ g = this -> CreateGraphics();
         HatchBrush^ myBrush = gcnew HatchBrush
           (HatchStyle :: Cross, Color :: Red,
           Color::Green);
          g -> FillRectangle (myBrush, 20, 20,
             100, 100);
    }
```

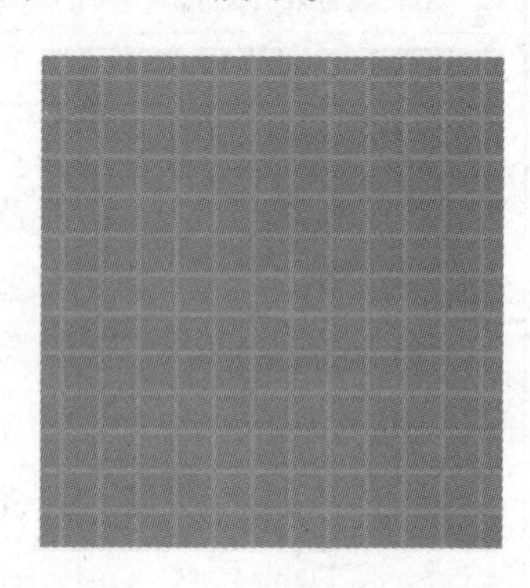

图 10－14　阴影样式效果图

4. LinearGradientBrush 类画刷

LinearGradientBrush 画刷是用于实现渐变的画刷，该种类型画刷的颜色将从一种颜色渐变为另一种颜色。该类常见的构造函数如下：

```
LinearGradientBrush(Point p1, Point p2, Color startColor, Color endColor);
LinearGradientBrush (PointF p1, PointF p2, Color startColor, Color endColor);
LinearGradientBrush(Rectangle reg, Color StartColor, Color endColor, LinearGradientMode modestyle);
LinearGradientBrush(RectangleF reg, Color StartColor, Color endColor, LinearGradientMode modestyle);
LinearGradientBrush(Rectangle reg, Color StartColor, Color endColor, float angle);
LinearGradientBrush(RectangleF reg, Color StartColor, Color endColor, float angle);
```

其中 angle 为渐变方向线的角度。

LinearGradientMode 是枚举值，其成员见表 10－6。

例 10－15 使用 LinearGradientBrush 画刷实现左右渐变，运行界面如图 10－15 所示。

表 10－6 LinearGradientMode 成员

成员名称	描述
BackwardDiagonal	指定从右上到左下的渐变
ForwardDiagonal	指定从左上到右下的渐变
Horizontal	指定从左到右的渐变
Vertical	指定从上到下的渐变

```
private: System::Void button1_Click (System::Object^ sender, System::
 EventArgs^ e)
   {
      Graphics^ g = this -> CreateGraphics();
    LinearGradientBrush^ brush1 = gcnew LinearGradientBrush (Point
      (0, 30), Point(30, 0), Color::Red, Color::Blue);
    g -> FillRectangle(brush1, 10, 10, 240, 300);
   }
```

例 10－16 使用 LinearGradientBrush 画刷实现上下渐变，运行界面如图 10－16 所示。

```
private: System::Void button1_Click (System::Object^ sender, System::
 EventArgs^ e)
   {
     Graphics^ g = this -> CreateGraphics();
      LinearGradientBrush^ brush1 = gcnew LinearGradientBrush (Rec-
        tangle (0, 0, 60, 10), Drawing::Color::Red, Drawing::Color
        ::Blue, LinearGradientMode::Horizontal);
     g -> FillRectangle(brush1, 10, 10, 240, 300);
   }
```

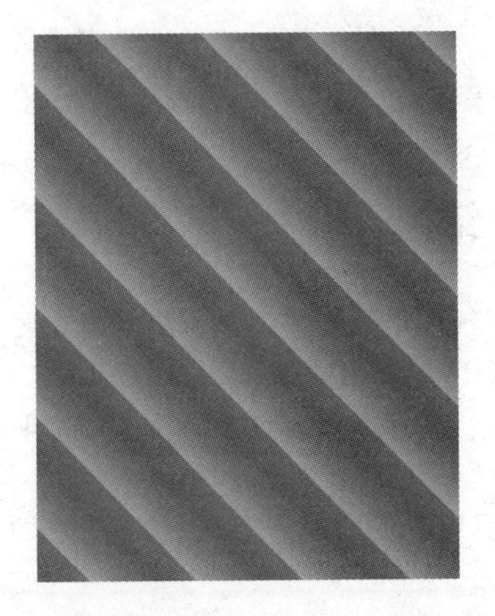

图 10－15 左右渐变效果图

图 10－16 上下渐变效果图

5. PathGradientBrush 类画刷

PathGradientBrush 类画刷和 LinearGradientBrush 类画刷相似，也是创建渐变画刷，但 PathGradientBrush 类画刷是根据路径建立复杂的形状的画刷。重载构造函数如下：

```
PathGradientBrush(GraphicsPath path);
PathGradientBrush(Point[] points);
PathGradientBrush(PointF[] points);
PathGradientBrush(Point[] points, WrapMode wrapMode)
PathGradientBrush(PointF[] points, WrapMode wrapMode)
```

例 10－17 使用 PathGradientBrush 画刷，运行界面如图 10－17 所示。

图 10－17 PathGradientBrush 画刷效果图

```
private: System:: Void button1_Click
  (System::Object^ sender, System::Even-
  tArgs^ e)
   {
       Graphics^ g = this -> CreateGraph-
         ics();
       GraphicsPath^ path1 = gcnew Graph-
         icsPath();
       path1 -> AddEllipse(20, 20, 200,
         200);
        PathGradientBrush^ pathbrush1 =
          gcnew PathGradientBrush (path1);
        pathbrush1 -> CenterColor = Color::Red; //设置中心颜色
        array<Color>^ colors = {Color::Blue, Color::Green};
        //设置混色数组
          pathbrush1 -> SurroundColors = colors;
        g -> FillEllipse(pathbrush1, 10, 10, 240, 300);
   }
```

10.6 Color 结构

.NET 框架的 Color 结构用于表示不同的颜色。颜色与画笔和画刷一起使用，来指定要呈现的颜色。Color 结构支持 RGB 颜色系统，每种颜色包含四种分量：[A]、R、G、B，其中 A 值用于指定颜色的透明度，是可选项；R、G、B 分别代表红、绿、蓝，每种分量在 0～255 取值。

Color 结构中包含一些静态属性表示颜色，在引用它们时，需要在前面冠以“Color”，如“Color::Red”用以表示预定义的红色。

可以通过 Color 结构的 FromArgb 方法来设置和获取颜色。FromArgb 方法使用的格式为 Color::FromArgb（[A,] R, G, B）。如：

```
textBox1 ->BackColor =Color::FromArgb(0, 255, 0);
```

10.7 GDI+绘制文本

GDI+提供了可以实现文本绘制的多个类,通过 Graphics 类的 DrawString( ) 方法，可以为输出的文本指定相应的文本特性（字体、文本的间隔、首行缩进、自动换行和对齐方式等）。

1. 字体

字体是使用 Font 类来定义特定的文本格式，包括文本的字体、字号大小、字体样式，主要构造函数的重载形式如下：

```
Font (FontFamily^ family, float emSize);
Font(String^ familyName, float emSize);
Font(FontFamily^ family, float emSize, FontStyle style);
Font(String^ familyName, float emSize, FontStyle style);
Font(FontFamily^ family, float emSize, GraphicsUnit unit);
Font(String^ familyName, float emSize, GraphicsUnit unit);
Font(FontFamily^ family, float emSize, FontStyle style, GraphicsUnit unit);
Font(String^ familyName, float emSize, FontStyle style, GraphicsUnit unit);
```

其中：

family 和 familyName 参数用于指定字体的字体系列。

emSize 参数用于指定字体的字号大小。

style 参数用于指定字体的样式信息，其值是由 FontStyle 枚举定义的，其枚举成员如下：Bold：加粗文本；Italic：斜体文本；Regular：普通文本；Strikeout：删除线文本；Underline：下划线文本。

unit 参数用于指定字体的大小单位，其值由 GraphicsUnit 枚举定义，其枚举成员如下：Display：设置显示设备的大小单位，如计算机显示器的单位是像素，打印机的单位是 1/100 英寸；Document：使用文档单位作为大小单位，即 1/300 英寸；Inch：使用英寸；Pixel：使用像素；Millimeter：使用毫米；Point：使用打印机点作为单位，即 1/72 英寸；World：使用世界坐标系单位。

2. 文本输出

文本输出是使用 Graphics 类的 DrawString( ) 方法来完成在指定位置内绘制文本。

DrawString( ) 方法的重载格式如下：

```
DrawString(String^ s, Font^ font, Brush^ brush, PointF point);
DrawString(String^ s, Font^ font, Brush^ brush, float x, float y);
DrawString(String^ s, Font^ font, Brush^ brush, RectangleF rect);
```

其中，s 表示文本的内容，font 表示文本的字体，brush 表示填充文本的画刷，point 表示用于绘制文本的起始点坐标，x，y 分别表示绘制文本的起始点的横坐标和纵坐标，rect 用于表示文本必须在该矩形内绘制。

例 10－18 在窗体内以 12 号宋体斜体样式输出“顺其自然，无为而治”，以 16 号楷体下划线样式输出“乐善好施德润身”，运行界面如图 10－18 所示。

```
private: System::Void button1_Click(System::Object^ sender, System::
  EventArgs^ e)
    {
        Graphics^ g = this -> CreateGraphics();
        Drawing::Font^ fonta = gcnew Drawing::Font ("宋体", 12, Font-
          Style::Italic);
        SolidBrush^ brusha = gcnew SolidBrush(Color::Red);
        g -> DrawString ("顺其自然，无为而治", fonta, brusha, 30, 60);
        Drawing::Font^ fontb = gcnew Drawing::Font ("楷体", 16, Font-
          Style::Underline);
        SolidBrush^ brushb = gcnew SolidBrush(Color::Green);
        g -> DrawString ("乐善好施德润身", fontb, brushb, 35, 120);
    }
```

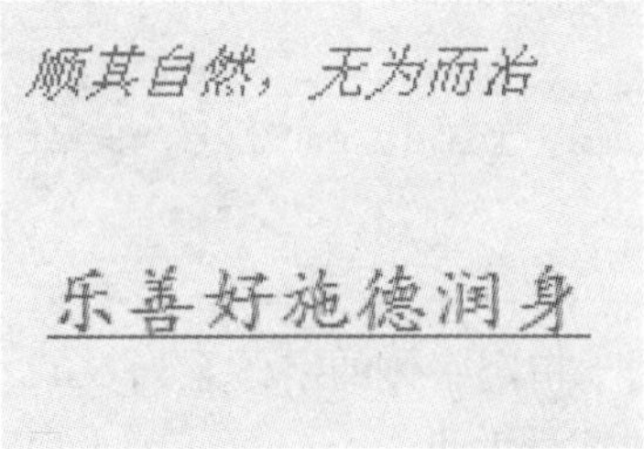

顺其自然，无为而治

乐善好施德润身

图 10－18 例 10－18 运行效果图

10.8 绘图板的设计

例 10－19 综合前面知识，做一个绘图板项目，设计界面如图 10－19 所示，各控件属性见表 10－7。

（1）新建一个 Windows 窗体应用程序，项目名称为 p1004。

（2）设计界面，在窗体中拖放 3 个 Panel 控件，在 panel 1 中拖放 4 个单选按钮，即 radioButton1 ~ radioButton4，它们的功能分别是“选择图形”“画直线”“画椭圆”和“画矩形”。在 panel2 中拖放 4 个单选按钮 radioButton5 ~ radioButton8，它们的功能分别代表画笔宽度为“1 像素”“3 像素”“5 像素”和“7 像素”。拖放 3 个按钮 button1 ~ button3 和 2 个 PictureBox 控件 pictureBox2，pictureBox3，分别代表画笔的颜色和画刷的颜色。在窗体右侧拖放一个 pictureBox 1 控件作为画图的区域。

图 10－19　设计界面

表 10－7　绘图板各控件属性设置

控件	属性	值	说明
pictureBox1	BorderStyle	Fixed3D	
panel1			以下 4 个控件在该面板中
radioButton1	Appearance	Button	用于选择已经绘制的图形
	AutoSize	false	
	Checked	true	
	BackgroundImage	该图形	
radioButton2	Appearance	Button	绘制直线
	AutoSize	false	
	Checked	false	
	BackgroundImage	该图形	
radioButton3	Appearance	Button	绘制矩形
	AutoSize	false	
	Checked	false	
	BackgroundImage	该图形	

续表

控件	属性	值	说明
radioButton4	Appearance	Button	绘制椭圆
	AutoSize	false	
	Checked	false	
	BackgroundImage	该图形	
panel2			控制线条宽度的分组
radioButton5	Appearance	Button	线条宽度为 1
	AutoSize	false	
	Checked	true	
	BackgroundImage	该图形	
radioButton6	Appearance	Button	线条宽度为 3
	AutoSize	false	
	Checked	false	
	BackgroundImage	该图形	
radioButton7	Appearance	Button	线条宽度为 5
	AutoSize	false	
	Checked	false	
	BackgroundImage	该图形	
radioButton8	Appearance	Button	线条宽度为 7
	AutoSize	false	
	Checked	false	
	BackgroundImage	该图形	
button1	Image		设置画刷颜色
	Text		文本为空
button2	Image		设置画笔颜色
	Text		文本为空
button3	Image		设置油漆桶颜色
	Text		文本为空
pictureBox3	BackColor		显示画刷颜色
pictureBox2	BackColor		显示画笔颜色
statusStrip1			用于显示鼠标当前所在的位置
colorDialog1			设置画笔和画刷的颜色

（3）定义 DrawOb 类。

选中解决方案资源管理器的头文件夹，单击鼠标右键，选中“添加 | 类”菜单项，创建 DrawOb 类的同时创建 DrawOb. h 头文件和 DrawOb. cpp 文件，删除 DrawOb. cpp 文件。

在 DrawOb. h 的头文件中写入如下代码：

```
#pragma once
namespace p1004 {
    using namespace System;
    using namespace System::ComponentModel;
    using namespace System::Collections;
    using namespace System::Windows::Forms;
    using namespace System::Data;
    using namespace System::Drawing;
public ref class DrawOb
//定义该类前加上 ref 表示引用类，通过 gcnew 运算符来创建对象
{//前面省略了 private：以下变量为私有变量，注意大小写，并区别私有变量和属性
    Int32 gType; //图形的类型
    Int32 penWidth; //画笔的宽度
    Point beginPoint; //绘图的起点
    Point endPoint; //绘图的终点
    Color penColor; //笔的颜色
    Color brushColor; //画刷的颜色
public:
//构造函数 通过构造函数的参数给类的私有变量赋值
    DrawOb (int type, int width, Point begin, Point end, Color draw,
      Color fill): gType (type), penWidth (width), beginPoint (be-
      gin), endPoint (endPoint), penColor (draw), brushColor (fill)
      {}
}
```

但是私有的成员函数是不能够被类外的成员访问的，因此通过属性定义的读写权限引用这些私有变量。

定义属性 GraphicType，定义图形的类型属性，具有读和写的权限，其中 set 是设置写的权限，get 是设置读的权限。

```
property int GraphicType
{
    void set(int type){gType = type;} //写
    int get(){return gType;} //读
}
```

定义属性 PenWidth，设置笔的宽度的读写权限，关键字 property 是定义属性的关键字。

```
property int PenWidth
```

```
{
    void set(int width){penWidth=width;}
    int get(){return penWidth;}
}
```

定义属性 BeginPoint，开始点的设置，注意 beginPoint 是私有变量且具有读写功能的属性。

```
property Point BeginPoint
{
    void set(Point begin){beginPoint=begin;}
    Point get(){return beginPoint;}
}
```

定义属性 EndPoint，其中 EndPoint 为属性的名字，而 endPoint 是私有变量，只有在类的内部才可以被访问。而属性 EndPoint 是该类的内部的成员属性，因此可以访问该类的私有变量。

```
property Point EndPoint
{
    void set(Point end){endPoint=end;}
    Point get(){return endPoint;}
}
```

定义属性笔的颜色。

```
property Color PenColor
{
    void set(Color draw){penColor=draw;}
    Color get(){return penColor;}
}
```

定义属性画刷的颜色。

```
property Color BrushColor
{
    void set(Color fill){brushColor=fill;}
    Color get(){return brushColor;}
}
void Paintg (Graphics^ g, int haveselected) //定义一个绘图函数
{
    Pen^ pen1=gcnew Pen (penColor, penWidth);
    //penColor, penWidth 在此处可以访问，因为 Paintg 也是类内部的成员函数
    SolidBrush^ brush1=gcnew SolidBrush (brushColor);
    Pen^ pen2=gcnew Pen (Color::Black, 1);
    SolidBrush^ brush2=gcnew SolidBrush (Color::White);
    if (gType==1)
    {
        if (haveselected) //如果图形是被选中状态
```

```
    {
        g->FillRectangle(brush2, beginPoint.X-3, beginPoint.Y-
          3, 9, 9);
        g->DrawRectangle(pen2, beginPoint.X-3, beginPoint.Y-3,
          9, 9);
          g -> FillRectangle (brush2, endPoint.X - 3, endPoint.
          Y-3,9, 9);
           g -> DrawRectangle ( pen2, endPoint.X - 3, endPoint.
          Y-3,9, 9);
    }
    else
        g->DrawLine(pen1, beginPoint, endPoint); //绘制直线
}
else
{
    Rectangle rect = Drawing::Rectangle(Math::Min(beginPoint.X,
      endPoint.X), Math::Min(beginPoint.Y, endPoint.Y), Math::Abs
      (beginPoint.X - endPoint.X), Math::Abs(beginPoint.Y - end-
      Point.Y));
    if(gType ==2)
    {
        if(haveselected)
        //如果图形是选中状态，绘制选中图形周围的控制柄
        {
              g -> FillRectangle(brush2, beginPoint.X - 3, begin-
                  Point.Y-3, 9, 9);
            g->DrawRectangle(pen2, beginPoint.X-3, beginPoint.
                  Y-3, 9, 9);
            g->FillRectangle(brush2, endPoint.X-3, beginPoint.
                  Y-3, 9, 9);
             g -> DrawRectangle(pen2, endPoint.X - 3, beginPoint.
                  Y-3, 9, 9);
            g->FillRectangle(brush2, beginPoint.X-3, endPoint.
                  Y-3, 9, 9);
             g -> DrawRectangle(pen2, beginPoint.X - 3, endPoint.
                  Y-3, 9, 9);
             g -> FillRectangle(brush2, endPoint.X - 3, endPoint.
                  Y-3, 9, 9);
            g->DrawRectangle(pen2, endPoint.X-3, endPoint. Y-3,
```

```
                    9, 9);
            }
            else
                {//绘制矩形
                    g->FillRectangle(brush1, rect);
                    g->DrawRectangle(pen1, rect);
                }
            }
        else if(gType==3)
        {
            if(haveselected) //如果图形被选中，绘制其控制柄
            {
        g->FillRectangle(brush2, (beginPoint.X+endPoint.X)/2-3,
            beginPoint.Y-3, 9, 9);
        g->DrawRectangle(pen2, (beginPoint.X+endPoint.X)/2-3, be-
            ginPoint.Y-3, 9, 9);
        g->FillRectangle(brush2, beginPoint.X-3, (beginPoint.Y+
            endPoint.Y)/2-3, 9, 9);
        g->DrawRectangle(pen2, beginPoint.X-3, (beginPoint.Y+end-
            Point.Y)/2-3, 9, 9);
        g->FillRectangle(brush2, endPoint.X-3, (beginPoint.Y+end-
            Point.Y)/2-3, 9, 9);
        g->DrawRectangle(pen2, endPoint.X-3, (beginPoint.Y+end-
            Point.Y)/2-3, 9, 9);
        g->FillRectangle(brush2, (beginPoint.X+endPoint.X)/2-3,
            endPoint.Y-3, 9, 9);
        g->DrawRectangle(pen2, (beginPoint.X+endPoint.X)/2-3, end-
            Point.Y-3, 9, 9);
            }
            else
                {
                    g->FillEllipse(brush1, rect);
                    g->DrawEllipse(pen1, rect);
                }
            }
        }
    }
        bool isselected(int x, int y) //定义是否为选中图形函数
        {
```

```
        if(gType ==1)
    {
        double a, b, c, d;
a = Math::Sqrt((x - beginPoint.X) * (x - beginPoint.X) + (y -
    beginPoint.Y) * (y - beginPoint.Y));
b =Math::Sqrt((beginPoint.X - endPoint.X) * (beginPoint.X - endPoint.X) +
    (beginPoint.Y - endPoint.Y) * (beginPoint.Y - endPoint.Y));
c =Math::Sqrt ( (x - endPoint.X) * (x - endPoint.X) +(y - endPoint.Y) * (y -
    endPoint.Y));
        d =Math::Sqrt (a * a - (a * a + b * b - c * c) * (a * a + b * b - c *
            c)/(4 * b * b));
        if (d<3.0) return true;
    }
    else if (gType ==2)
    {
         Rectangle rect1 = Drawing::Rectangle (Math::Min (begin-
            Point.X, endPoint.X), Math::Min (beginPoint.Y, end-
            Point.Y), Math::Abs (beginPoint.X - endPoint.X), Math:
          :Abs (beginPoint.Y - endPoint.Y));
        Rectangle rect2 =rect1;
        rect1.Inflate(3, 3); rect2.Inflate( -3, -3); //膨胀
        if(rect1.Contains(x, y) && ! rect2.Contains(x, y))
        //Contains表示指定的点是否包含在矩形区域中
            return true;
    }
    else if(gType ==3)
    {
        int x0, y0, a, b, d;
        double c, d1, d2;
        x0 =(beginPoint.X + endPoint.X)/2;
        y0 =(beginPoint.Y + endPoint.Y)/2;
        a =Math::Abs (beginPoint.X - endPoint.X)/2;
        b =Math::Abs (beginPoint.Y - endPoint.Y)/2;
        c =Math::Sqrt (Math::Abs (a * a - b * b));
        if(a >=b)
        {
            d1 =Math::Sqrt ((x - (x0 - c)) * (x - (x0 - c)) +(y - y0) * (y
                - y0));
            d2 =Math::Sqrt ( (x - (x0 + c)) * (x - (x0 + c)) +(y - y0) *
```

```
                (y - y0));
            }
            else
            {
                d1 = Math::Sqrt ( (x - x0) * (x - x0) + (y - (y0 - c)) *
                    (y - (y0 - c)));
                d2 = Math::Sqrt ( (x - x0) * (x - x0) + (y - (y0 + c)) * (y -
                    (y0 + c)));
            }
            d=a>b? a: b;
            if (d1 + d2 > 2 * d - 2 && d1 + d2 < 2 * d + 2)
                return true;
            }
        return false;
    }
};
}
```

p1004.cpp 文件中添加以下包含文件：

#include"DrawOb.h"//注意先后顺序，因为窗体中要用到 DrawOb 类中的成员，所以写在窗体头文件前面

#include"Form1.h"

在窗体 Form.h 头文件中定义窗体的构造函数和一些主要成员，代码如下：

```
public:
    Form1(void)
    {
        InitializeComponent();
        //
        //TODO: 在此处添加构造函数代码
        this->numbers=0;
        this->current=nullptr;
        this->shapes=gcnew array<DrawOb^>(100);
        this->drawType=0;
        this->penWidth=1;
        this->drawColor=System::Drawing::Color::Black;
        this->fillColor=System::Drawing::Color::White;
        this->pictureBox2->BackColor=drawColor;
        this->pictureBox3->BackColor=fillColor;
        selected=false; //图形是否被选中
        selectedNum= -1; //没有选中的图形
```

```
            selectChanged = false; //选中标记被改变
            shiftFlag = false;
            picChanged = false; //图形类型是否改变
        }
        Int32 numbers; //已绘制的图形数目
        DrawOb^ current; //当前绘制的图形
        array < DrawOb^ >^ shapes;
        //已绘制的图形，没一个 shapes 元素是 DrawOb^类型
        Boolean selected; //是否被选中
        Boolean selectChanged; //选中标记是否被改变
        Boolean picChanged; //图形类型是否改变
        Int32 selectedNum; //被选中的图形的索引号
        Int32 drawType; //图形类型
        Int32 penWidth;
        Color drawColor;
        Color fillColor;
        Boolean shiftFlag;
    //panel1 中的 radioButton1 单选按钮设置绘制类型 =0，功能是选择已绘制的图形
    private: System::Void radioButton1_CheckedChanged (System::Object^
      sender, System::EventArgs^ e)
        {
            this -> drawType =0;
        }
```

panel1 中的“radioButton2”单选按钮设置绘制类型 =1，功能是绘制直线；“radioButton3”单选按钮设置绘制类型 =2，功能是绘制矩形；“radioButton4”单选按钮设置绘制类型 =3，功能是绘制椭圆。通过不同“radioButton”按钮控件绘制不同图像，代码分别如下：

```
    private: System::Void radioButton2_CheckedChanged (System::Object^
      sender, System::EventArgs^ e)
            {
                this -> drawType =1;
            }
    private: System::Void radioButton4_CheckedChanged (System::Object^
      sender, System::EventArgs^ e)
        {
            this -> drawType =2;
        }
    private: System::Void radioButton3_CheckedChanged (System::Object^
      sender, System::EventArgs^ e)
```

```
    {
        this ->drawType =3;
    }
//Panel2 中四个单选按钮的功能分别是设置画笔的宽度为 1、3、5、7 像素
private: System::Void radioButton5_CheckedChanged (System::Object^
  sender, System::EventArgs^ e)
    {
        this ->penWidth =1;
        if (this ->drawType ==0 && selected)
        {
            this ->shapes [selectedNum] ->PenWidth =this ->penWidth;
            this ->pictureBox1 ->Invalidate();
            picChanged =true;
        }
    }
private: System::Void radioButton6_CheckedChanged (System::Object^
  sender, System::EventArgs^ e)
    {
        this ->penWidth =3;
        if (this ->drawType ==0 && selected)
//如果图形类型是选择 (drawType 为 0),
//为选中状态 (selected 为 1) 那么选中的图形画笔宽度为 3
    {
        this ->shapes [selectedNum] ->PenWidth =this ->penWidth;
        this ->pictureBox1 ->Invalidate();
        picChanged =true;
    }
    }
private: System::Void radioButton7_CheckedChanged (System::Object^
  sender, System::EventArgs^ e)
    {
        this ->penWidth =5;
        if (this ->drawType ==0 && selected)
        {
            this ->shapes [selectedNum] ->PenWidth =this ->penWidth;
            this ->pictureBox1 ->Invalidate();
            picChanged =true;
        }
    }
```

```
private: System::Void radioButton8_CheckedChanged (System::Object^
  sender, System::EventArgs^ e)
    {
        this->penWidth=7;
        if (this->drawType==0 && selected)
        {
            this->shapes [selectedNum]->PenWidth=this->penWidth;
            this->pictureBox1->Invalidate();
            picChanged=true;
        }
    }
```

panel3 中的按钮 button1 和 button2 分别设置画刷和画笔的颜色，代码如下：

```
private: System::Void button1_Click (System::Object^ sender, System:
  :EventArgs^ e) //画刷颜色
    {
        if(colorDialog1->ShowDialog()==System::Windows::Forms::Di-
           alogResult::OK)
        {
            this->fillColor=colorDialog1->Color;
            this->pictureBox3->BackColor=this->fillColor;
        }
        if (this->drawType==0 &&selected)
        {
            this->shapes [selectedNum]->BrushColor=this->fillCol-
              or;
            current=shapes [selectedNum];
            this->pictureBox1->Invalidate();
            picChanged=true;
        }
    }
private: System::Void button2_Click (System::Object^ sender, System::
  EventArgs^ e)
        {//画笔颜色
            if(colorDialog1->ShowDialog()==System::Windows::Forms::
              DialogResult::OK)
            {
            this->drawColor=colorDialog1->Color;
            this->pictureBox2->BackColor=this->drawColor;
        }
```

```
        if (this ->drawType ==0 &&selected)
        {
            this ->shapes [selectedNum] ->PenColor =this ->drawColor;
            current =shapes [selectedNum];
            this ->pictureBox1 ->Invalidate();
            picChanged =true;
        }
    }
private: System::Void button3_Click (System::Object^ sender, System::
 EventArgs^ e)
    {//button3 是设置填充颜色和设置画刷颜色同
        if (colorDialog1 ->ShowDialog () ==System::Windows::Forms::Di-
          alogResult::OK)
        {
            this ->fillColor =colorDialog1 ->Color;
            this ->pictureBox3 ->BackColor =this ->fillColor;
        }
        if (this ->drawType ==0 &&selected)
        {
            this ->shapes [selectedNum] ->BrushColor =this ->fillColor;
            current =shapes [selectedNum];
            this ->pictureBox1 ->Invalidate();
            picChanged =true;
        }
    }
```

pictureBox1 的 MouseDown 鼠标落下，在该程序中，如果图形类型是 0 则表示选择图形，把选中的图形的索引号取出，并把 selected 设置为 true。绘制类型 =1，功能是绘制直线；绘制类型 =2，功能是绘制矩形；绘制类型 =3，功能是绘制椭圆。根据绘制类型，来创建相应的新的图形，并把 selected 设置为 false，程序代码如下：

```
private: System::Void pictureBox1_MouseDown (System::Object^ sender,
  System::Windows::Forms::MouseEventArgs^ e)
    {
        //如果不是左键落下则返回
        if (e ->Button! =System::Windows::Forms::MouseButtons::Left)
           return;
        int i;
        if (drawType ==0) //如果图形类型是 0 则表示将要选中某个/些图形
        {
            for (i =0; i <numbers; i++) //numbers 是图形的个数
```

```
            if(this->shapes[i]->isselected (e->Location.X, e-
              >Location.Y))
            {
                current=shapes[i];
                selected=true; //图形选中标记
                selectedNum=i; //被选中图形的索引号
                selectChanged=true; //选中标记被改变
                break;
            }
            if (i==numbers && selected)
            {
                current=nullptr; //当前图形为空
                selected=false;
                selectedNum=-1;
                selectChanged=true;
                }
            }
            if (drawType==1||drawType==2||drawType==3)
            {
                 this->current=gcnew DrawOb (drawType, penWidth,
                   e->Location, e->Location, this->drawColor,
                   this->fillColor);
                 selected=false;
            }
        }
```

pictureBox 1 的鼠标移动代码如下：

```
private: System::Void pictureBox1_MouseMove (System::Object^ sender,
  System::Windows::Forms::MouseEventArgs^ e)
  {
      String^str="X:"+e->X.ToString()+", Y:"+e->Y.ToString();
      this->toolStripStatusLabel1->Text=str;
      if(drawType==0) this->pictureBox1->Cursor=Cursors::Cross;
      if(e->Button!=System::Windows::Forms::MouseButtons::Left)
         return;
      else if (drawType==1||drawType==2||drawType==3)
      {
          this->pictureBox1->Cursor=Cursors::Cross;
          if (current==nullptr) return;
current->EndPoint=e->Location;
```

```
            if (shiftFlag)
            {
                int w=current->EndPoint.X - current->BeginPoint.X;
                int h=current->EndPoint.Y - current->BeginPoint.Y;
                int d=Math::Min (w, h);
        current->EndPoint=Point (current->BeginPoint.X+d, current
           ->BeginPoint.Y+d);
}
            this->pictureBox1->Invalidate();
        }
    }
```

pictureBox1 的鼠标抬起代码如下:

```
private: System::Void pictureBox1_MouseUp (System::Object^ sender,
   System::Windows::Forms::MouseEventArgs^ e)
    {
        if (e->Button!=System::Windows::Forms::MouseButtons::Left)
           return;
        if (drawType==0 && selectChanged)
        {
            this->pictureBox1->Invalidate();
            selectChanged=false;
        }
        if (drawType==1||drawType==2||drawType==3)
        {
            this->pictureBox1->Invalidate();
            shapes [numbers++] =current;
            current=nullptr;
            picChanged=true; //图形类型改变了
        }
    }
```

pictureBox1 的重绘代码如下:

```
private: System::Void pictureBox1_Paint (System::Object^ sender, Sys-
   tem::Windows::Forms::PaintEventArgs^ e)
    {
        Graphics^ g=e->Graphics;
        for (int i=0; i<numbers; i++)
        {
            shapes[i]->Paintg(g, 0);
            if (current!=nullptr)
```

```
            current -> Paintg(g, selected);
        }
    }
```

运行界面如图 10 - 20 所示。

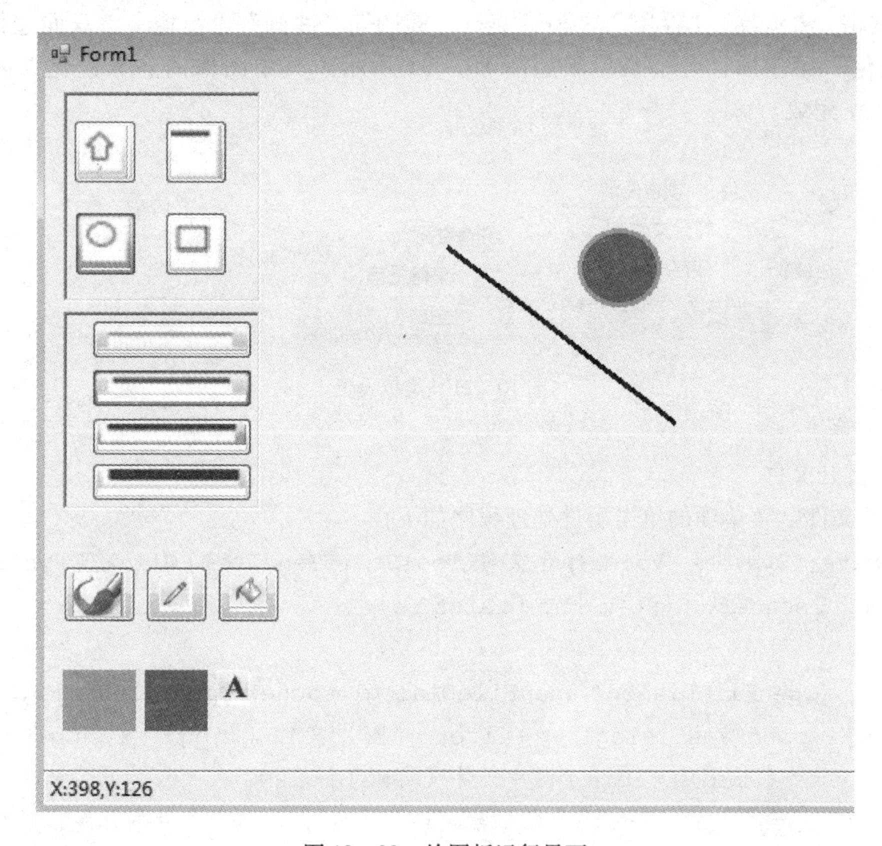

图 10 - 20 绘图板运行界面

再添加一个 PictureBox 控件图标 A，请编写它的单击事件，在绘图板中输出字符串。

10.9 图像处理应用

例 10 - 20 运用图像处理知识，完成图像变形等功能，如添加、清除图像，添加网格、鱼纹、浮雕、马赛克、椭圆、油画、镜像、双面立体、柔化、锐化等。

新建一个 Widows 窗体应用程序，项目名称为 p1005，在窗体上拖放如下控件：菜单、pictureBox。

在 form1. h 文件中添加以下包含文件：

```
#pragma once
#include  <string>
```

并在引用的命名空间后面添加如下全局变量：

string s；//用于记录打开文件路径

在菜单控件中添加如下菜单项文件，菜单下面有“打开文件”“保存文件”“退出”三个菜单项。在图像变形菜单下面添加“清除图像”“扭曲”菜单项，扭曲下面添加“网格”“鱼纹”“浮雕”“马赛克”“椭圆”“油画”“镜像”“双面立体”“柔化”“锐化”菜单项，各个菜单项如图 10－21 所示。其中图像清除和锐化功能的代码请读者独立完成。

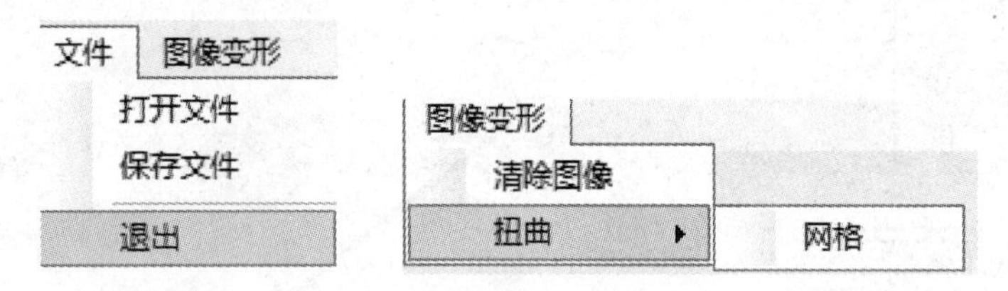

图 10－21　菜单设置

（1）打开文件。

“打开文件”菜单项的单击事件处理程序如下：

```
private: System::Void 打开文件 ToolStripMenuItem_Click (System::Object^ sender, System::EventArgs^ e)
  {
     OpenFileDialog^ openFileDialog1 = gcnew OpenFileDialog();
     openFileDialog1 ->Filter ="图片文件 (.jpg) |*.jpg | 图片文件 (.bmp) |*.bmp | 图片文件 (.PNG) |*.PNG";
     openFileDialog1 ->Title ="图片文件"; //打开图片的标题，以及过滤网
     if (openFileDialog1 ->ShowDialog() == System::Windows::Forms::DialogResult::OK)
     {
         //使窗口可以改变大小
         Form1::MinimumSize = System::Drawing::Size(0, 0);
         Form1::MaximumSize = System::Drawing::Size(0, 0);
         //显示滚动条，在不用放大的前提下可以浏览整个图片
         pictureBox1 ->AutoSize = true;
         Form1::AutoScroll = true;
         pictureBox1 ->Visible = true;
         //导入图片，并保存路径，以便以后使用
         pictureBox1 ->Load (openFileDialog1 ->FileName);
         const char* chars = (const char*) (System::Runtime::InteropServices::Marshal::StringToHGlobalAnsi (openFileDialog1 ->FileName)).ToPointer();
```

```
        //该语句是把 String 类型的转变成 string 类型，以便可以在全局随时
          再次使用该图片
        s = chars; //把转换好的 string 类型赋给全局变量
        }
    }
```

在该事件处理程序中用到指向打开文件对象的指针 openFileDialog1，用 Filter 属性设置打开文件的类型，用 Title 属性设置打开对话框的标题。用 pictureBox1 -> Load 方法向 pictureBox中导入图片。

（2）保存文件。

“保存文件”菜单项的单击事件处理程序如下：

```
private: System::Void 保存文件 ToolStripMenuItem_Click (System::Ob-
  ject^ sender, System::EventArgs^ e){
      SaveFileDialog^ saveFileDialog1 = gcnew SaveFileDialog();
      saveFileDialog1 -> Filter ="Png 图像 (*.png)|*.png 所有格式
        (*.*)|*.*";
      saveFileDialog1 -> Title ="图片保存";
      if(saveFileDialog1 -> ShowDialog() == System::Windows::Forms:
        :DialogResult::OK)
      {
        pictureBox1 -> Image -> Save (saveFileDialog1 -> FileName);
      }
  }
```

saveFileDialog1 为指向保存文件对象的指针，pictureBox1 -> Image -> Save 是把 pictureBox 对象的 Image 属性保持到指定的文件中。

（3）添加网格效果图。

网格图（Net image），是指使用许多小型的网格来代替原有的图片，让图片呈现由网格组成。

其中扭曲函数如下。

当为偶数列时：

$$W_{(i+m+50,j)} = image_{(i,j)};\ m \in (-50,\ 0) \quad (10-1)$$

$$W_{(i+m,j)} = image_{(i,j)};\ m \in (0,\ 50) \quad (10-2)$$

当为奇数列时：

$$W_{(i-m+50,j)} = image_{(i,j)};\ m \in (-50,\ 0) \quad (10-3)$$

$$W_{(i-m,j)} = image_{(i,j)};\ m \in (0,\ 50) \quad (10-4)$$

式中：$W_{(i,j)}$ 为目标图像像素点 $(i,\ j)$ 的色彩值；

$image_{(i,j)}$ 为原图当前像素点 $(i,\ j)$ 的色彩值；

m 为横坐标的偏离量。

注意：本文中的网格是由两列折线交替所形成的。因此在交替过程中使用的是相似的扭曲函数。式（10-2）与式（10-4）中的 m 为一个自增量，每行过后自增 1；式（10-1）和式（10-3）中的 m 为一个自减量，每行过后自减 1。

“网格”菜单项单击事件处理程序如下：

```
private: System::Void 网格ToolStripMenuItem_Click (System::Object^
    sender, System::EventArgs^ e)
  {
      Bitmap^ mybitmap = gcnew Bitmap (pictureBox1 -> Image);
      Bitmap^ newbitmap = gcnew Bitmap (mybitmap -> Width + 50, mybit-
        map -> Height);
      int i = 0; //表示偏移量 (j) 自增 (i = 0) 还是自减 (i = 1)
      int j = 0; //表示新图像在原图像上的横坐标的偏移量
      //绘制新图片
      for (int wd = 0; wd < mybitmap -> Width; wd++)
      {
          for (int hg = 0; hg < mybitmap -> Height; hg++)
          {
              Color^ c1 = mybitmap -> GetPixel(wd, hg);
              if (i ==0)
              {j = j +1;
                  if (j ==50)
                      {i = 1;}
              }
              if (i ==1)
              {j = j -1;
                  if (j ==0)
                      {i = 0;}
              }
          newbitmap -> SetPixel (wd + j, hg, Color::FromArgb (c1 -> R,
            c1 -> G, c1 -> B));
          }
      }
      pictureBox1 -> Image = newbitmap;
  }
```

当 $j=0$ 时，$i=0$，此时横坐标的偏移量 j 自加 1；当 $j=50$ 时，$i=1$，此时横坐标的偏移量 j 自减 1。

原图如图 10 - 22 所示。按以上方法处理后得到网格效果如图 10 - 23 所示。

（4）图像变成鱼纹效果。

鱼纹图（Fish image），是指图片像鱼的鳞片一样，使图片显得扭曲。在本例中扭曲的最大幅度为 50 个像素点，进行列优先的变换，即每次把某一列的所有像素点循环变换，再进行下一列的所有像素点的变换，m 初值设为 0，每变化一个列坐标，m 值自增 1，并使用式（10 - 5）表示，当 m 值增到某一个阈值（本例设定为 50）时，每变换一个列坐标，m 值自减 1，并使用式（10 - 6）表示。

图 10－22　原图像显示

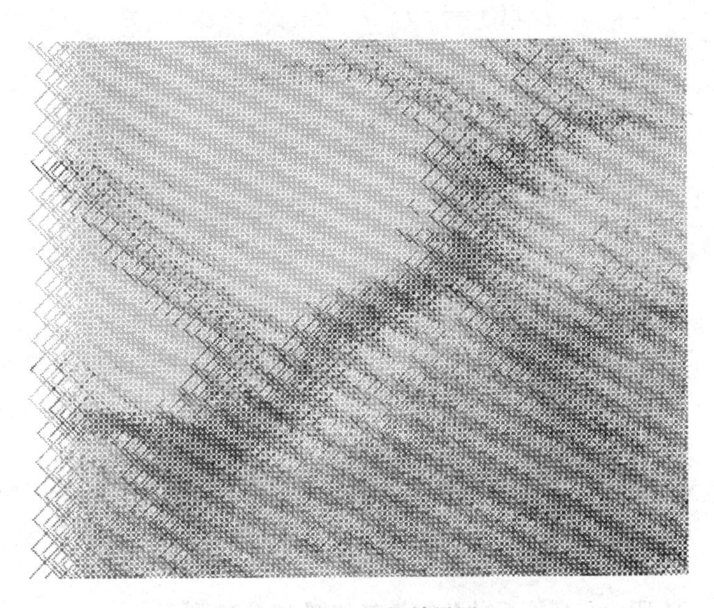

图 10－23　网格效果图

其中扭曲函数：

$$W_{(i+m,j)} = image_{(i,j)};\ m \in (0..50) \quad (10-5)$$

$$W_{(i+m,j)} = image_{(i,j)};\ m \in (50..0) \quad (10-6)$$

式中：$image_{(i,j)}$为原图像像素（i，j）的位置；

$W_{(i+m,j)}$为目标图像像素点（$i+m$，j）的位置；

m为坐标偏移量。

```
private: System::Void 鱼纹ToolStripMenuItem_Click(System::Object^
  sender, System::EventArgs^ e)
```

```
    {
        Bitmap^ mybitmap = gcnew Bitmap(pictureBox1 -> Image);
  //记录原图片
        Bitmap^ newbitmap = gcnew Bitmap (mybitmap -> Width + 50, mybit-
          map -> Height);
//记录新图片
            //绘制新图片
            for(int wd = 0; wd < mybitmap -> Width; wd++ )
            {
                int j = 0, i = 0; //需要移动的 i, j 值, 此处与网格图不同
                for(int hg = 0; hg < mybitmap -> Height; hg++ )
                {
                    Color^c1 = mybitmap -> GetPixel(wd, hg);
                    if(i == 0)
                    {  j = j + 1;
                       if(j == 50)
                       i = 1;
                    }
                    if(i == 1)
                    {  j = j - 1;
                       if(j == 0)
                       i = 0;
                    } //调整显示的位置
newbitmap -> SetPixel(wd + j + 1, hg, Color::FromArgb(c1 -> R, c1 -> G, c1
  -> B));
                }
            }
            pictureBox1 -> Image = newbitmap; //显示新图片
        }
```

原图如图 10－24 所示，变换后的鱼纹效果如图 10－25 所示。

（5）浮雕效果。

浮雕效果在实际生活中的应用已很常见，图像立体感比较强，层次感比较突出，其扭曲函数为

$$W_{(i,j)} = different_{(i,j)} + 128 \qquad (10-7)$$

式中：$W_{(i,j)}$ 为目标图像像素点（i，j）的色彩值；

different 为相邻的两个原图像素点（i，j）和（i，$j+1$）的色彩差值。

在命名空间前加上定义 byte 的类型语句，代码如下：

图 10-24 原图像显示

图 10-25 鱼纹效果图

```
typedef unsigned char byte; //定义 byte 的类型
private: System::Void 浮雕 ToolStripMenuItem_Click (System::Object^
  sender, System::EventArgs^ e)
   {
      Bitmap^ mybitmap = gcnew Bitmap(pictureBox1 -> Image); //原图
      Bitmap^ newbitmap = gcnew Bitmap (mybitmap -> Width, mybitmap ->
        Height); //新图
      //绘制新图片
      for (int wd = 0; wd < mybitmap -> Width; wd++)
      {
         for (int hg = 0; hg < mybitmap -> Height - 1; hg++)
         {
            int cr, cg, cb; //存储原色
            Color^ c1 = mybitmap -> GetPixel(wd, hg);
            Color^ c2 = mybitmap -> GetPixel(wd, hg + 1);
            cr = c1 -> R - c2 -> R + 128;
```

```
                cg = c1 -> G - c2 -> G + 128;
                cb = c1 -> B - c2 -> B + 128;
  //根据浮雕的公式 differnt + 128, 128 是灰色的颜色值
  newbitmap -> SetPixel (wd, hg, Color::FromArgb ( (byte) cr, (byte) cg,
(byte) cb));
            }
        }
        pictureBox1 -> Image = newbitmap;
    }
```

原图如图 10 - 26 所示。

图 10 - 26　原图像显示

浮雕效果如图 10 - 27 所示。

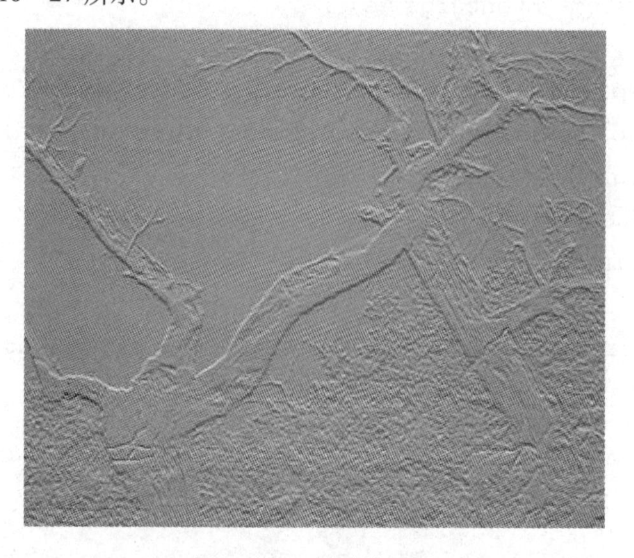

图 10 - 27　浮雕效果图

(6) 马赛克效果。

马赛克 (Mosaic), 是指原图像中部分区域由一个个小的矩形格子组成，先对每个小格子区域内的颜色求平均值，使小格子内部的新的颜色值等于该平均值，这样使图像变得模糊。是可以看出整个图像的轮廓的，但每个具体的细节模糊不清。本例是使每个小矩形窗的长宽固定为 10×20。也可以把小格子设置为更小的区域。

其中扭曲函数为

$$Dis_{(i,j)} = \left(\sum_{i=0}^{9} \sum_{j=0}^{19} image(x+i,\ y+j) \right) /200 \qquad (10-8)$$

式中：$Dis_{(i,j)}$ 为目标图像该区域的色彩值，也是区域所求的平均值；

i 为 x 方向的偏移量；

j 为 y 方向的偏移量；

x 为当前坐标的横坐标值；

y 为当前坐标的纵坐标值。

代码如下：

```
//定义新的对象
        Bitmap^ mybitmap = gcnew Bitmap (pictureBox1 -> Image);
        int w = mybitmap -> Width/10, h = mybitmap -> Height/20;
        //分成 n×h 个小矩形
        Bitmap^ newbitmap = gcnew Bitmap(w * 10, h * 20);
        //绘制新图
        for(int wd = 0; wd < w * 10; wd = wd + 10)
        {
            for(int hg = 0; hg < h * 20; hg = hg + 20) //在校矩形内的平均值
            {
                Color^ c2 = newbitmap -> GetPixel(wd, hg);
                int cr = 0, cg = 0, cb = 0;
                for(int i = 0; i < 10; i++)
                {
                    for(int j = 0; j < 20; j++)
                    {
                        Color^ c1 = mybitmap -> GetPixel(wd + i, hg + j);
                        cr = cr + c1 -> R;
                        cg = cg + c1 -> G;
                        cb = cb + c1 -> B;
                    }
                }
                cr = cr/200;
                cg = cg/200;
                cb = cb/200;
```

```
                for(int i =0; i <10; i ++)
                {
                    for(int j =0; j <20; j ++)
                    {
newbitmap -> SetPixel (wd + i, hg + j, Color::FromArgb ( (byte) cr,
  (byte) cg, (byte) cb));
                    }
                }
            }
        }
        pictureBox1 -> Image = newbitmap; //显示图片
```

原图如图 10 – 28 所示。

图 10 – 28　原图像显示

马赛克效果如图 10 – 29 所示。

(7) 椭圆变形效果。

椭圆变形，是指将原图像换为椭圆形进行显示。椭圆形的函数方程如式（10 – 9）所示：

$$\frac{x^2}{a^2}+\frac{y^2}{b^2}=1 \qquad (10-9)$$

扭曲函数如式（10 – 10）、式（10 – 11）所示：

$$W_{(i,j)}=image_{(i,j*b/y)}；\ (-a<i<0,\ -y<j<y) \qquad (10-10)$$

$$W_{(i,j)}=image_{(i,j*b/y)}；\ (0<i<a,\ -y<j<y) \qquad (10-11)$$

式中：a 为椭圆在 x 轴的端点坐标的绝对值；

b 为椭圆在 y 轴的端点坐标的绝对值；

$W_{(i,j)}$ 为变形后图片中像素点的颜色；

$image_{(i,j*b/y)}$为原图中像素点的颜色；
i为椭圆x轴的坐标点的值；
j为椭圆y轴的坐标点的值。

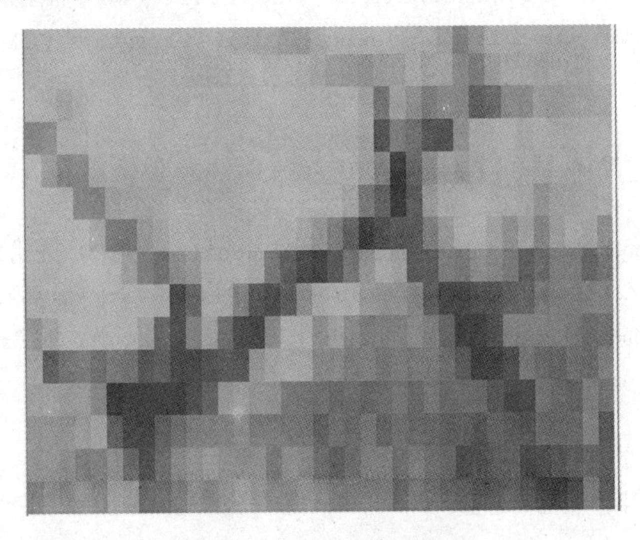

图10－29 马赛克效果图

```
private: System::Void 椭圆变形ToolStripMenuItem_Click(System::Object
   ^ sender, System::EventArgs^ e)
    {
        //定义新的变量
         Bitmap^ mybitmap = gcnew Bitmap(pictureBox1 -> Image);
         //读取图片
         int ob = (float) mybitmap -> Height/2; //求椭圆的a值
         int oa = (float) mybitmap -> Width/2; //求椭圆的b值
         Bitmap^ newbitmap = gcnew Bitmap(mybitmap -> Width, mybitmap -
            > Height);
         //计算a的平方和b的平方
         oa = oa * oa;
         ob = ob * ob;
         //绘制新图片椭圆右边
         for(int wd = - mybitmap -> Width/2; wd < 0; wd++)
         {
             float n = wd * wd; //求x²
             n = 1 - n/oa; //求1 - x²/a²
             n = sqrt(n) * mybitmap -> Height/2; //求y
             int newhg = n;
             for(int hg = newhg; hg < newhg * 2; hg++)
```

```
                {
Color^ c1 =mybitmap -> GetPixel (wd + mybitmap -> Width/2, hg * mybitmap
  -> Height/2/newhg); newbitmap -> SetPixel (wd + mybitmap -> Width/2,
  hg + mybitmap -> Height/2 - newhg, Color::FromArgb (c1 -> R, c1 -> G, c1
  -> B));
                }
                for (int hg = newhg; hg > 0; hg-- )
                {
Color^ c1 =mybitmap -> GetPixel (wd + mybitmap -> Width/2, hg * mybitmap
  -> Height/2/newhg); newbitmap -> SetPixel (wd + mybitmap -> Width/2,
  hg + mybitmap -> Height/2 - newhg, Color::FromArgb (c1 -> R, c1 -> G,
  c1 -> B));
                }
            }
            //计算椭圆的右边
            for (int wd = 0; wd < mybitmap -> Width/2; wd++ )
            {
                float n = wd * wd;
                n = 1 - n/oa;
                n = sqrt (n) * mybitmap -> Height/2;
                int newhg = n;
                for (int hg = newhg; hg < newhg * 2; hg++ )
                {
Color^ c1 =mybitmap -> GetPixel (wd + mybitmap -> Width/2, hg * mybitmap ->
  Height/2/newhg); newbitmap -> SetPixel (wd + mybitmap -> Width/2, hg
  + mybitmap -> Height/2 - newhg, Color::FromArgb (c1 -> R, c1 -> G, c1 -
  > B));
                }
                for (int hg = newhg; hg > 0; hg-- )
                {
Color^ c1 =mybitmap -> GetPixel (wd + mybitmap -> Width/2, hg * mybitmap
  -> Height/2/newhg); newbitmap -> SetPixel (wd + mybitmap -> Width/2,
  hg + mybitmap -> Height/2 - newhg, Color::FromArgb (c1 -> R, c1 -> G, c1
  -> B));
                }
            }
        pictureBox1 -> Image = newbitmap;
    }
```

椭圆变形效果如图 10 - 30 所示。

图10-30 椭圆变形效果图

（8）油画效果。

油画效果实现的原理是在原图的基础上，对每个像素点 $p(x, y)$ 进行如下操作：取两个随机数 a_x、a_y，然后对一个偶数 c 进行求余，再减去 $c/2$。这样可以确保所取得的附加量是均匀分布在坐标原点 O 的附近，c 值不宜选取过大。该油画变形公式如式（10-12）所示：

$$
\begin{aligned}
a_x &= rand() \\
a_y &= rand() \\
x_{new} &= (a_x \% c - c/2) + x \\
y_{new} &= (a_y \% c - c/2) + y \\
p(x, y) &= p(x_{new}, y_{new})
\end{aligned}
\tag{10-12}
$$

```
private: System::Void 油画ToolStripMenuItem_Click (System::Object^
  sender, System::EventArgs^ e)
   {
       Bitmap^ mybitmap = gcnew Bitmap (pictureBox1 -> Image);
       Bitmap^ newbitmap = gcnew Bitmap (mybitmap -> Width, mybitmap ->
         Height);
       //绘图
       for (int wd = 2; wd < mybitmap -> Width - 2; wd++)
       //原理是在这个点的周围一定范围内去随机点
       {
           for (int hg = 2; hg < mybitmap -> Height - 2; hg++)
           {
```

```
                int i = rand()% 4 -2; //x 坐标随机点
             int j = rand()% 4 - 2; //y 坐标随机点 Color^ c1 = mybitmap ->
                                  GetPixel (wd + i, hg + j);
newbitmap -> SetPixel (wd, hg, Color::FromArgb (c1 -> R, c1 -> G, c1 ->
  B));
          }
       }
       pictureBox1 -> Image = newbitmap;
   }
```

油画效果如图 10 – 31 所示。

图 10 – 31　油画效果图

（9）镜像效果。

镜像（Mirror image），是指把相对于镜面的成像图片作为目标图片。

其中扭曲函数为

$$W_{(i,j)} = image_{(width-i,j)} \tag{10-13}$$

式中：$W_{(i,j)}$ 为目标图像像素点（i，j）的色彩值；

$image_{(width-i,j)}$ 为原图中像素点（$width-i$，j）的色彩值；

$width$ 为原图像的宽度。

```
private: System::Void 镜像 ToolStripMenuItem_Click (System::Object^
  sender, System::EventArgs^ e)
   {
       Bitmap^ mybitmap = gcnew Bitmap (pictureBox1 -> Image); //原图像
       Bitmap^ newbitmap = gcnew Bitmap (mybitmap -> Width, mybitmap ->
         Height);
```

```
            //绘制新的图片
            for (int hg = 0; hg < mybitmap -> Height; hg++)
            {
                for (int wd = 0; wd < mybitmap -> Width; wd++)
                {
                    Color^ c1 = mybitmap -> GetPixel(wd, hg);
    newbitmap -> SetPixel (mybitmap -> Width - wd - 1, hg, Color::FromArgb
      (c1 -> R, c1 -> G, c1 -> B));
                }
            }
            pictureBox1 -> Image = newbitmap;      //显示新的图片
        }
```

镜像效果如图 10 – 32 所示。

图 10 – 32　镜像效果图

（10）二值化效果。

二值化（Binarization Image），是指把原图像中的像素点的灰度值设置成为只有黑和白两个值，也就是将原图像呈现黑白图的视觉效果。

在这里所选择二值化的阈值是原图中所有灰度值的平均值，没有涉及图片的特征量，只是简单二值化。原图像的灰度值大于阈值时像素点设为黑色，原图像的灰度值小于阈值时该像素点设为白色。

其函数为

$$gray_{(i,j)} = (c_{(i,j)}.r * 229 + c_{(i,j)}.g * 587 + c_{(i,j)}.b * 114)/1000 \tag{10-14}$$

$$avegray = \sum_{i=0}^{width-1} \sum_{j=0}^{height-1} gray_{(i,j)}/(width * height) \tag{10-15}$$

$$W_{(i,j)} = 0 \quad (image_{(i,j)} < avegray) \tag{10-16}$$

$$W_{(i,j)} = 255 \quad (image_{(i,j)} >= avegray) \tag{10-17}$$

式中：$W_{(i,j)}$ 为目标图片中像素点（i，j）的灰度值；

avegray 为原图所有像素点的平均灰度值；

$gray_{(i,j)}$ 为原图中像素点（i，j）点的灰度值；

width 为原图的宽度；

height 为原图的高度。

```
private: System::Void 二值化 ToolStripMenuItem_Click (System::Object^
  sender, System::EventArgs^ e)
   {
       //定义新的对象和变量
           Bitmap^ mybitmap = gcnew Bitmap (pictureBox1 -> Image);
           //读取图片
           int K = 0; //二值化的中间值
           //完成计算中间值
           for (int wd = 0; wd < mybitmap -> Width; wd++ )
           {
               for (int hg = 0; hg < mybitmap -> Height; hg++ )
               {
                   Color^ c1 = mybitmap -> GetPixel (wd, hg);
                   K = (c1 -> R * 229 + c1 -> G * 587 + c1 -> B * 114)/1000 + K;
               }
           }
           K = K/ (mybitmap -> Width * mybitmap -> Height);
           //完成二值化
           for (int wd = 0; wd < mybitmap -> Width; wd++ )
           {
               for (int hg = 0; hg < mybitmap -> Height; hg++ )
               {
                   Color^ c1 = mybitmap -> GetPixel(wd, hg);
                   byte gray = (byte) ( (c1 -> R * 229 + c1 -> G * 587 + c1 ->
                     B * 114)/1000); //计算灰度
                      if ( (int) gray > K)
                   {
mybitmap -> SetPixel (wd, hg, Color::FromArgb(255, 255, 255));
  //赋值给当前点
   }
                   else
                   {
                       mybitmap -> SetPixel (wd, hg, Color::FromArgb
```

```
                (0, 0, 0)); //赋值给当前点}
            }
        }
        pictureBox1 -> Image = mybitmap;
}
```

二值化效果如图 10 - 33 所示。

图 10 - 33 二值化效果图

(11) 双面立体变形。

双面立体变形选择两幅图像，一幅是正面的图像，另一幅是反面的图像，图像立体变形后，第一幅图像有些部分会被第二幅图像遮挡，当前所显示的变形图像有时为第一幅图像，有时为第二幅图像。可用式（10 - 18）判断当前所显示的图像是对第几幅图片进行图像变形，其中 x 为所取像素点的横坐标，x_w 是第一幅图像的宽度。

有时为了使一幅图像变为立体，可以对同一幅图片选择两次。

$$\cos\left(\frac{x}{x_w}\times 2\times\pi\right)>0\text{；对第一幅图做变换}$$
$$\cos\left(\frac{x}{x_w}\times 2\times\pi\right)\leqslant 0\text{；对第二幅图做变换} \qquad (10-18)$$

当对第一幅图像做变换时，把原图像的像素点（x，y）的 RGB 的值赋给新的坐标点的 RGB，新的坐标点（x_{new}，y_{new}）计算公式见式（10 - 19）：

$$a=\sin\left(\frac{x}{x_w}\times 2\times\pi\right)\times\frac{x}{8};$$
$$x_{new}=\frac{x_w}{8}+a+1; \qquad (10-19)$$
$$y_{new}=y+x_w;$$

原图像如图 10 - 34 所示，双面立体变形效果如图 10 - 35 所示。

图 10 - 34　原图像显示

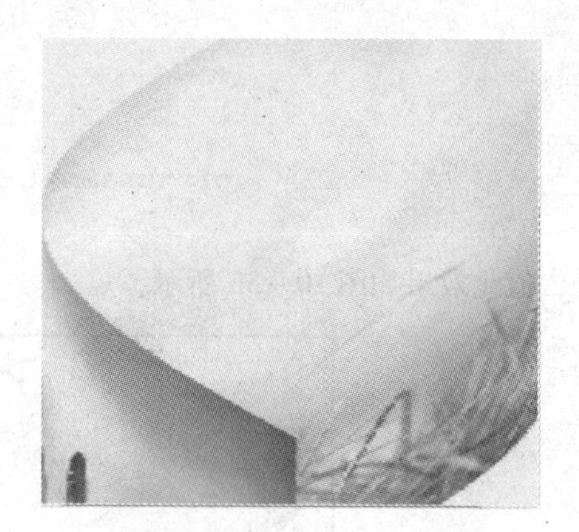

图 10 - 35　双面立体效果图

代码如下：

在类型的定义前加上宏定义 pi

```
#define pi 3.14//宏定义数学中的 pi
typedef unsigned char byte; //定义 byte 的类型
private: System::Void 双面立体变形 ToolStripMenuItem_Click (System::
 Object^ sender, System::EventArgs^ e)
   {
            //双面立体变形
            //新建对象和变量
            Bitmap^mybitmap = gcnew Bitmap (pictureBox1 - > Image);
            //读取原图
Bitmap^newbitmap = gcnew Bitmap (mybitmap -> Width/4 +10, mybitmap -> Width +
mybitmap - > Height); //建立新图
            int j, x, y; //记入现在的变换点在新图上的坐标
            float x0, y0, m; //用于计算新图上的坐标点的位置
            //打开第二个面
            MessageBox:: Show ("请您选择第二张图片","提示");
            //显示提示信息
            OpenFileDialog^openFileDialog1 = gcnew OpenFileDialog ();
            //新建 OpenFileDialog 对象
            openFileDialog1 - > Filter = "图片文件 (. jpg) | *. jpg |
图片文件 (. bmp) | *. bmp | 图片文件 (. PNG) | *. PNG";
            openFileDialog1 - > Title = "图片文件";
            //若打开文件成功，则图像变换
             if (openFileDialog1 - > ShowDialog( ) == System:: Win-
dows:: Forms:: DialogResult:: OK)
             {
```

```
                Bitmap^mybitmap2 = gcnew Bitmap (openFileDialog1 - >
FileName);
               //读取第二张图片
                Bitmap^newbitmap2 = gcnew Bitmap (mybitmap - > Width,
mybitmap - > Height);
                    //要更改第二张图片的新图
                    //把第二张图片的大小改成和第一张一致
                    //新建图对象
                    Graphics^newpictrue = Graphics:: FromImage (newbit-
map2);
                    //选择图片的质量
newpictrue - > InterpolationMode = System:: Drawing:: Drawing2D:: Inter-
polationMode:: HighQualityBicubic;
//设置图片的质量
   newpictrue - > SmoothingMode = System:: Drawing:: Drawing2D:: Smooth-
ingMode:: HighQuality;
                    //新图片的大小和原图片的大小
                Rectangle formR = Rectangle (0, 0, mybitmap2 - > Width,
mybitmap2 - > Height);
                Rectangle toR = Rectangle (0, 0, mybitmap - > Width, my-
bitmap - > Height);
                    //绘制第二张新图
   newpictrue - > DrawImage (mybitmap2, toR, formR, System:: Drawing::
GraphicsUnit:: Pixel);
                    //双面立体变形
                    for (int hg = mybitmap - > Height -1; hg > =0; hg - -)
                     {
                       //记录当前的y值
                       y = hg + mybitmap - > Width;
                       for (int wd = mybitmap - > Width -1; wd > =0; wd -
 -, y - -)
                          {
                            //现在的x值大小和宽度
                            y0 = wd;
                            x0 = mybitmap - > Width;
                            //计算应该偏离多少
                            j = sin (y0/x0* 2* pi) * x0/8;
                            //计算新的图片坐标点，以及当前是哪个面
                    x = mybitmap - > Width/8 + j +1;
```

```
        m=cos (y0/x0* 2* pi);
                    if (m>0)
        {
        //读取原图像的像素点
        Color^c1 =mybitmap->GetPixel (wd, hg);
   newbitmap->SetPixel (x, y, Color:: FromArgb (c1->R, c1->G, c1->B));
                   }
                   else {
                       Color^c3 =newbitmap2->GetPixel (wd, hg);
              newbitmap->SetPixel(x, y, Color:: FromArgb (c3->R,
c3->G, c3->B));
                   }
                 }
              }
              pictureBox1->Image=newbitmap;
           }
     }
```

(12) 帧变换。

使用定时器，逐步由第一幅图片过渡到第二幅图片，有动画效果。

定义全局变量 int icounter=0;

//计数器设置;

拖放 Timer 组件，名称为 timer2，设置它的 interval 属性为 10

```
private: System::Void 帧变换 ToolStripMenuItem_Click (System::Object^
  sender, System::EventArgs^ e)
   {
      //定义变量，提示输入第二张图片
         Bitmap^ mybitmap=gcnew Bitmap (pictureBox1->Image);
         MessageBox::Show ("请您选择第二张图片","提示");
         //打开图片的准备工作
         OpenFileDialog^ openFileDialog1 =gcnew OpenFileDialog();
         openFileDialog1->Filter="图片文件 (.jpg) |*.jpg | 图片文件
           (.bmp) |*.bmp | 图片文件 (.PNG) |*.PNG";
         openFileDialog1->Title="图片文件";
if (openFileDialog1->ShowDialog() == System::Windows::Forms::Dia-
  logResult::OK)
         {
            //修改第二张图片，使得和第一张图片大小一致
              Bitmap^ mybitmap1 = gcnew Bitmap(openFileDialog1->
                FileName); //第二张图片
```

```
            Bitmap^ newbitmap = gcnew Bitmap(mybitmap -> Width, my-
              bitmap -> Height); //改变大小后的图片
          //新建图对象
             Graphics^ newpictrue = Graphics::FromImage (newbit-
               map);
newpictrue -> InterpolationMode = System::Drawing::Drawing2D::Interpo-
  lationMode::HighQualityBicubic;
//设置图片的质量
  newpictrue -> SmoothingMode = System::Drawing::Drawing2D::Smoothing-
    Mode::HighQuality;
          Rectangle formR = Rectangle (0, 0, mybitmap1 -> Width, my-
            bitmap1 -> Height);
             Rectangle toR = Rectangle (0, 0, mybitmap -> Width, my-
               bitmap -> Height); newpictrue -> DrawImage (mybit-
               map1, toR, formR, System::Drawing::GraphicsUnit::
              Pixel); //picturebox2中保存图片2
           pictureBox2 -> Image = newbitmap;
           //调整计数器、事件timer组件的有效性
           icounter = 0;
           timer2 -> Enabled = true;
        }
    }
```

原图像如图10－36所示，经过帧变换后效果如图10－37所示。

（a）

（b）

图10－36　原图像显示

帧变换由图片（a）过渡到图片（b）的中间过程效果图如图10－36所示。

（13）柔化效果。

柔化图片（Soften image），是指把原图通过变换显得更加柔滑。

图 10－37　帧变换由图 35（a）过渡到图 35（b）的中间过程效果图

其扭曲函数为

$$W_{(i,j)} = \left(\sum_{i=0}^{2} \sum_{j=0}^{2} image(x+i,\ y+j) \right) / 9 \qquad (10-20)$$

式中：$W_{(i,j)}$ 为目标图像像素点（i，j）的色彩值；

i 为 x 方向的偏移量；

j 为 y 方向的偏移量；

x 为当前坐标的横坐标值；

y 为当前坐标的纵坐标值。

```
private: System::Void 柔化 ToolStripMenuItem_Click (System::Object^
  sender, System::EventArgs^ e)
   {
        Bitmap^ mybitmap = gcnew Bitmap (pictureBox1 -> Image);
           Bitmap^ newbitmap = gcnew Bitmap (mybitmap -> Width, mybit-
             map -> Height);
           MessageBox::Show ("请稍等!","提示");
           //原理是在该点一定范围内的点的平均值作为该点的平均值
           //绘图
           for(int wd = 2; wd < mybitmap -> Width - 2; wd++)
           {
               for(int hg = 2; hg < mybitmap -> Height - 2; hg++)
               {
                   int cr = 0; //r 分量值
                   int cg = 0; //g 分量值
```

```
                int cb=0; //b分量值
                for (int i=-2; i<3; i++)
                {
                    for(int j=-2; j<3; j++)
                    {
                        Color^ c1 =mybitmap->GetPixel (wd+i, hg+j);
                        cr=cr+c1->R;
                        cg=cg+c1->G;
                        cb=cb+c1->B;
                    }
                }
                cr=cr/25;
                cg=cg/25;
                cb=cb/25;
newbitmap->SetPixel (wd, hg, Color::FromArgb ( (byte) cr, (byte)
  cg, (byte) cb));
            }
        }
        pictureBox1->Image=newbitmap;
}
```

柔化效果如图10-38所示。

图10-38　柔化效果图

根据前面的功能，还可以试着编写锐化图像的效果。

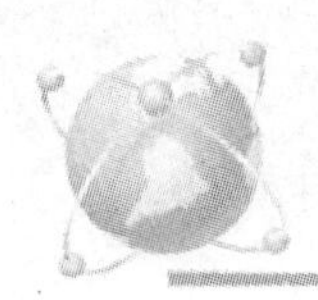

附录　常用运算符的优先级和结合性

优先级	运算符	含义	运算符类型	结合方向
1	( )	圆括号	单目	自左向右
	[ ]	下标运算符		
	->	指向结构体成员运算符		
	.	结构体成员运算符		
2	!	逻辑非运算符	单目	自右向左
	~	按位取反运算符		
	++	自增运算符		
	--	自减运算符		
	-	负号运算符		
	（类型）	类型转换运算符		
	*	指针运算符		
	&	地址运算符		
	sizeof	长度运算符		
3	*	乘法运算符	双目	自左向右
	/	除法运算符		
	%	求余运算符		
4	+	加法运算符	双目	自左向右
	-	减法运算符		
5	<<	左移运算符	双目	自左向右
	>>	右移运算符		
6	<、<=、>、>=	关系运算符	双目	自左向右
7	=	等于运算符	双目	自左向右
	!	= 不等于运算符		
8	&	按位与运算符	双目	自左向右
9	^	按位异或运算符	双目	自左向右
10	|	按位或运算符	双目	自左向右
11	&&	逻辑与运算符	双目	自左向右

续表

<table>
<tr><th>优先级</th><th>运算符</th><th>含义</th><th>运算符类型</th><th>结合方向</th></tr>
<tr><td>12</td><td>||</td><td>逻辑或运算符</td><td>双目</td><td>自左向右</td></tr>
<tr><td>13</td><td>?:</td><td>条件运算符</td><td>三目</td><td>自右向左</td></tr>
<tr><td>14</td><td>= 、 += 、 -= 、
*= 、/= 、%= 、
>>= 、 <<
= = 、&= 、∧= 、\=</td><td>赋值运算符</td><td>双目</td><td>自右向左</td></tr>
<tr><td>15</td><td>,</td><td>逗号运算符</td><td></td><td>自左向右</td></tr>
</table>

参考文献

[1] 王燕. 面向对象的理论 [M]. 北京：清华大学出版社，1997.
[2] 侯俊杰. 深入浅出 MFC [M]. 武汉：华中科技大学出版社，2001.
[3] 钱能. C++ 程序设计教程 [M]. 北京：清华大学出版社，2005.
[4] 严涛. Visual C++2008 程序设计简明教程 [M]. 北京：清华大学出版社，2009.
[5] 张水波. Visual C++2008 完全学习手册 [M]. 北京：清华大学出版社，2011.
[6] 郑阿奇. Visual C++. NET 程序设计设计教程 [M]. 北京：机械工业出版社，2013.
[7] 张晓民. VC++2010 应用开发技术 [M]. 北京：机械工业出版社，2013.
[8] DeiTel，P J. Visual C++2008 大学教程 [M]. 北京：电子工业出版社，2009.
[9] 杨庚. 面向对象程序设计与 C++ 语言 [M]. 北京：人民邮电出版社，2006.
[10] 黄维通. Visual C++ 面向对象与可视化程序设计 [M]. 北京：清华大学出版社，2011.